高等学校**AI赋能**
通识教育精品系列

数字素养
通识教程

大数据与人工智能时代的
计算机通识教育

U0381734

□□雨◎编著

D IGITAL
LITERACY
GENERAL COURSE

人民邮电出版社
北 京

图书在版编目（CIP）数据

数字素养通识教程 ：大数据与人工智能时代的计算机通识教育 / 林子雨编著. -- 北京 ：人民邮电出版社，2025. -- （高等学校 AI 赋能通识教育精品系列）.

ISBN 978-7-115-65946-0

Ⅰ．TP3

中国国家版本馆 CIP 数据核字第 20246FK120 号

内 容 提 要

本书详细阐述了成为具有数字素养的综合型人才所需要的相关知识储备。作为通识类课程教材，本书在确定知识布局时，紧紧围绕通识教育核心理念，系统介绍信息、计算机、程序设计、新兴数字技术等相关知识，努力培养学生的数字素养。全书共 7 章，内容包括信息与计算机基础、计算机程序设计、新兴数字技术、深入了解大数据、大模型—人工智能的前沿、AIGC 应用与实践、新兴数字技术的伦理问题。为了避免陷入空洞的理论介绍，本书在很多章节都融入了丰富的案例，这些案例就发生在我们生活的数字时代，很有代表性和说服力，能够让学生直观感受相应理论的具体内涵。本书介绍了我国在信息化领域所取得的诸多发展成就，以增强学生的民族自信心和自豪感。此外，为了满足高校对于课程实践教学的需求，本书提供配套的实训教材，包含 Python 程序设计、数据采集与处理、AIGC 工具使用等方面的实操案例，学生不需要具备计算机技术基础就可以顺利完成实训的全部操作。

本书可作为高等学校人工智能通识课程、数字素养通识课程和计算机通识课程的教材，也可供对数字素养感兴趣的读者自学使用。

◆ 编　著　林子雨

　　责任编辑　孙　澍

　　责任印制　陈　犇

◆ 人民邮电出版社出版发行　　北京市丰台区成寿寺路 11 号

　　邮编　100164　　电子邮件　315@ptpress.com.cn

　　网址　https://www.ptpress.com.cn

　　涿州市京南印刷厂印刷

◆ 开本：787×1092　1/16

　　印张：15　　　　　　　　　　2025 年 2 月第 1 版

　　字数：453 千字　　　　　　　 2025 年 3 月河北第 2 次印刷

定价：59.80 元

读者服务热线：(010)81055256　印装质量热线：(010)81055316

反盗版热线：(010)81055315

数字时代是一个信息爆炸的时代，它以数字技术为核心，通过数字化信息的快速传递、共享、处理和存储，推动社会生产方式、生活方式和治理方式发生变革。进入数字时代以后，数据成为重要的生产要素，数字化转型成为发展的必然趋势，数字经济成为继农业经济、工业经济之后的一种新的经济社会发展形态。党的二十大报告明确指出"加快发展数字经济，促进数字经济和实体经济深度融合"。

数字素养与技能是指数字社会公民学习工作生活应具备的数字获取、制作、使用、评价、交互、分享、创新、安全保障、伦理道德等一系列素质与能力的集合。数字素养是一种聚焦未来数字环境，在实践中能够运用复杂数字技能、多重分析意识和创新性思维解决问题的必备技能。随着信息技术的发展和数字经济的兴起，数字素养已成为数字化社会公民的核心素养，是生存的基本能力，也是21世纪劳动者和消费者的首要技能。

数字素养的核心内容如下。

（1）数字意识：这是数字素养的基础，包括内化的数字敏感性（即能够敏锐地感知到数字信息的重要性和价值）、数字的真伪和价值识别能力（即能够准确判断数字信息的真实性和有效性），以及在协同学习和工作中分享真实、科学、有效数据的主动性和数据安全意识。

（2）计算思维：这是数字素养的核心能力，涉及分析问题和解决问题时主动抽象问题、分解问题，并构造解决问题的模型和算法。

（3）数字化学习与创新：这是数字素养的重要组成部分，要求个体在学习和生活中积极利用数字化资源、技术和工具，不断探索和创新。数字化学习与创新不仅有助于个人知识的积累和技能的提升，还能够推动社会进步和经济发展。

（4）数字社会责任：这是数字素养的伦理道德要求，强调个体在数字社会中应形成正确的价值观、道德观和法治观，并遵循数字伦理规范。数字社会责任包括尊重他人的知识产权和隐私权，积极参与数字社会的建设和发展，以及为构建和谐、有序的数字环境贡献力量。

培养大学生数字素养是数字时代的必然要求，具备良好数字素养的大学生能够更有效地获取、评估和应用数字信息，提升学习效率和创新能力。同时，数字素养也有助于培养大学生的批判性思维和问题解决能力，为他们未来的职业发展奠定坚实基础。

我国高校"数字素养"教育受重视程度日益加深，各高校积极响应国家号召，构建数字素养课程体系，加强学生数字技能培养，同时，通过丰富多样的教学活动和实践项目，有效提升学生的数字素养，为教育高质量发展提供有力支撑。数字素养教育在促进教育公平、推动教育创新方面发挥越来越重要的作用。

了解信息、认识计算机是培养大学生数字素养的起点。掌握基本的计算机程序设计方法、形成用计算思维解决问题的能力，是提升数字素养的重要手段，可以更好地赋能大学生驾驭信息洪流。数字时代涌现了大数据、云计算、物联网、人工智能、区块链、元宇宙等新兴数字技术，学习这些新兴数字技术及其伦理规范对于提升大学生数字素养有关键的作用。这就需要一本能够以通俗易懂的方式系统介绍信息、计算机、程序设计和新兴数字技术的教材，而本书就是这样的教材。

笔者具有编写本书的良好工作基础。笔者在2009年7月加入厦门大学计算机系，从事了3年的全校计算机公共课教学工作，对计算机通识教育有较深的理解，并且积累了丰富的教学经验。笔者所在的厦门大学大数据课程虚拟教研室是国内高校知名的大数据教学团队，多年以来，在大数据教材和教学资源创作方面一直走在全国高校的前列。从2013年至今，笔者以第一作者身份在国家级出版社累计编写出版15本大数据教材，被国内1000多所高校广泛采用，建设的高校大数据课程公共服务平台免费为全国高校提供一站式大数据教学资源服务，平台累计访问量超过2500万次。笔者主讲的两门大数据课程入选"国家精品在线开放课程"和"国家级线上一流本科课程"，大数据MOOC课程的学习人数在国家高等教育智慧教育平台上排名第一，荣获"2022年福建省高等教育教学成果奖特等奖"，并入选"2023年教育部国家智慧教育公共服务平台应用典型案例"。

作为通识类课程教材，本书在确定知识布局时紧紧围绕通识教育核心理念，系统介绍信息、计算机、程序设计、新兴数字技术（云计算、物联网、大数据、人工智能、区块链、元宇宙等）的相关知识，努力培养学生的数字素养。

本书共7章，详细阐述成为具有数字素养的综合型人才所需要具备的相关知识。第1章介绍信息与计算机、计算机中的信息表示、计算机系统、计算机网络、计算机系统安全、信息基础设施、国家信息安全、数字时代、数字经济和数字素养等。第2章先介绍问题求解与程序设计，然后介绍计算机语言，并以Python为代表详细介绍计算机程序编写方法。第3章介绍近些年发展起来的新兴数字技术，包括云计算、物联网、大数据、人工智能、智能体、区块链、元宇宙等，并探讨这些技术之间的关系，同时介绍基于新兴数字技术的工业4.0。第4章介绍与培养数字素养息息相关的一系列大数据知识，包括大数据思维、数据共享、数据开放、大数据交易、大数据安全、大数据应用等。第5章介绍人工智能的前沿技术——大模型，包括大模型的基础知识、主流产品、基本原理、特点、分类、成本、应用领域、面临的挑战和未来发展等内容。第6章介绍AIGC应用与实践，包括AIGC的基础知识以及各种应用场景和案例实践等内容。第7章介绍新兴数字技术的伦理问题，重点介绍大数据伦理和人工智能伦理，简要介绍元宇宙和区块链的伦理问题。

本书十分注重"课程思政"元素的无形融入。笔者目睹了改革开放40多年以来我国在信息化领域取得的巨大发展成就，如今，我国已经构建了全球先进的现代化信息基础设施，形成了世界上最为庞大、生机勃勃的数字社会。在本书的各个章节中，笔者都在全方位呈现我国在信息化领域的发展成就，旨在让当代的大学生能够深刻、正确认识我国当前的科技实力和发展水平，增强民族自信心和自豪感，对国家和社会的未来发展充满信心和希望。

本书面向高校各个专业的学生，可以作为计算机通识教育类课程教材。本书在撰写过程中，厦门大学计算机科学与技术系硕士研究生刘浩然、周宗涛、黄万嘉、曹基民等做了大量辅助性工作，在此，向这些学生表示衷心的感谢。同时，感谢夏小云老师在本书知识体系规划和书稿校对过程中为本书辛苦付出。

笔者所在团队建设了全国首个高校大数据课程公共服务平台，该平台为用书教师免费提供本书全部配套资源的在线浏览和下载服务，并接收错误反馈。为了满足高校对于课程实践教学的需求，本书提供了大数据处理、数据可视化等丰富的实操案例，学生不需要具备计算机技术基础就可以顺利完成案例的全部操作。

在本书撰写过程中，笔者参考了大量网络资料、图书资料，对相关知识进行了系统梳理，有选择性地纳入一些重要知识，对这些资料的作者表示感谢。由于笔者能力有限，本书难免存在不足之处，望广大读者不吝赐教。

封底刮刮卡内赠送视频激活码一个，用于激活本书附赠的慕课。读者登录人邮学院网站，注册后将刮开的刮刮卡内的激活码输入即可激活并观看完整视频，本书课程链接为https://www.rymooc.com/Course/Show/1107。

林子雨
2024年12月于厦门大学

目录 CONTENTS

第3章
新兴数字技术

第 4 章
深入了解大数据

第 5 章
大模型——人工智能的前沿

第6章
AIGC应用与实践

第7章
新兴数字技术的伦理问题

第 **1** 章

信息与计算机基础

　　信息是数字时代的核心资源,它不仅是知识传递的载体,还是决策制定的基础。通过收集、处理和分析信息,个人、企业和政府能够做出更加精准、高效的决策,优化资源配置,提升生产效率,促进创新发展。因此,掌握信息获取、处理和应用的能力,对于个人成长、企业生存发展乃至国家发展都具有至关重要的意义。计算机是数字时代的关键工具,计算机技术的发展极大地提升了人类处理信息的能力,使复杂的信息处理、存储和传输变得轻而易举。从个人计算机到超级计算机,从云计算到大数据分析,计算机以其强大的计算能力和灵活的编程能力,为各行各业的数字化转型提供了强有力的支撑。无论是科学研究、工程设计、医疗服务还是金融交易,计算机都扮演不可或缺的角色,成为推动社会进步的重要力量。因此,了解信息、认识计算机是开启数字时代大门的“金钥匙”。

　　本章首先概述信息与计算机,然后介绍计算机中的信息表示、计算机系统、计算机网络、计算机系统安全、信息基础设施和国家信息安全,最后介绍数字时代与数字经济,以及数字素养。

1.1　信息与计算机概述

　　本节首先概述信息,包括信息的定义、信息技术、信息产业、信息社会等内容,然后介绍信息技术的5个发展阶段和计算机技术的4个发展阶段,最后介绍计算机的分类。

1.1.1　信息概述

1. 信息的定义

　　信息是人类一切生存活动和自然存在所传达的信号和消息,是人类社会所创造的全部知识的总和。它是通过一定渠道和媒介传递、有特定内容或意义的数据或消息,能够减少接收者对于某一事物或现象的不确定性,并具有被传递、共享和利用的价值。

　　信息具有以下几个特征。

　　(1)不灭性。物质和能量是不灭的,但物质和能量的存在形式可以改变。信息是事物运动的状态和方式,所以,信息也是客观存在的、不灭的。但某些信息具有时效性,如天气预报信息、新闻信息等。过时的信息虽然存在,但其使用价值已降低或丧失。

　　(2)可存储性。信息可以采集或创造,借助于载体保存,从而持续、长期地为人类服务。一般信息采集或创造需要大量投入,而信息的复制只涉及存储介质成本。

　　(3)可处理性。信息通常需要经过处理和解释才能被有效利用。这包括数据的收集、整理、分析、解读和呈现等过程,以便将原始数据转化为有用的信息。

　　(4)可重用性。信息的可重用性源于信息可传递和可复制,低廉的信息传递和复制方便了信息的重用,使人类可共享信息。但不要忘记,信息是有价值、有产权的。分享别人的信息必须遵守法律法规,遵守社会道德准则。

　　(5)可以减少不确定性。信息的一个重要特征是可以减少或消除接收者对于某一事物或现象的不确定性。通过提供新的数据、知识或见解,信息能够帮助人们更好地理解世界、做出决策或行动。

　　(6)价值性。信息对接收者来说具有价值,这种价值可能体现在帮助人们解决问题、提高效率、做出决策、获取知识等方面。

2. 信息技术

　　信息技术作为人类智慧与科技进步的结晶,是全面探索、开发、利用与管理信息的综合性技术体系。它不仅深刻改变了人类获取、传递、处理及利用信息的方式,还极大地推动了社会各个领域的革新与发展。

　　信息技术的核心在于信息的全生命周期管理,它涵盖信息从初始产生到最终利用的每一个环节。信息源自人类活动、自然现象及数字世界的各种交互,是信息技术的起点。信息的收集则依赖于各种传感器、数据采集设备以及网络通信技术,它们确保了信息的全面性和准确性。在信息的表示上,信息技术利用数字编码、图像处理、音频识别等多种技术手段,将抽象的信息转化为可感知、可理解的形式。信息的存储则依赖于高度发达的存储介质和数据库管理系统，它们实现了信息的长期保存与高效检索。信息的传递是信息技术最为核心的功能，它依赖于先进的通信技术，如光纤通信、无线通信、卫星通信等，实现了信息的即时、远距离传输。同时，互联网的普及与发展更是构建了全球性信息交流平台，使信息无远弗届。信息的处理是信息技术中较为复杂的环节之一，它涉及数据的清洗、整合、分析、挖掘等多个方面，旨在从海量数据中提取有价值的信息和知识。计算机技术及其相关软件工具（如大数据处理平台、人工智能算法等）为信息的处理提供了强大的技术支持。信息的利用则是信息技术最终的价值体现。通过信息分析与应用，人们可以做出更加明智的决策、优化资源配置、提升生产效率、改善生活质量。同时，信息技术还促进了新兴产业（如电子商务、远程教育、智慧医疗等）的诞生与发展，为人类社会带来前所未有的变革与机遇。

信息技术的基础是微电子技术，这一领域的持续进步为信息技术的快速发展提供了源源不断的动力。而与信息技术密切相关的自动控制技术、传感技术、新材料技术等，也在不断地推动信息技术的创新与升级。这些技术相互融合、交叉发展，共同构建了一个复杂而庞大的信息技术生态系统。

3．信息产业

信息产业作为现代社会经济活动不可或缺的重要组成部分，是一个涵盖信息技术研发、设备制造、产品生产以及广泛信息服务的综合性产业体系。它贯穿于信息的全生命周期，从最初的信息采集、精细加工、严格检测到高效存储、即时传递、智能处理，再到资源的合理分配与多样化应用。它是一个复杂而庞大的产业群。

具体而言，信息产业包括两大主要领域：信息技术研究及设备制造业、信息服务业。信息技术研究及设备制造业涵盖多个关键技术分支及其对应的制造业，主要如下。

（1）微电子技术及器件制造业：专注于微处理器、集成电路、传感器等核心电子元器件的研发与生产，这些微小却强大的器件是现代信息技术的基石。

（2）计算机技术及软硬件制造业：包括个人计算机、服务器、工作站等计算机硬件设备的生产，以及操作系统、应用软件等计算机软件的研发，计算机硬件、计算机软件共同构成了信息处理与应用的强大平台。

（3）通信与网络技术及设备制造业：聚焦于无线通信、光纤通信、卫星通信等技术的研发，以及路由器、交换机、基站等网络设备的生产，确保信息在全球范围内快速、可靠传输。

（4）多媒体技术及设备制造业：涵盖音频、视频、图像等多媒体内容的采集、处理、存储与展示技术，以及相关的硬件设备（如投影仪、摄像机、音频设备等）的生产，丰富了信息的表现形式与传播方式。

信息服务业则利用信息技术和信息资源，为用户提供多样化、专业化的服务，主要如下。

（1）科技情报服务：提供最新的科技动态、研究成果、市场趋势等信息，助力科研创新与产业发展。

（2）图书档案服务：管理、保存并提供图书、档案等文献资料，满足学习与研究的需要。

（3）标准服务、专利服务：制定并推广行业标准，保护知识产权，促进技术创新与成果转化。

（4）计算机信息处理：利用计算机技术对数据进行处理、分析，提取有价值的信息。

（5）软件生产：根据用户需求定制或开发各类应用软件，提升用户的工作效率与生活质量。

（6）通信网络系统：建设和维护通信网络，确保信息传输畅通无阻。

（7）数据库开发应用：构建并管理数据库，存储结构化数据，支持数据分析与决策制定。

（8）电子出版物：以数字形式出版图书、期刊等，便于传播与检索。

（9）办公自动化：提供办公自动化解决方案，提高工作效率与办公环境的智能化水平。

（10）网络信息与咨询服务：提供互联网信息服务，包括信息检索、在线咨询、数据分析等服务，满足用户的多元化信息需求。

4．信息社会

信息社会也称信息化社会，是指脱离工业化社会以后，信息起主要作用的社会。具体来说，信息社会是以电子信息技术为基础，以信息资源为基本发展资源，以信息服务性产业为基本社会产业，以数字化和网络化为基本社会交往方式的新型社会。这一概念最早在20世纪60年代末70年代初被提出，并随着信息技术的飞速发展而逐渐成为现实。

信息社会的主要特征如下。

（1）信息成为核心资源：在信息社会中，信息成为与物质和能源同等重要甚至比之更加重要的资源，整个社会的政治、经济和文化都以信息为核心价值而得到发展。

（2）信息技术广泛应用：以计算机、微电子和通信技术为主的信息技术革命是社会信息化的动力源泉，这些技术在资料生产、科研教育、医疗保健、企业和政府管理以及家庭中被广泛应用，对经济和社会发展产生了巨大而深刻的影响。

（3）信息产业高度发展：信息产业是信息社会的重要支柱，它涵盖信息技术研究及设备制造业、信息服务业等领域，信息产业的发展水平直接反映了信息社会的成熟程度。

（4）数字化和网络化成为基本社会交往方式：在信息社会中，通过互联网和各类数字化设备，人们可以轻松地获取、传输和处理信息，实现跨越时空的交流和合作。

（5）知识成为基本要求：在信息社会，劳动者的知识成为基本要求，随着信息技术的不断发展，人们需要不断学习和掌握新知识，以适应社会的快速发展和变化。

（6）科技与人文紧密结合：在信息社会，科技与人文在信息、知识的作用下更加紧密地结合起来，人们不仅关注技术的发展和应用，还关注技术对社会、文化和伦理等方面的影响。

（7）社会可持续发展：信息社会致力于实现社会的可持续发展，人们通过合理利用信息资源和技术手段，可以更加高效地利用资源，减少污染和浪费，推动经济、社会和环境协调发展。

1.1.2　信息技术的发展

信息技术的发展经历了多个重要阶段，这些阶段不仅标志着人类信息传递方式的巨大变革，也推动了社会文明的进步。以下是信息技术发展的主要阶段。

（1）语言的使用。大约在30万年前，人类开始使用语言作为思想交流和信息传播的工具。这一阶段标志着信息技术的起源。语言不仅使人类能够表达复杂的思想和情感，还促进了文化的传承和社会的发展。

（2）文字的出现。大约在公元前3500年，人类社会开始出现文字。文字的发明是人类历史上的重要里程碑，它使信息可以超越时间和地域的限制被保存和传播。文字的出现极大地推动了人类文明的发展，使知识、历史和文化的积累成为可能。

（3）印刷术的发明。公元1040年左右，我国发明了印刷术，欧洲则在1451年开始使用印刷术。印刷术的发明极大地提高了信息传播的效率。特别是活字印刷术的出现，使图书和报刊等印刷品得以大量生产，成为重要的信息存储和传播媒介。这一阶段对人类文化的传播和知识的普及产生了深远影响。

（4）电磁波传播技术的发展。19世纪，随着电报、电话、广播及电视的发明和普及，人类进入利用电磁波传递信息的时代。电磁波传播技术的出现和应用使信息的传递速度极大提升，信息的流通范围也进一步扩大。该技术的发展为现代通信技术的兴起奠定了基础。

（5）计算机和互联网的使用。这个阶段的标志是1946年电子计算机的问世。计算机和互联网的发明与使用标志着现代信息技术的诞生。计算机技术的快速发展使信息处理变得更加高效和便捷，互联网则将全球连接成一个巨大的信息网络。这一阶段彻底改变了人类获取、处理和传递信息的方式，推动了信息社会的形成和发展。

信息技术发展到今天，技术更新迭代步伐不断加快，新兴数字技术层出不穷，云计算、物联网、大数据、人工智能、区块链、元宇宙等新兴数字技术（在第3章进行详细介绍）正在深刻地改变着人们的生活和工作方式，对人类社会的未来发展也将产生颠覆性影响。

1.1.3　计算机技术的发展

自从1946年第一台通用计算机ENIAC诞生以来，计算机技术不断发展并走向成熟。计算机的发展历史可以清晰地划分为4个主要阶段，每个阶段都以其核心技术的革新为标志，推动了计算机在性能、体积、功耗以及应用领域方面的巨大飞跃，具体介绍如下。

（1）第一代计算机（1946—1957年）：电子管计算机。①核心特征：第一代计算机采用电子管作为主要电子元件来构建计算单元和控制系统。电子管是一种能够控制电流流动的真空管（见图1-1），其体积庞大、功耗高且易损坏，需要复杂的散热系统来支持其运行。②影响与局限：尽管存在诸多限制，但第一代计算机的出现标志着人类正式进入计算机时代，它们主要用于科学计算（如弹道计算、天气预报等），对当时的科学研究和技术发展起到了重要的推动作用。然而，由于电子管的局限性，第一代计算机成本高昂、可靠性差且难以维护。

（2）第二代计算机（1958—1963年）：晶体管计算机。①核心特征：随着半导体技术的发展，晶体管逐渐取代电子管，成为计算机的主要元件。晶体管是一种固体电子元件（见图1-2），具有体积小、功耗低、可靠性高和寿命长等优点。②影响与进步：晶体管的应用极大地促进了计算机的小型化和性能的提升。第二代计算机在体积和功耗上有了显著降低，同时计算速度和存储容量也得到显著提升。这使计算机开始应用于更广泛的领域，如数据处理、商业管理和工业控制等。

图1-1　电子管

图1-2　晶体管

（3）第三代计算机（1964—1970年）：集成电路计算机。①核心特征：集成电路（Integrated Circuit，IC）的出现标志着计算机技术的又一次重大飞跃。集成电路是将多个晶体管、电阻、电容等元件集成在一块小芯片上的技术（见图1-3），极大地提高了电路的集成度和可靠性。②发展与应用：第三代计算机采用中、小规模集成电路作为主要元件，进一步减小了计算机的体积、降低了功耗，提高了计算速度和存储容量。这一时期，计算机开始进入更多家庭和办公室，成为个人和企业的日常工具。同时，计算机的应用领域也进一步拓展，包括教育、娱乐、医疗等多个方面。

（4）第四代计算机（1971年至今）：大规模集成电路计算机。①核心特征：随着超大规模集成电路（Very Large Scale Integrated Circuit，VLSI）技术的发展，计算机进入大规模集成电路时代。VLSI技术使数百万甚至数亿个晶体管能够集成在一块芯片上（见图1-4），极大地提高了计算机的集成度和性能。②现状与未来：第四代计算机不仅在性能上实现了质的飞跃，还在体积、功耗、可靠性等方面达到了前所未有的水平。微型计算机（即个人计算机）和各类嵌入式系统的广泛应用使计算机几乎无处不在。此外，随着互联网的普及和云计算、大数据、人工智能等技术的发展，计算机已经成为推动社会进步和发展的重要力量。随着量子计算、生物计算等新型计算技术的兴

图1-3　集成电路

图1-4　超大规模集成电路

起，计算机的发展将迎来更加广阔的前景。

1.1.4 计算机的分类

计算机可以分为超级计算机、大型计算机、小型计算机、工作站、微型计算机和服务器，具体介绍如下。

（1）超级计算机。超级计算机又称巨型机，是性能极高、功能极强、速度极快、存储量巨大、结构复杂、价格昂贵的一类计算机。其浮点运算速度可达每秒千万亿次甚至更高，主要用于尖端科学研究领域，如量子力学研究、天气预报、气候研究、油气勘探、分子建模和物理模拟等。生产超级计算机的能力可以反映一个国家的科技发展水平，我国是世界上少数能够生产超级计算机的国家之一，我国的"神威·太湖之光"（见图1-5）和"天河"系列超级计算机在国际上享有盛誉。

图1-5　超级计算机"神威·太湖之光"

（2）大型计算机。大型计算机又称大型机，是通用性能较强的一类计算机，其功能、速度、存储量仅次于超级计算机，且有比较完善的指令系统和丰富的外部设备，以及很强的管理和处理数据的能力，主要应用于大型企业、金融系统、高校、科研院所等，作为服务器或计算中心。IBM公司的Z系列大型机是业界的代表产品（见图1-6），广泛应用于全球各大企业和机构。

（3）小型计算机。小型计算机又称小型机（见图1-7），是性能较好、价格相对便宜、应用领域广泛的一类计算机。其浮点运算速度可达每秒几千万次。其结构简单、使用和维护方便，主要用于科学计算、数据处理、自动控制等领域，备受中小型企业欢迎，许多中小型企业和科研机构都使用小型机来满足其计算和数据处理需求。

图1-6　IBM公司的Z系列大型机　　　　图1-7　IBM公司的小型机

（4）工作站。工作站是一种介于微型计算机和小型计算机之间的高档微型机系统，通常配有大容量的主存、高分辨率大屏幕显示器，并具备较高的运算速度和较强的网络通信能力，具有大型计算机或小型计算机的多任务、多用户能力，且兼有微型计算机的操作便利性和友好的人机交互界面，主要用于图像处理和计算机辅助设计/制造等领域。图形设计师、工程师和科研人员常使用工作站来完成复杂的图形处理和计算任务。

（5）微型计算机。微型计算机又称微型机或个人计算机（Personal Computer，PC），是应用领域最广泛、发展最快的一类计算机。它采用微处理器作为核心部件，体积小、价格便宜、灵活、性能好，广泛应用于办公自动化、信息检索、家庭教育和娱乐等多个领域。笔记本电脑、台式机、平板电脑、智能手表等都属于微型计算机的范畴。

（6）服务器。服务器是可以被网络用户共享、为网络用户提供服务的一类高性能计算机，一般配置多个CPU，有较快的运行速度，并有超大容量的存储设备和丰富的外部接口，主要用于网络服务和数据存储等领域。网站服务器、数据库服务器、文件服务器等都是服务器的常见应用形式。

1.2　计算机中的信息表示

本节首先介绍进位记数制，然后介绍不同进位记数制之间的转换以及计算机为什么使用二进制数，最后介绍计算机信息编码技术。

1.2.1　进位记数制

进位记数制也称数制，是按进位的方法进行记数、用以表示数值的体系。进位记数制利用固定的数字符号和统一的规则来记数，它允许数值在达到一定量时自动向更高位进位，从而能够表示更大的数值。

进位记数制包括3个基本要素，具体如下。

（1）数位：数码在数中所处的位置，如个位、十位、百位等。

（2）基数：在某种进位记数制中，每个数位上所能使用的数码的个数。例如，十进制的基数为10，表示每个数位上可以使用0到9这10个数码。

（3）位权：在某种进位记数制中，某个数位上的"1"所代表的数值。每个数位上的数码所表示的数值，等于这个数位上的数码乘上一个固定的数值，这个固定的数值就是这种进位记数制中该数位上的位权。例如，在十进制中，小数点左边第一位的位权是10^1，第二位的位权是10^2，以此类推。

常见的进位记数制包括十进制（用D表示）、二进制（用B表示）、八进制（用O表示）和十六进制（用H表示），具体介绍如表1-1所示。

表1-1　常见的进位记数制

	十进制	二进制	八进制	十六进制
基数	10	2	8	16
数码	0、1、2、3、4、5、6、7、8、9	0、1	0、1、2、3、4、5、6、7	0～9、A～F（A～F分别对应10～15）
进位规则	逢十进一	逢二进一	逢八进一	逢十六进一
应用场景	日常生活和多数计算场景	计算机内部表示数据（因为技术实现简单，逻辑电路只有两个状态，便于用0和1表示）	早期计算机系统中较为常见，现已逐渐淡出	在编程中常用于表示内存地址和数据，因为它比二进制表示更紧凑，比十进制更易于转换为二进制

1.2.2　不同进位记数制之间的转换

不同进位记数制之间可以相互转换，这里仅介绍二进制和十进制之间的转换方法。

1. 二进制数转换为十进制数

二进制数转换为十进制数的方法是，从右到左用二进制数的每位上的数字乘以2的相应次方，小数点后则是从左往右。

例如，二进制数1101.01(B)转换为十进制数的方法如下。

$$1101.01(B)=1 \times 2^0+0 \times 2^1+1 \times 2^2+1 \times 2^3+0 \times 2^{-1}+1 \times 2^{-2}=1+0+4+8+0+0.25=13.25(D)$$

2．十进制数转换为二进制数

十进制数转换为二进制数时，由于整数和小数的转换方法不同，因此需要先分别转换十进制数的整数部分和小数部分，然后加以合并。

（1）十进制整数转换为二进制整数

十进制整数转换为二进制整数采用"除2取余、逆序排列"法。具体做法是：用2去除十进制整数，可以得到一个商和余数；再用2去除商，又会得到一个商和余数，如此重复进行，直到商为零；然后把先得到的余数作为二进制数的低位有效位，后得到的余数作为二进制数的高位有效位，依次排列起来。

例如，把十进制整数173转换为二进制整数，转换过程如图1-8所示，转换结果为10101101。

（2）十进制小数转换为二进制小数

十进制小数转换为二进制小数采用"乘2取整、顺序排列"法。具体做法是：用2乘十进制小数，得到积，将积的整数部分取出，再用2乘余下的小数部分，又得到一个积，再将积的整数部分取出，如此重复进行，直到积中的小数部分为零，或者达到所要求的精度；然后把取出的整数部分按顺序排列起来，先取的整数作为二进制小数的高位有效位，后取的整数作为低位有效位。

例如，把十进制小数0.8125转换为二进制小数，转换过程如图1-9所示，转换结果为0.1101。因此，173.8125(D) = 10101101.1101(B)。

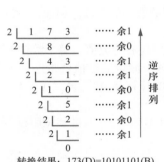

图1-8　把十进制整数173转换为二进制整数　　图1-9　把十进制小数0.8125转换为二进制小数

1.2.3　计算机使用二进制数

计算机内部广泛采用二进制来表示数据，主要是因为二进制具有技术实现简单、运算规则简单、适合逻辑运算、易于进行转换、抗干扰能力强且可靠性高以及运算高效和易于扩展等优点，这些优点使二进制成为计算机内部表示和处理数据的最佳选择，具体介绍如下。

① 技术实现简单。计算机是由逻辑电路组成的，而逻辑电路通常只有两个状态，即开关的接通与断开。这两种状态正好可以用二进制中的"1"和"0"来表示，因此，二进制在计算机内部的技术实现非常简单。

② 运算规则简单。与十进制数相比，二进制数的运算规则要简单得多。例如，两个二进制数的和、积运算组合各有3种情况，这种简单的运算规则不仅使运算器的结构得到简化，还有利于提高运算速度。

③ 适合逻辑运算。二进制数中的"1"和"0"正好与逻辑代数中的"真"和"假"相对应。因此，用二进制数表示二值逻辑显得非常自然，可使计算机在处理逻辑运算时非常高效。

④ 易于进行转换。人们在日常生活中习惯使用十进制，计算机可以很容易地将十进制数转换为二进制数进行存储和处理，并在需要时将处理结果转换回十进制数进行显示。这种自动转换机制给用户带来了极大的便利。

⑤ 抗干扰能力强且可靠性高。由于每位二进制数只有高、低两个状态，当受到一定程度的干扰时，计算机仍能可靠地分辨出它是高还是低，从而保证了数据的准确性和可靠性。

⑥ 运算高效和易于扩展。二进制在计算机内部的电子开关中实现了高效运算。计算机的基本元件是逻辑门，逻辑门的输入和输出只能是0或1，这与二进制的特性相符，使计算机能够高效地进行运算和处理。二进制的简单性和可靠性使计算机系统易于扩展。计算机内部的电子开关可以通过串联或并联的方式进行连接，实现复杂的功能。二进制的规则和运算也可以通过逻辑门的组合来实现。

1.2.4 计算机信息编码技术

1. 数值型数据的编码

数值型数据是按数字尺度测量的观察值，其结果表现为具体的数值，是计算机处理和分析的重要数据类型。在计算机内部，数值型数据通过不同的编码方式表示，以确保数据能够被准确地存储和计算。

（1）机器数

在生活中表示数的时候，如果是正数，一般在数值前面添加一个"+"或不写任何符号；如果是负数，则必须在数值前面添加一个"−"。这种带正负号的数值称为真值。

计算机中，"+"和"−"也必须用计算机能识别的0、1代码表示。在计算机中通常采用0表示正号，1表示负号，这样符号就数字化了。为了区分符号和数值，约定数的第一位为符号位，这种在计算机中连同符号一起数字化的数称为机器数。

例如：一个占8个二进制位的数，真值为+1101，则机器数为00001101；如果真值为−1001，则机器数为10001001。机器数中第一位为符号位，其余7位为数值位，数值不足7位时，左边补0。

（2）原码、反码和补码

为了方便运算，机器数有多种不同的编码方式，其中常见的有原码、反码和补码。表1-2给出了原码、反码和补码的编码规则。

表1-2 原码、反码和补码的编码规则

	真值	原码	反码	补码
正数	$+X$	$0.X$	$0.X$	$0.X$
负数	$-X$	$1.X$	符号位不变，X取反，即0变1、1变0	符号位不变，X取反后加1

原码是计算机中对数字的二进制定点表示，它是最简单的编码方式。在原码中，最高位为符号位，0表示正号，1表示负号，其余位表示数值的大小。例如，对于8位二进制数，+11的原码为00001011，−11的原码为10001011。原码的优点是简单直观，缺点是不能直接参与运算，因为直接使用原码进行加减运算可能会产生错误的结果。

反码是数值存储的一种表示方法，多应用于系统环境设置。反码的编码规则是：正数的反码与原码相同，负数的反码是原码除符号位外按位取反，即0变1、1变0。例如，对于8位二进制数，−1的原码是10000001（最高位是符号位，1表示负数，其余位是−1的绝对值1的二进制表示），则−1的反码为11111110。反码通常用作由原码求补码或由补码求原码的过渡码，它本身不直接参与运算。

补码是计算机中用于存储数值的编码方式，它将减法运算转化为加法运算，简化了计算机的运算过程。补码的编码规则是：正数的补码与原码相同，负数的补码是其反码末位加1。例如，对于8位二进制数，−1的补码为11111111。补码解决了原码和反码在运算中可能产生的问题，是计算机内部表示数值的主要方式。

（3）数的定点表示法与浮点表示法

数的定点表示法与浮点表示法是计算机中用于存储和表示数值的两种基本方法，它们的主要区别在于小数点的位置是否固定。

定点表示法又称整数表示法，是指所有数据的小数点位置固定不变，小数点不需要使用符号表示出来。它通常涉及定点整数和定点小数两种类型。定点整数的小数点位置隐含在最低有效数位之后，定点小数的小数点位置则隐含在最高有效数位之前。

定点表示法的特点如下。
- 表示范围有限：由于小数点的位置固定，因此定点表示法能够表示的数值范围相对有限。
- 精度固定：对定点小数来说，其能够表示的精度是固定的，取决于分配给数值的位数。
- 简单直观：定点表示法较为简单直观，适用于那些数值范围和精度要求相对固定的应用场景。

定点表示法常用于嵌入式系统、数字信号处理等领域，这些领域往往对数值的精度和范围有较为明确的要求。

浮点表示法又称实数表示法，用科学记数法表示数值，小数点的位置可以根据需要移动。由于小数点不固定，因此要用阶码和尾数来表示一个完整的数，其中，阶码表示小数点的位置，尾数表示数的有效位。这种表示方法的一般形式是 $N=M\times R^{E}$，其中，M 为尾数（用定点小数的形式表示，影响浮点数的精度），E 为阶码（用定点整数的形式表示，影响浮点数的表示范围），R 为阶码的底。

例如，对于一个十进制数25.125，它的浮点表示可以有以下几种形式。

$$25.125 = 0.25125 \times 10^{2}$$
$$25.125 = 2.5125 \times 10^{1}$$
$$25.125 = 25.125 \times 10^{0}$$
$$25.125 = 251.25 \times 10^{-1}$$
$$25.125 = 2512.5 \times 10^{-2}$$
$$25.125 = 25125.0 \times 10^{-3}$$
$$25.125 = 251250 \times 10^{-4}$$

将十进制数25.125转换为二进制浮点数的过程如下。
① 整数部分：25(D) = 11001(B)。
② 小数部分：0.125(D) = 0.001(B)。
③ 二进制浮点数表示形式：25.125(D) = 11001.001(B) = 1.1001001×2^{4}(B)。

浮点表示法的特点如下。
① 表示范围广泛：由于小数点的位置不固定，因此浮点表示法能够表示的数值范围非常广泛，可以表示非常小的数到非常大的数。
② 精度可变：浮点数的精度取决于尾数的位数和阶码的范围。随着尾数位数的增加，浮点数的精度也会提高。
③ 复杂度高：与定点表示法相比，浮点表示法的实现复杂度更高，需要更多的硬件和软件算法来支持浮点数的运算。

浮点表示法广泛应用于科学计算、工程计算、金融计算等领域，这些领域往往需要对大范围、高精度的数值进行计算和处理。

定点表示法和浮点表示法各有优缺点，适用于不同的应用场景。定点表示法简单直观、易于实现，但表示范围和精度有限；浮点表示法表示范围广泛、精度可变，但实现复杂度高。在决定使用哪种表示方法前，需要根据具体的应用场景和需求进行权衡与选择。

2．文字的编码
（1）字符编码

在计算机中，从键盘输入的字符转换为二进制数才能被识别。现在绝大部分计算机的字符编码采用ASCII。

美国信息交换标准代码（American Standard Code for Information Interchange，ASCII）最初由美国制定，后来由国际标准化组织（ISO）确定为国际标准字符编码。ASCII采用7位二进制数编码，7位二进制数最多可表示的字符数为128（2^{7}）。计算机中用8位二进制数（1个字节）存储一个

ASCII字符，字节的最高位取0。

ASCII字符分为控制字符和可显示字符两类。图1-10给出了ASCII的可显示字符。

二进制	十进制	十六进制	字符	二进制	十进制	十六进制	字符	二进制	十进制	十六进制	字符
00100000	32	20	（空格）	01000000	64	40	@	01100000	96	60	`
00100001	33	21	!	01000001	65	41	A	01100001	97	61	a
00100010	34	22	"	01000010	66	42	B	01100010	98	62	b
00100011	35	23	#	01000011	67	43	C	01100011	99	63	c
00100100	36	24	$	01000100	68	44	D	01100100	100	64	d
00100101	37	25	%	01000101	69	45	E	01100101	101	65	e
00100110	38	26	&	01000110	70	46	F	01100110	102	66	f
00100111	39	27	'	01000111	71	47	G	01100111	103	67	g
00101000	40	28	(	01001000	72	48	H	01101000	104	68	h
00101001	41	29	)	01001001	73	49	I	01101001	105	69	i
00101010	42	2A	*	01001010	74	4A	J	01101010	106	6A	j
00101011	43	2B	+	01001011	75	4B	K	01101011	107	6B	k
00101100	44	2C	,	01001100	76	4C	L	01101100	108	6C	l
00101101	45	2D	-	01001101	77	4D	M	01101101	109	6D	m
00101110	46	2E	.	01001110	78	4E	N	01101110	110	6E	n
00101111	47	2F	/	01001111	79	4F	O	01101111	111	6F	o
00110000	48	30	0	01010000	80	50	P	01110000	112	70	p
00110001	49	31	1	01010001	81	51	Q	01110001	113	71	q
00110010	50	32	2	01010010	82	52	R	01110010	114	72	r
00110011	51	33	3	01010011	83	53	S	01110011	115	73	s
00110100	52	34	4	01010100	84	54	T	01110100	116	74	t
00110101	53	35	5	01010101	85	55	U	01110101	117	75	u
00110110	54	36	6	01010110	86	56	V	01110110	118	76	v
00110111	55	37	7	01010111	87	57	W	01110111	119	77	w
00111000	56	38	8	01011000	88	58	X	01111000	120	78	x
00111001	57	39	9	01011001	89	59	Y	01111001	121	79	y
00111010	58	3A	:	01011010	90	5A	Z	01111010	122	7A	z
00111011	59	3B	;	01011011	91	5B	[	01111011	123	7B	{
00111100	60	3C	<	01011100	92	5C	\	01111100	124	7C	|
00111101	61	3D	=	01011101	93	5D	]	01111101	125	7D	}
00111110	62	3E	>	01011110	94	5E	^	01111110	126	7E	~
00111111	63	3F	?	01011111	95	5F	_				

图1-10 ASCII的可显示字符

ASCII通过为每个字符分配一个唯一的编号（即ASCII值）来实现字符的编码。例如，大写字母A的ASCII值是65，小写字母a的ASCII值是97。

字符的ASCII值与其在计算机中的存储形式（二进制表示）是一一对应的。例如，大写字母A的二进制表示为01000001，小写字母a的二进制表示为01100001。

ASCII满足了早期计算机处理英文文本的需求，但无法表示其他语言（如中文、日文、韩文等）的字符。因此，人们制定了许多新的字符编码标准来扩展ASCII，常用的有Unicode和UTF-8。

为了解决多语言字符编码的问题，Unicode应运而生。Unicode是一种国际标准，旨在为世界上所有的字符和符号分配唯一的编码。Unicode使用多个字节（通常是2个字节或更多）来表示一个字符，从而能够表示几乎所有的字符和符号。Unicode的出现极大地促进了国际信息交流和文化传播。

UTF-8（8-bit Unicode Transformation Format）是一种针对Unicode的可变长度字符编码方式。UTF-8用1～4个字节来表示一个Unicode字符，其中，常用的英文字符用1个字节表示，中文字符等则用多个字节表示。UTF-8的优点在于其兼容ASCII（即ASCII是UTF-8的一个子集），从而可以方便地在只支持ASCII的环境中传输和存储Unicode文本。

（2）汉字编码

汉字信息处理过程包括3个环节，即文字信息的输入、处理和输出，因此，汉字编码分为汉字输入码、汉字内码、汉字字形码。汉字信息处理过程如图1-11所示。

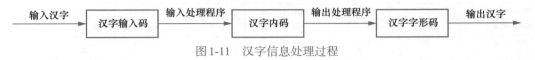

图1-11　汉字信息处理过程

① 汉字输入码

借助于标准键盘，可以用英文字母和数字的组合进行汉字输入，即用若干个字母和数字代表一个汉字。这组字母、数字被称为汉字输入码。

汉字输入码主要有按数字编码、按拼音编码、按字形编码和按音形编码4类。其中，五笔输入法按字形编码，拼音输入法按拼音编码。

五笔输入法的特点是基于汉字的笔画和字形结构进行编码，用户需要记忆一定的字根和编码规则。它的优势是重码率低、输入速度快，劣势是学习门槛较高，需要较长时间练习，而且如果一段时间不使用，就容易忘记字根和编码规则。王码五笔字型输入法是五笔输入法中的"宗师版软件"，自从1983年诞生以来，其先后推出86版、98版和新世纪版等多个版本，广泛应用于中文输入领域。

拼音输入法的特点是基于汉字的拼音进行编码，用户只需输入汉字的拼音即可找到对应的汉字。它的优势是简单易学、适合大多数用户，劣势是在输入一些常用词汇时可能存在重码现象，需要用户进行选择。目前，搜狗拼音输入法较为流行。

② 汉字内码

汉字内码是指汉字在计算机内部进行存储、传递和运算所使用的数字代码。汉字的输入方式可以不同，但是对于每一个汉字，它的内码是固定的，即每个汉字有唯一的内码。

我国国家标准总局于1980年3月9日发布了国家标准《信息交换用汉字编码字符集 基本集》（GB 2312-1980，现已改为GB/T 2312-1980，也称GB 2312），其中共收录第一级汉字3755个和第二级汉字3008个，各种符号、图形682个，总计7445个图形字符。其规定用2个字节存储一个图形字符。为了区别汉字和英文字符，英文字符的机内代码（ASCII）是7位二进制数，其字节的最高位为"0"，汉字内码中2个字节的最高位均为"1"。几乎所有的中文系统和国际化软件都支持GB 2312。

随着汉字信息处理技术的发展和计算机应用范围的扩大，我国于1995年制定了《汉字内码扩展规范》。《汉字内码扩展规范》完全兼容GB 2312，共收录了21886个汉字和图形、符号，其中，汉字（包括部首和构件）21003个，图形、符号883个。

GB 18030是在《汉字内码扩展规范》的基础上进一步扩展而来的，它完全兼容GB 2312和《汉字内码扩展规范》，并且增加了汉字和我国少数民族的文字及字符。GB 18030采用单字节、双字节、4字节混合编码，新的汉字编码字符集包含27000多个汉字和少数民族文字，并与旧标准兼容。GB 18030第一版于2000年发布，称为GB 18030—2000；第二版于2005年发布，称为GB 18030—2005。此外，还有GB 18030—2022，该版本于2023年8月1日实施。

③ 汉字字形码

汉字字形码（字模码）用于显示或打印汉字时产生字形。字形码有点阵方式字形码和矢量方式字形码两种。一个汉字信息系统的所有汉字字形码的集合构成汉字库。

对点阵方式字形码而言，对输出汉字的质量要求不同，则汉字点阵的规格也不同。汉字点阵的点数越多，汉字输出的质量越高。汉字点阵的规格以横向点数乘纵向点数表示。目前计算机中普遍采用16×16、24×24、32×32、48×48的汉字点阵，图1-12展示了一个16×16的汉字点阵。不同字体的汉字需要不同的汉字点阵字库。

3．音频的编码

计算机中音频的表示主要基于数字化技术。音频信息首先被模拟成电信号，然后通过采样、量化和编码等步骤转换为数字信号。采样是将连续的模拟信号转换为离散的数字信号的过程，通常以一定的频率（如44.1kHz）进行。量化则是将采样得到的模拟电平转换为有限数量的数字电平。编码是将量化后的数字电平按照一定的规则（如MP3、WAV等格式）进行压缩和编码，以便存储和传输。这种数字化的音频表示方法使音频信息能够在计算机中以二进制形式存储和处理，从而实现高效的音频编辑、播放和传输。

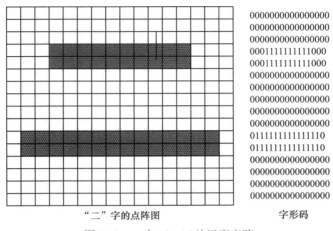

"二"字的点阵图　　　　　字形码

图 1-12　一个 16×16 的汉字点阵

4. 图像的编码

图像（Image）也被称为位图（Bitmap），是由像素（Pixel）点阵构成的栅格图。每个像素用若干个二进制位来表示其颜色和亮度信息。图像以像素为基本单位，分辨率（通常以"像素/英寸"为单位）决定了图像的清晰度和细节。图像文件占用的存储空间相对较大，适合用来描述照片、复杂场景等含有大量细节的对象。然而，图像在放大时可能会失去细节或产生锯齿现象。

图像的编码主要分为有损编码和无损编码两大类。有损编码（如JPEG）通过舍弃部分不重要的图像信息以实现高压缩比，解码后的图像与原始图像在视觉上可能有细微差异，但通常可接受。无损编码（如PNG）保留图像所有信息，解码后图像与原始图像完全相同，但压缩效率较低。每种编码方式都有其特点和适用场景，需要根据具体需求选择。

5. 图形的编码

图形（Graphics）也被称为矢量图（Vector Graphics），是通过数学方法来描述和存储的。图形的编码使用一组指令集合来描述图形的内容，如构成图形的各种图元（如点、线、面）的位置、维数、形状等。由于图形是基于数学公式计算的，因此可以任意缩放而不会失真，同时占用的存储空间也相对较小。图形主要用于描述轮廓不复杂、色彩不丰富的对象，如几何图形、工程图纸、CAD图纸等。

图形的编码主要基于矢量图技术，将图形分解为一系列的数学公式、线条、形状等基本元素，并使用这些元素来精确描述图形。这种编码方式允许图形在保持高分辨率的同时进行无限放大而不失真，且文件相对较小。常见的图形编码格式包括SVG（可缩放矢量图形）、PDF（便携文件格式，支持矢量图形）等。这些格式通过存储图形的形状、颜色、大小等属性信息，而不是像素数据，从而实现对图形的精确表示和高效压缩。

6. 视频的编码

视频的编码是将连续的图像序列（即视频）通过特定的算法转换为数字信号，并进行压缩处理，以减少其对存储空间和传输带宽的需求。以下是几种主要的视频编码方式。

（1）有损编码：目前应用广泛的视频编码方式，通过去除视频中的冗余信息（包括空间冗余和时间冗余）来实现压缩，但会在一定程度上牺牲视频质量。常用的有损编码包括MPEG系列（如

MPEG-1、MPEG-2、MPEG-4等）、H.264（也称AVC，即高级视频编码）和H.265（也称HEVC，即高效视频编码），它们能够在保证视频质量可接受的前提下大幅减小文件。

（2）无损编码：与有损编码不同，无损编码方法不会丢失视频中的任何信息，因此能够保持视频的最高质量。然而，由于不进行压缩或压缩率极低，无损编码的视频文件通常会比有损编码的文件大得多。常用的无损编码有DV、DVCPRO等。

（3）压缩率可变编码：这类编码方式能够根据视频内容的复杂程度自动调整压缩率，从而在保持视频质量的同时最大限度地减小文件。例如，VP8和VP9就是两种常用的压缩率可变编码。

（4）帧类型编码：在视频编码中，帧被分为不同的类型进行处理，包括I帧（帧内编码帧）、P帧（帧间预测编码帧）和B帧（双向预测编码帧）。通过对不同类型的帧采用不同的编码策略，可以进一步提高压缩效率。

1.3 计算机系统

计算机系统是由硬件系统和软件系统组成的综合体，用于执行计算、存储和处理数据的任务。计算机系统的组成如图1-13所示。

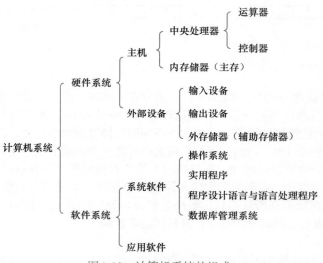

图1-13　计算机系统的组成

1.3.1 硬件系统

计算机硬件系统的基本功能是在程序的控制下实现数据输入、数据存储、数据处理和数据输出等操作，其包括主机和外部设备。

1. 主机

主机包括中央处理器和内存储器（主存）。

中央处理器（Central Processing Unit，CPU）是由大规模集成电路构成的，集成在小硅片上（见图1-14）。CPU是计算机系统的核心部件，负责执行指令和处理数据。它由运算器和控制器组成，能够执行算术逻辑运算、控制程序指令的执行顺序，并管理计算机系统中的各种资源。CPU的性能直接决定了计算机的运行速度和效率，是现代计算机技术发展的重要标志之一。随着技术的发展，CPU的运算能力和功能不断增强，满足了日益增长的计算需求。

计算机的内存储器（简称"内存"，也称"主存"）是计算机的核心组成部分（见图1-15），用于临时存储正在运行的程序和数据。它主要包括随机存储器（Random Access Memory，RAM）和只读存储器（Read-Only Memory，ROM）两种类型。RAM允许数据读/写操作，但数据在断电后会丢失；ROM则只能读取数据，不能写入，常用于存储系统引导程序等重要信息。内存储器的工作速度对计算机的性能有重要影响。

图1-14　CPU

图1-15　内存储器

2. 外部设备

外部设备包括输入设备、输出设备和外存储器（辅助存储器）。

（1）输入设备

输入设备将数据和程序转化为电信号输入计算机中，人们通过输入设备操作和控制计算机。典型的输入设备包括键盘、鼠标、麦克风、手写输入设备等。

（2）输出设备

输出设备将计算机中的运算结果以人们能够识别的形式打印或显示出来。典型的输出设备包括显示器、打印机、绘图仪等。

显示器主要包括阴极射线管显示器和液晶显示器，目前市场上主流的显示器是液晶显示器。

打印机包括针式打印机、激光打印机和喷墨打印机等。针式打印机通过打印头中的钢针打击色带，在打印纸上以点阵形式构成字符，速度慢、打印质量差，且打印过程中噪声大。激光打印机的印刷原理类似于静电复印，输出速度快、打印质量高。喷墨打印机将墨水直接喷到纸上实现印刷，印刷质量好，但速度和质量比不上激光打印机。

绘图仪主要用于一些工程设计图的输出。

（3）外存储器

外存储器不直接与CPU打交道，要使用外存中的数据必须先将其调入内存，再由CPU进行处理，外存中的数据在断电后仍然存在。外存储器主要包括硬盘、光盘、U盘、磁带等。

硬盘是计算机的主要存储设备，用于永久存储数据和程序，分为固态盘（Solid State Disk，SSD）和硬盘驱动器（Hard Disk Drive，HDD）等类型。SSD读写速度快、耐用性强，而HDD成本低廉、容量大。硬盘按照电磁转换原理工作，将数据存储在盘片的磁性物质上，是现阶段计算机不可或缺的重要部件。

光盘是一种利用激光原理进行读写的存储设备，以光信息作为存储的载体并用来存储数据。光盘可分为不可擦写光盘和可擦写光盘两大类。不可擦写光盘有CD-ROM、DVD-ROM等，数据写入后不能更改；可擦写光盘有CD-RW、DVD-RAM等，支持数据的反复读写。光盘具有存储密度高、存储容量大、携带方便等优点，广泛应用于音乐、视频、软件等多媒体数据的存储和分发。

U盘是USB闪存盘的简称，也常被称为优盘，主要使用闪存芯片进行存储。U盘具有体积小、质量轻、携带方便、即插即用等优点，广泛应用于个人数据存储、文件传输、系统安装等领域。随着USB接口技术的不断升级（如USB 3.0、USB 3.1等），U盘的读写速度也不断提升。

磁带是一种用于记录声音、图像、数字或其他信号的载有磁层的带状材料。它通过磁头在带基上涂覆的磁粉层上记录信息，实现数据的存储。磁带具有存储容量大、成本低廉等优点。在早期计算机系统中，磁带被广泛用于数据备份和长期存储。然而，随着硬盘和U盘等新型存储设备的发展与普及，磁带的应用范围逐渐缩小，但它在某些特定领域（如数据归档、长期备份等）仍具有一定的应用价值。

1.3.2 软件系统

软件系统包括系统软件和应用软件。

1. 系统软件

系统软件包括操作系统、实用程序、程序设计语言与语言处理程序、数据库管理系统等。

(1) 操作系统

操作系统（Operating System，OS）是计算机系统中负责管理硬件和软件资源、控制程序运行、提供用户界面的系统软件。它作为计算机硬件与上层应用程序之间的桥梁，可以让计算机资源得到有效管理和利用。

操作系统种类繁多、各有特色，适用于不同的计算场景和需求，主要分为以下几大类。

- Windows系列：由微软（Microsoft）公司开发，广泛应用于个人计算机，包括Windows 7、Windows 10、Windows 11等，界面友好，支持丰富的应用程序。
- UNIX/Linux系列：开源操作系统，以稳定性和安全性著称，广泛应用于服务器、嵌入式系统等。Linux是UNIX的开源版本之一，拥有众多发行版。
- macOS：苹果（Apple）公司开发的专有操作系统，专为Mac计算机设计，拥有优美的用户界面和高效的资源管理能力。
- 移动操作系统：目前主流的移动操作系统有iOS（用于苹果移动设备）、Android（谷歌公司开发的开源系统，广泛用于各类智能手机和平板电脑）、HarmonyOS（鸿蒙操作系统，华为公司自主研发）等。
- 云操作系统：云操作系统又称云计算环境操作系统、云OS，是建立云计算中心的整体基础架构软件环境，同时也是运营管理维护的系统平台。它是传统单机操作系统面向互联网应用、云计算模式的适应性扩展。云操作系统不同于传统操作系统仅针对整台单机的软硬件进行管理，而是通过管理整个云计算中心的软硬件设备来提供一整套基于网络和软硬件的服务，以便更好地在云计算环境中快速搭建各种应用服务。典型的云操作系统包括AWS EC2、Microsoft Azure、Alibaba Cloud、OpenStack、中标麒麟安全云操作系统等。

为了保障国家信息安全，我国自主研发的国产操作系统在近年来快速发展，并在多个领域得到了广泛应用。国产操作系统有多种产品，以下是一些主要代表。

① 鸿蒙操作系统（HarmonyOS）：华为公司自主研发的分布式操作系统，旨在实现全场景设备间的协同工作和资源共享。鸿蒙操作系统自2019年发布以来，已迭代至多个版本（如HarmonyOS 4.0），为智能手机、智能家居、车机、台式计算机、平板电脑等设备提供了统一的操作体验。鸿蒙操作系统是全球第一款物联网操作系统，旨在实现"万物互联"的宏伟目标，该系统通过分布式技术实现设备间的无缝连接和高效协同，为用户带来流畅的全场景体验。目前的鸿蒙操作系统主要面向智能终端设备（如智能手机），也可以部署到台式计算机上。

② 麒麟操作系统（Kylin）：由中国电子信息产业集团公司开发，是我国最早的国产操作系统之一，广泛应用于政府、军事、金融、教育等领域。

③ 统信UOS：统信软件技术有限公司发行的美观易用、安全稳定的国产操作系统，可支持多种国产CPU平台，能够满足不同用户的办公、生活、娱乐需求。

④ 银河麒麟（KylinOS）：由国防科技大学等单位共同研制的操作系统，在军工产品中占据重要地位。

⑤ deepin：一个致力于为全球用户提供美观、易用、安全、免费的使用环境的Linux发行版，集成了大量优秀的开源产品，并开发了自主的桌面环境和应用程序。

⑥ 方德桌面操作系统：由中科方德软件有限公司推出，适配多种国产CPU和主流架构，支持多种设备形态和硬件平台。

(2) 实用程序

实用程序也被称为支撑程序，是系统软件的一个重要组成部分。它是为应用程序的开发、调试、执行和维护提供一组解决共性问题或执行公共操作的程序。实用程序可以根据其功能进行分类，主要包括以下几种类型。

- 文件管理程序：负责文件的创建、删除、修改、复制、移动等操作，以及文件属性的设置和查询。
- 状态修改程序：允许用户修改系统的某些状态或配置，以满足特定的需求或解决特定的问题。
- 支持程序运行的程序：为程序的运行提供必要的环境和支持，确保程序能够正确、高效地运行。
- 通信程序：实现不同设备或系统之间的通信和数据交换，促进信息共享和协同工作。

（3）程序设计语言与语言处理程序

程序设计语言与语言处理程序是系统软件的重要组成部分，它们共同支持软件开发的全过程（第2章详细介绍计算机程序设计）。

程序设计语言是人与计算机之间进行信息交流的工具，它允许人们以特定的方式编写指令，这些指令可以被计算机理解并执行。根据语言的特点和用途，程序设计语言可以分为多种类型，如编译型语言（如C语言、C++、Java等）和解释型语言（如Python、JavaScript等）。编译型语言在程序执行前，需要经过预处理、编译、汇编和链接等步骤，生成机器代码，运行速度快。解释型语言则无须预先转换，由解释器边解释边执行，便于调试，但运行速度相对较慢。

语言处理程序是指将用程序设计语言编写的源程序转换为机器语言（或其他可执行形式）的程序，以便计算机能够运行。根据处理方式的不同，语言处理程序可以分为编译程序、解释程序和汇编程序三大类。编译程序是一种将用高级程序设计语言编写的源程序，翻译成等价的计算机汇编语言或机器语言目标程序的翻译程序，其工作过程包括词法分析、语法分析、语义分析、中间代码生成、代码优化和目标代码生成等阶段。编译程序将源程序整体翻译成目标程序，然后计算机执行目标程序，实现源程序的功能。解释程序是将源程序边翻译成机器代码边执行的高级语言程序。解释程序逐行读取源程序，进行词法分析、语法分析和语义分析，并直接执行源程序或源程序的中间表示形式，不生成目标程序。这种方式便于调试，但执行效率相对较低。汇编程序是把用汇编语言编写的程序翻译成与之等价的机器语言程序的翻译程序。汇编程序将汇编语言源程序翻译成机器指令程序，这些指令被CPU直接识别并执行。汇编语言是为特定的计算机设计的面向机器的符号化程序设计语言，通常用于底层硬件操作和高要求的程序优化。

（4）数据库管理系统

数据库管理系统（DataBase Management System，DBMS）是一种操纵和管理数据库的大型软件，用于建立、使用和维护数据库，它对数据库进行统一的管理和控制，以保证数据库的安全性和完整性。用户通过DBMS访问数据库中的数据，数据库管理员也通过DBMS进行数据库的维护工作。DBMS允许多个应用程序和用户用不同的方法同时或在不同时刻建立、修改和查询数据库。DBMS的主要功能如下。

① 数据定义。DBMS提供数据定义语言来定义数据库结构，并将这些定义保存在数据字典中。

② 数据存取。DBMS提供数据操纵语言来实现对数据库数据的基本存取操作，包括查询、插入、修改和删除等。

③ 数据库运行管理。DBMS提供数据控制功能来保证数据的安全性、完整性并实现并发控制等。

④ 数据库的建立和维护。其包括数据库初始数据的装入，数据库的转储、恢复、重组织，系统性能监视、分析等。

⑤ 数据传输。DBMS提供数据传输功能来实现用户程序与DBMS之间正常通信。

DBMS总是基于某种数据模型，因此，我们可以将DBMS看成某种数据模型在计算机系统上的具体实现。根据数据模型的不同，DBMS可以分成层次型、网状型、关系型、面向对象型等多种类型。关系型DBMS通常被称为关系数据库管理系统（Relational DataBase Management System，

RDBMS），或者称为"关系数据库"，目前主流的关系数据库包括Oracle、SQL Server、MySQL、达梦、人大金仓、GaussDB（华为）、OceanBase（阿里巴巴）、TDSQL（腾讯）等。这些关系数据库产品尽管功能不尽相同，但是一般支持结构查询语言（Structure Query Language，SQL）、开放式数据库互连（Open DataBase Connectivity，ODBC）和Java数据库互联（Java DataBase Connectivity，JDBC）。

2. 应用软件

计算机系统的应用软件是为了满足用户特定需求而开发的，它们直接为用户提供服务，涵盖多个领域和功能，具体介绍如下。

（1）办公软件。这些软件主要用于文档编辑、数据处理、演示文稿制作等日常办公任务。代表产品包括WPS、Microsoft Office（包括Word、Excel、PowerPoint等），以及腾讯文档、Google Docs等。

（2）图像处理软件。这些软件提供了强大的图像编辑、美化和处理功能，广泛应用于广告、出版、设计等领域。代表产品包括美图秀秀、Adobe Photoshop等。

（3）视频剪辑软件。视频剪辑软件功能强大，支持视频分割、合并、裁剪，以及添加特效、转场、字幕及背景音乐，可以实现创意视频编辑与制作。代表产品包括会声会影、剪映、快剪辑、爱剪辑、小影、捷映等。

（4）多媒体播放软件。这些软件支持多种格式的音频、视频的播放，为用户提供了丰富的媒体体验。代表产品包括暴风影音、Windows Media Player等。

（5）游戏软件。这些软件提供娱乐和休闲功能，吸引了大量用户进行在线游戏。代表产品包括英雄联盟、王者荣耀等。

（6）浏览器软件。这些软件用于访问互联网和浏览网页，是现代计算机系统不可或缺的部分。代表产品包括360浏览器、Chrome、Firefox等。

（7）社交软件。这些软件提供了在线交流和社交互动的平台，成为人们日常生活中重要的沟通工具。代表产品包括微信、QQ等。

（8）教育软件：这些软件为教学和学习提供了辅助工具，促进了知识的传播和共享。代表产品包括在线课程平台（如Coursera、网易云课堂、中国大学MOOC等）、学习管理系统等。

（9）财务软件。这些软件用于企业财务管理和决策支持，提高了企业的财务管理效率。代表产品包括金蝶财务软件、用友财务软件等。

（10）安全软件。这些软件集成了计算机体检、木马查杀、系统修复、清理垃圾、优化加速、软件管家等多种功能，为用户的计算机提供全面的安全保护。代表产品包括360安全卫士、腾讯电脑管家、金山毒霸等。

（11）其他软件。其他软件包括短视频分享软件（如抖音、快手）、压缩软件（如WinZip、WinRAR）、FTP软件（如CuteFTP、FileZilla）、图片浏览器（如ACDSee）、电子邮件管理软件（如Foxmail）、录屏软件（如EV录屏）、远程桌面软件（如向日葵远程控制、TeamViewer）、动画制作软件（如3ds Max）、图像截取软件（如HyperSnap）、在线会议软件（如腾讯会议）、推流软件（如OBS Studio）、虚拟机软件（如VMWare）等。

应用软件种类繁多，以上只是一部分。随着技术的不断发展，新的应用软件将不断涌现，它们将为人们的生活和工作带来更多的便利与可能性。

1.4 计算机网络

在当今这个信息化时代，计算机网络已成为连接世界、促进信息交流与资源共享的重要基础设施。无论是日常生活中的网络购物、在线学习，还是企业间的数据交换、远程办公，都离不开计算机网络的支撑。本节介绍计算机网络的基本概念、类型、关键要素、接入方式、网络服务以及网页和移动互联网等内容。

1.4.1 计算机网络概述

计算机网络是现代信息技术的重要组成部分，它是指将多个地理位置不同、功能独立的计算机系统通过通信设备和通信线路相互连接，以实现资源共享和信息交换的系统。具体来说，计算机网络通过路由器、交换机等网络设备，将不同地理位置的计算机终端连接起来，形成一个覆盖范围广泛的网络体系。这个网络体系不仅能够实现数据的传输和共享，还能够支持各种网络服务和应用，如电子邮件收发、网页浏览、文件传输、远程登录等。计算机网络的出现极大地提高了数据处理能力和资源利用效率，推动了社会的信息化进程。

计算机网络主要由硬件和软件两大部分构成。硬件部分包括计算机、路由器、交换机、网卡、传输介质等，它们构成了计算机网络的基础设施。软件部分包括网络操作系统、网络通信协议、网络应用软件等，它们为计算机网络中的用户提供各种服务和支持。

计算机网络的发展经历了多个阶段，从最初的面向终端的计算机网络，到后来的计算机互联网络，再到现在的开放式标准化计算机网络和移动互联网，其功能和性能都得到了极大提升。如今，计算机网络已经成为人们日常生活和工作不可或缺的一部分，为信息的快速流通和资源的有效利用提供了有力支持。

1.4.2 计算机网络的类型

根据不同的划分标准，计算机网络可以划分为多种类型。

（1）按覆盖范围划分：可划分为局域网、城域网、广域网和互联网。局域网通常局限于一个较小的地理区域，如办公室或校园；城域网覆盖一个城市；广域网跨越多个城市或国家；互联网是全球最大的广域网，连接了全球范围内的无数网络，它诞生于1969年，是由美国的阿帕网发展而来的。

（2）按拓扑结构划分：包括总线拓扑、星形拓扑、环形拓扑、网状拓扑等计算机网络。拓扑结构描述了计算机网络中各节点之间的连接方式，不同的拓扑结构对计算机网络的性能、可靠性和成本有不同的影响。

（3）按传输技术划分：可划分为广播网络和对等网络。广播网络中，信息从源节点发送到所有节点，再由各节点根据需要进行处理；对等网络中，信息直接从一个节点发送到另一个特定节点。

1.4.3 计算机网络的关键要素

计算机网络包括以下关键要素。

（1）节点：网络中的计算机、交换机、路由器等设备都被称为节点，它们是信息传输的起点和终点。

（2）链路：连接节点的物理或逻辑通路称为链路，它可以是光纤、双绞线、同轴电缆等物理介质，也可以是无线信号传输的虚拟路径。

（3）协议：网络通信双方必须遵循的一系列规则和标准，用于确保信息传输的准确性和可靠性。TCP/IP是互联网中的基本协议集。

（4）IP地址：互联网中每台设备的唯一标识，用于在网络中定位和识别设备。它由32位二进制数组成（IPv4），通常以点分十进制形式表示，如192.168.0.1。随着IPv6的普及，IP地址长度扩展到128位，这极大地扩展了地址空间。IP地址是网络通信的基础，确保数据能够准确、高效地传输到目标设备。

（5）域名系统：域名是互联网中的一种标识符，由一串用点分隔的名称组成，以方便人们记忆和访问网站。例如，厦门大学网站的域名是www.***.edu.cn。域名系统（Domain Name System，DNS）将域名和IP地址相互映射，使人们输入域名即可访问网站。域名系统会自动把域名转换为对应的IP地址，它提高了互联网的易用性。

1.4.4　计算机网络的接入方式

计算机网络的接入方式多种多样，每种方式都有其特点、使用时期和适用场景。以下是几种主要的接入方式。

（1）拨号接入：20世纪90年代的计算机网络接入方式，通过调制解调器和电话线连接到因特网服务提供方，获取上网账号后进行拨号上网。这种方式简单易行，但速率较低，已被淘汰。

（2）ADSL接入：利用现有电话线路进行高速数据传输。ADSL技术将普通电话线路的低频信号和高频信号分离，实现高速上网的同时不影响电话通话。这种接入方式成本低廉，数据传输速率较高。ADSL在20世纪90年代末至21世纪10年代得到了广泛的推广和应用，它以较快的上网速度和稳定的连接性能逐渐取代了传统的拨号接入方式，成为当时主流的宽带接入技术。尽管ADSL技术在当时具有显著的优势，但随着光纤宽带等新技术的不断发展，ADSL逐渐被替代，目前仅有一些偏远地区或经济条件相对较差的地区在使用。

（3）光纤宽带接入：光纤作为传输介质，将光信号转换为电信号进行数据传输。光纤宽带接入具有传输速率高、带宽大、稳定性好等优点，是目前企业和家庭用户追求高速网络体验的首选接入方式。目前，我国很多家庭的宽带网络都已经实现"光纤到户"。

（4）无线网络接入：包括Wi-Fi、4G/5G移动网络等。用户通过无线设备连接到无线网络，实现随时随地上网。无线网络接入具有灵活性强、覆盖范围广等优点，但安全性和稳定性欠佳。

（5）专线接入：为企业提供的高速、稳定、安全的网络接入方式。专线接入通常采用光纤作为传输介质，提供独享的带宽资源，确保数据传输的可靠性和实时性。这种方式适用于对数据传输要求较高的企业用户。

1.4.5　计算机网络服务

计算机网络服务是指在计算机网络上提供的各种服务和功能。计算机网络服务涵盖数据的传输、存储、检索以及通信等多个方面，以下是几项具有代表性的计算机网络服务。

（1）文件传输：FTP软件是用于在计算机网络上传输文件的工具，它支持文件的上传和下载。用户可以通过FTP软件连接FTP服务器，实现文件的远程管理和共享。常见的FTP软件包括FileZilla、WinSCP、CuteFTP等，它们提供了友好的用户界面和丰富的功能选项。

（2）电子邮件：互联网上广泛使用的通信方式之一，用于个人、企业和组织之间的信息交流。

（3）网页浏览：互联网上常用的服务之一，用户可以通过浏览器获取各种信息和服务。

（4）文件共享：允许用户在网络上共享文件和资源。

（5）远程登录：允许用户通过网络远程登录到另一台计算机，流行的远程登录工具包括Secure Shell（SSH）和Telnet等。

（6）虚拟专用网络：提供加密和安全的网络连接，使用户能够通过公共网络安全地访问私有网络资源。

（7）即时消息传递：允许用户通过文本、音频或视频进行实时通信，如微信等。

（8）语音和视频通话：允许用户通过网络进行语音和视频通话，如腾讯会议等。

（9）云存储：提供在线存储和数据备份，如百度网盘等。

1.4.6　网页

网页是互联网信息展示与交互的基本单元，是用户与网站之间沟通的桥梁。它由一系列的文件组成，其中最主要的是超文本标记语言（HyperText Markup Language，HTML）文档，这些文档通过特定的标签和元素定义网页的结构与内容。HTML文档中的文本、图片、视频、链接等元素共同构成了用户在浏览器中看到的网页内容。下面是网页文件web_demo.html的HTML源代码。

```
<html>
```

```
<head><title>搜索指数</title></head>
<body>
    <table>
        <tr><td>排名</td><td>关键词</td><td>搜索指数</td></tr>
        <tr><td>1</td><td>大数据</td><td>187767</td></tr>
        <tr><td>2</td><td>云计算</td><td>178856</td></tr>
        <tr><td>3</td><td>物联网</td><td>122376</td></tr>
    </table>
</body>
</html>
```

使用网页浏览器（如IE、Firefox等）打开这个网页文件，就会看到图1-16所示的网页内容。

访问网页时会用到超文本传送协议（HyperText Transfer Protocol，HTTP）。HTTP是由万维网联盟（World Wide Web Consortium，W3C）和因特网工程任务组（Internet Engineering Task Force，IETF）共同制定的规范。HTTP用于从网络传输超文本数据到本地浏览器，它能保证高效而准确地传送超文本内容。

排名	关键词	搜索指数
1	大数据	187767
2	云计算	178856
3	物联网	122376

图1-16　网页文件
显示效果

HTTP是基于"客户端/服务器"架构进行通信的，HTTP的服务器实现程序有httpd、nginx等，客户端实现程序主要是Web浏览器，如360浏览器、Firefox、Chrome、Safari、Opera等。Web浏览器和Web服务器之间可以通过HTTP进行通信。

典型的HTTP请求过程如图1-17所示，具体如下。

（1）用户在浏览器中输入网址，浏览器向Web服务器发起请求。

（2）Web服务器接收用户访问请求，处理请求，产生响应（即把处理结果以HTML形式发送给浏览器）。

（3）浏览器接收来自Web服务器的HTML内容，进行渲染以后展示给用户。

图1-17　典型的HTTP请求过程

1.4.7　移动互联网

移动互联网是在互联网的基础上发展起来的，它利用无线网络技术（如3G、4G、5G等）使移动设备（如智能手机、平板电脑）能够随时随地访问互联网。移动互联网是移动通信与互联网的结合，它将互联网技术、平台、商业模式、应用与移动通信技术相结合并实践。

移动互联网的发展经历了多个阶段，包括起步阶段、无线应用协议（Wireless Application Protocol，WAP）广泛应用阶段、互动娱乐的移动互联网阶段，以及当前的产品广泛应用阶段。随着3G、4G、5G网络在我国广泛普及，移动互联网在各个领域得到了快速发展，极大地改变了人们的生活和工作方式。我国拥有全球先进、完善的通信基础设施，因此移动互联网发展迅猛，在全球处于领先位置，截至2024年一季度末，我国移动互联网月独立设备数突破14亿台。

移动互联网集移动性、定制化、多媒体性、社交化等特点于一体，具体介绍如下。

（1）移动性。移动互联网的移动性是其最显著的特点。随着移动通信技术的飞速发展和移动终端设备（如智能手机、平板电脑等）的普及，人们可以随时随地携带这些设备。这些设备小巧轻便，便于放入包包或口袋中，这使移动互联网几乎不受时间和空间的限制。用户可以在任何时间、任何地点使用移动互联网，进行信息的获取、交流和娱乐等活动。这种移动性极大地提高了移动互联网的使用频率和覆盖范围，使移动互联网成为现代人生活不可或缺的一部分。

（2）定制化。移动互联网的定制化特点主要体现在两方面：一是内容的定制化；二是服务的定制化。①内容的定制化：移动互联网能够根据用户的兴趣、需求和行为习惯，通过算法推荐个性化的内容。例如，新闻App（如今日头条）可以根据用户的阅读历史推荐相关新闻，购物App（如京东、淘宝）可以根据用户的购买记录推荐相似商品等，短视频App（如抖音、快手）可以根据用户的喜好智能推荐用户感兴趣的视频。这种内容的定制化使用户能够更快速地找到自己感兴趣的信息，提高了信息获取的效率。②服务的定制化：移动互联网提供了丰富的定制化服务。例如，移动支付、在线医疗、在线教育等服务的出现，使用户可以根据自己的需求选择合适的服务。这些服务不仅满足了用户的个性化需求，还提高了生活的便利性和质量。

（3）多媒体性。移动互联网的多媒体性是指其能够传输和处理多种形式的媒体信息，包括文本、图像、音频、视频等。这种多媒体性使移动互联网在信息传递和表达方面丰富多彩、生动直观。例如，用户可以通过短视频App观看各种有趣的视频内容，通过音乐App收听各种类型的音乐，通过社交媒体App（如小红书）分享图片和文字等。这种多媒体性不仅提高了信息的传递效率，还增强了用户的互动性和参与感。

（4）社交化。随着社交媒体和即时通信工具的普及，人们越来越倾向于通过移动互联网进行社交活动。这些社交平台不仅提供文字、语音、视频等多种交流方式，还通过兴趣群组、地理位置定位等功能帮助用户发现志同道合的朋友和附近的人。此外，移动互联网还促进了线上线下的融合，使社交活动更加多样化和便捷化。例如，用户可以通过社交平台组织线下聚会、参与公益活动等。这种社交化特点不仅丰富了人们的社交生活，还促进了信息传播和文化交流。

移动互联网的应用领域极为广泛，它深刻地改变了人们的生活方式和工作模式。以下是移动互联网的几个主要应用领域。

（1）通信与信息获取。①即时通信：移动互联网使即时通信成为可能，用户可以通过智能手机等移动设备随时随地发送和接收消息，如微信、QQ等应用已成为人们日常沟通的重要工具。②信息获取：通过移动互联网，用户可以方便地浏览新闻、获取各类信息，相关应用有新闻App（如今日头条）、搜索引擎、出行服务App（如飞常准、航班管家）等。这些应用不仅提供实时信息，还通过个性化推荐满足用户的多样化需求。

（2）娱乐与休闲。①在线视频：移动互联网使用户可以在任何时间、任何地点观看视频内容，相关视频平台有抖音、快手等短视频平台，以及爱奇艺、腾讯视频等长视频平台。②移动游戏：手机游戏已成为移动互联网的重要应用领域之一，用户可以通过移动设备随时随地享受游戏乐趣，热门游戏有王者荣耀、和平精英等。③音乐与音频：用户可以通过移动互联网收听和下载音乐，如网易云音乐、QQ音乐等应用提供了丰富的音乐资源；有声书、播客等音频内容也受到用户的喜爱。

（3）电子商务。①在线购物：移动互联网推动了电子商务的快速发展，用户可以通过电商平台（如淘宝、京东）或社交媒体（如微信小程序、抖音小店）购买商品。移动支付的普及进一步简化了购物流程。②外卖与本地生活服务：美团、饿了么等外卖平台以及大众点评、朴朴超市等本地生活服务平台，通过移动互联网为用户提供便捷的餐饮、娱乐、旅游、超市购物等服务。③结合社交和电商：以小红书为代表，用户可以分享购物心得、旅行经历、美妆技巧等，并通过图文形式进行"种草"和推荐，这种形式使内容更加详细具体，有助于用户做出正确的购买决策。

（4）金融服务。①移动支付：移动互联网推进了移动支付的普及，这极大地提高了金融服务的便捷性。②互联网金融：移动互联网促进了互联网金融（如网络保险、网络理财等）的发展，一些金融企业通过移动互联网为用户提供灵活、便捷的金融服务。

（5）教育与学习。①在线教育：移动互联网使在线教育成为可能，用户可以通过各类在线教育平台（如网易云课堂、中国大学MOOC）随时随地学习新知识、提升自我。②学习工具：移动学习App（如有道词典、扇贝单词）等学习工具深受用户喜爱，它们通过智能化、个性化的学习方式帮助用户提高学习效率。

（6）医疗健康。①在线医疗：移动互联网促进了在线医疗的发展，用户可以通过医疗App（如好大夫在线、春雨医生）进行在线咨询、预约挂号等操作。②健康管理：移动健康App（如Keep、薄荷健康）等健康管理工具备受用户青睐，它们通过提供科学的健康管理方案帮助用户改善生活习惯、保持健康状态。

（7）政务与公共服务。①移动政务：移动互联网在政务领域的应用日益广泛，政府通过移动政务App（如国家政务服务平台、交管12123、个人所得税）为公众提供便捷、高效的政务服务。②公共服务：公共交通、水电燃气缴费等公共服务也通过移动互联网实现了线上办理，提高了服务效率和质量。

1.5 计算机系统安全

计算机系统安全涵盖保护计算机硬件、软件、数据免受未授权访问、破坏，以及防范信息泄露或被篡改等内容。

1.5.1 计算机系统面临的安全威胁

计算机系统面临的安全威胁主要如下。

（1）计算机病毒：最古老也是最为人所熟知的安全威胁，其形式多样，从简单的破坏性病毒到更为隐蔽的蠕虫、特洛伊木马等，它们能够自我复制、传播，并在不被察觉的情况下对系统造成损害，包括窃取敏感信息、破坏数据完整性或使系统瘫痪。

（2）非法访问：利用系统安全漏洞或用户疏忽（如设置弱密码、不慎单击"钓鱼"邮件中的恶意链接等），未授权者能够轻松绕过安全防线，不仅可能侵犯个人隐私，还可能对企业、商业秘密甚至国家安全构成严重威胁。

（3）黑客攻击：利用复杂的攻击手段（如零日漏洞利用、分布式拒绝服务攻击等）对目标系统进行渗透和破坏，目的可能是谋取经济利益、实施政治报复或炫耀技术实力。

（4）内部威胁：来自组织内部人员的恶意行为或疏忽。内部威胁同样不容忽视，因为内部人员往往拥有更高的访问权限，并对系统有更详细的了解，他们的恶意行为（如数据窃取、篡改）或疏忽（如误操作、配置不当）可能造成严重后果。

（5）物理威胁：包括自然灾害（地震、洪水）、设备老化故障以及人为的盗窃和破坏，虽然看似传统，但在数字时代，这些威胁同样能迅速转化为对信息系统的重大打击，导致数据丢失、服务中断，甚至整个业务系统瘫痪。

1.5.2 计算机系统安全防护技术

计算机系统安全防护技术主要如下。

（1）反病毒技术：其主要功能包括实时监控（即时监控计算机系统中的所有操作，发现病毒活动迹象）、病毒扫描（对计算机文件和程序进行深度扫描，查找并清除病毒）、病毒库更新（定期更新病毒库，以应对新出现的病毒）。

（2）防火墙技术：其主要功能包括访问控制（阻止非法的信息访问和传递，只允许符合安全策略的数据包通过）、网络隔离（将内部网络与外部网络隔离，防止外部攻击直接威胁内部系统）、日志记录与监控（记录网络存取和访问信息，监控网络安全性，并产生告警信息）。

（3）入侵检测技术：其主要功能包括行为模式识别（识别已知攻击的活动模式，并向相关人员报警）、异常行为分析（通过统计分析和机器学习等技术，发现异常行为并预警）。

（4）数字加密技术：一种信息安全技术，通过加密算法和加密密钥将明文（原始数据）转换为密文（加密后的数据），以防止数据在传输或存储过程中受到未经授权的访问或篡改。接收方则使用相应的解密算法和解密密钥将密文还原为明文。数字加密技术主要包括对称加密（使用相同的密钥进行加密和解密，如AES算法）、公开密钥加密（使用公钥和私钥进行加密和解密，如RSA算法）和SSL/TLS（用于互联网上的安全通信，保障数据传输的机密性和完整性）。

（5）安全认证技术：主要采用数字证书，由可信的第三方机构颁发，用于验证用户身份和公钥的真实性；还可以结合多种认证方式（如密码、手机验证码、指纹识别等）来提高认证安全性。

1.6 信息基础设施

信息基础设施是数字时代的基石，它支撑着数据的高速传输、处理与分析，驱动数字经济发展，促进技术创新与社会进步，是构建智慧社会不可或缺的关键力量。我国的信息基础设施建设硕果累累，为经济社会的发展和民生改善注入了强大的动力。这具体体现在网络基础设施、算力基础设施、空间基础设施、电力基础设施等多个方面，它们共同构成了一个高效、智能、全面的信息化体系。

本节介绍我国的网络基础设施、算力基础设施、空间基础设施、电力基础设施和新基建。

1.6.1 网络基础设施

我国网络基础设施建设已步入全球领先行列，不仅规模庞大，而且技术先进。从光纤网络到移动通信网络，再到卫星互联网，各类网络基础设施均实现了快速发展，为经济社会各领域的数字化转型提供了强有力的支撑。

光纤网络是数据传输的重要基础设施，对于提高数据传输速率和质量具有关键性作用。我国光纤网络建设起步较早，且发展迅速。目前，我国已建成全球最大的光纤网络，光纤长度大幅增长，光纤入户率持续提升，为家庭用户和企业用户提供了高速、稳定的宽带服务，满足了用户日益增长的数据传输需求。同时，随着千兆光纤网络的加速推进，我国将进一步提升宽带服务质量，为用户提供更加优质的网络体验。

我国移动通信网络发展水平全球领先，4G网络已全面覆盖城乡，为亿万用户提供了高速、稳定的移动互联网服务。截至2024年7月，我国4G基站数量已达629万个，4G网络规模全球第一。5G网络作为新一代移动通信网络，具有高速率、低时延、大连接等特点，对于推动数字经济和各行各业数字化转型具有重要意义。我国高度重视5G网络建设，近年来取得了显著进展。我国的华为公司是全球领先的5G设备供应商，为我国5G网络建设提供了强有力的支撑。工业和信息化部公布的数据显示，截至2024年5月底，我国已累计建成5G基站383.7万个，5G用户普及率突破60%，实现了对全国主要城市和重点区域的广泛覆盖。这一成就不仅表明我国在5G网络建设上走在世界前列，还为5G技术在工业互联网、智慧城市、自动驾驶等领域的应用提供了坚实基础。由于我国具备发达的移动通信网络，人们在城市、乡村都可以享受到便捷的网络服务，因此微信和支付宝等移动支付平台在我国非常流行，人们在日常生活中已经很少使用现金和银行卡，在各种消费场合中都倾向于用手机支付。

卫星互联网作为新型网络基础设施的重要组成部分，具有覆盖范围广、传输距离远等优势。我国高度重视卫星互联网建设，近年来在这一领域取得了重要进展。通过发射多颗通信卫星和建设地面站等设施，我国初步形成了覆盖全球的卫星互联网体系，不仅为偏远地区提供了稳定可靠的网络连接，也为我国在全球信息网络中占据重要地位提供了有力支撑。

1.6.2 算力基础设施

算力基础设施是信息基础设施的重要组成部分。我国在人工智能、大数据基础设施和数据中心建设上取得了显著成果（数据中心内部机房实景如图1-18所示，3.1.3小节会详细介绍数据中心）。2022年6月底全国一体化大数据中心协同创新体系加快构建，8个国家算力枢纽节点启动建设。我国算力总规模近5年年均增速超过25%，这表明我国算力基础设施正处于快速发展阶段。截至2023年年底，我国算力总规模超过230EFLOPS（每秒浮点运算次数，一个EFLOPS等于每秒一百亿亿次浮点运算），智能算力规模达到70EFLOPS，增速超过70%。这一增长趋势反映了我国对算力资

源的强劲需求，以及算力在推动数字经济发展中的重要
作用。这些算力基础设施为数据处理、分析、应用提供
了强大支撑，推动了云计算、大数据、人工智能等技术
广泛应用。

我国算力基础设施布局不断优化，形成了以东西部
算力协同发展为特点的算力基础设施梯次供给体系。在
"东数西算"工程的推动下，西部地区利用丰富的能源
和土地资源建设了一批大型数据中心和算力中心（见图
1-19），有效缓解了东部地区算力资源紧张的问题。同时，

图1-18　数据中心内部机房实景

东部地区则发挥产业和技术优势，推动算力应用和创新发展。随着算力基础设施不断完善，我国在数字经济、智能制造、智慧城市等方面将加速发展。

图1-19　贵州打造世界一流数据中心

1.6.3　空间基础设施

空间基础设施是信息基础设施的重要组成部分，对于提升国家综合实力和应急保障能力具有重要意义。我国已初步建成由卫星遥感、卫星通信广播、北斗导航定位三大系统构成的国家民用空间基础设施体系，具备连续稳定的业务服务能力。这些空间基础设施在环境监测、资源勘探、灾害预警、通信导航等方面发挥了重要作用。

我国自主研发的北斗卫星导航系统是联合国认可的四大全球卫星导航系统之一（见图1-20）。该系统自1994年开始建设，经历了北斗一号系统、北斗二号系统、北斗三号系统3个阶段，现已实现全球覆盖，为全球用户提供高精度且可靠的定位、导航和授时服务。北斗卫星导航系统的特点如下。

（1）覆盖范围广。北斗卫星导航系统已覆盖全球，能够确保地球上任何地点、任何时间都能接收到导航信号。

（2）定位精度高。北斗卫星导航系统的定位精度不断提升，已能满足多种高精度应用需求。

（3）功能丰富。除了基本的定位、导航功能，北斗卫星导航系统还具备短报文通信功能，可以在无通信网络覆盖的区域实现信息传输。

（4）自主性强。北斗卫星导航系统是我国自主建设、独立运行的卫星导航系统，具有高度的自主性和可控性。

我国北斗卫星导航系统的应用非常广泛且深入。在交通领域，基于北斗高精度的车道级导航功能已支持在国内99%以上城市和乡镇道路使用，部分国产新能源汽车也具备北斗定位和短报文通信功能，可为车辆提供精准定位和通信服务。在电力行业，我国已完成2000多座电力北斗地基增强基准站的建设和部署，

图1-20　北斗卫星导航系统示意

推广各类北斗应用终端超过50万台/套，这些终端为无人机自主巡检、变电站机器人巡检、杆塔监测等业务应用提供可靠、精准、稳定的高精度位置服务。在防灾减灾领域，以北斗高精度技术为核心的普适型地质灾害监测预警系统已在云南、四川等10多个省份开展监测，有效提升了灾害预警能力。在农业领域，基于北斗高精度技术的北斗农机自动驾驶系统已在全国广泛应用，安装超过10万台，实现了水稻、小麦、玉米等主粮作物收获和拖拉机作业的24小时动态监测。在大众消费领域，北斗已成为智能手机、可穿戴设备等大众消费产品的标准配置。国内外主流智能手机厂商均支持北斗定位功能，部分品牌的旗舰机型还具备北斗高精度定位、北斗短报文通信、卫星通信等"高阶功能"。2023年，国内智能手机出货量为2.76亿部，其中支持北斗卫星定位功能的智能手机占比约98%。在国际化方面，北斗卫星导航系统作为联合国认可的四大全球卫星导航系统之一，已服务全球200多个国家和地区的用户。

1.6.4 电力基础设施

1．建设现状

电力基础设施在数字时代扮演至关重要的角色，它们是支撑整个数字生态系统运行的基石。随着信息技术的飞速发展和普及，各类数字设备、数据中心、云计算平台、物联网应用、人工智能应用（如大模型）、新能源汽车等均需要依赖稳定可靠的电力供应。电力基础设施不仅为这些设备提供必要的能源支持，还直接关系到数据传输、处理、存储及应用的效率与安全性。在数字时代，数据已成为核心生产要素，而数据的传输与处理离不开高性能计算设备和数据中心的支持。这些设备耗电量巨大，对电力供应的稳定性和可靠性要求极高。一旦电力中断，不仅会导致数据丢失、业务中断，还可能产生重大的经济损失和社会影响。

近年来，我国电力基础设施建设取得了显著成就。我国电网规模和发电量长期稳居世界第一，已建成全球规模最大的电力供应系统和清洁发电体系，其中水电、风电、光伏、生物质发电和在建核电规模多年位居世界第一。截至2024年5月底，全国累计发电装机容量约30.4亿千瓦，同比增长14.1%。其中，太阳能发电装机容量约6.9亿千瓦，同比增长52.2%；风电装机容量约4.6亿千瓦，同比增长20.5%。部分电力基础设施如图1-21和图1-22所示。

图1-21　我国在沙漠中建设的光伏发电设施　　　　图1-22　我国在山区建设的风力发电设施

随着信息化、数字化技术不断进步，我国电网正加速向智能化转型。智能电网通过集成先进的传感技术、通信技术、信息技术和控制技术，实现了对电网的实时监控、智能调度和高效管理。这不仅提高了电网的可靠性和安全性，还促进了清洁能源的消纳和分布式能源的接入。

此外，我国特高压输电技术全球领先，已建成多条特高压输电线路（见图1-23），形成了世界上规模最大、电压等级最高的特高压输电网络。特高压输电技术具有输电距离远、容量大、损耗低等优点，对于实现我国能源资源的优化配置和跨区域电力平衡具有重要意义。我国的特高压输电线路主要用于将大型能源基地的电力资源输送到远距离的用电地区，这些能源基地主要分布在我国的中西部和北部地区，如新疆、内蒙古、甘肃、四川等，这些地区拥有丰富的煤炭、风电、光电等能源资源，而用电地区主要集中在东部和南部沿海经济发达地区，如长三角、珠三角、京津冀等，因

此，特高压输电技术很好地解决了电力资源的远距
离、跨区域输送问题。

我国的"国家电网"作为全球领先的电力企业，
不仅在国内构建了庞大而完备的电力网络，还积极
走向世界，为多个国家（包括菲律宾、巴西、葡萄
牙、意大利、澳大利亚、希腊等）提供电力服务。
国家电网先进的智能电网技术和高效的运营管理模
式，使其能够在全球范围内提供可靠、经济的电力
解决方案。通过参与国际电力项目建设和运营，国
家电网不仅促进了当地经济发展，还展示了我国电
力企业的实力和担当，为世界各国电力基础设施的
现代化和可持续发展做出了重要贡献。

图1-23　我国的特高压输电线路

2．电力即国力

根据咨询机构麦肯锡2024年的研究报告，AI对算力需求的拉动将直接带动数据中心建设提
速，同时带来对电力需求的爆发式增长。保守估算，到2030年，全球数据中心服务器的能耗将高
达3900亿瓦，而其中约70%将被AI算力所消耗。

如果AI革命深刻影响每一个人的生活，数据中心毫无疑问将成为全球最大的耗能方，它当前
的电耗占全球电耗已经达到4%，未来还将呈指数级增长。数据中心的建设者发现，依赖煤炭、石
油等化石能源支撑数据中心，从经济性与可持续发展方面考虑，已经变得完全不可取，传统能源面
对新的需求已"面露困窘"，能源的范式转折迫在眉睫。如果不能实现全球范围内的能源体系切换，
"电力-算力-智力"的转换链条将变成"水中月""镜中花"。随着工业进入4.0智能时代，人类科
技"大厦"又再次回到能源这个基座上来。

AI具有负荷不可调节和高耗能的特性，这使其从负荷与电量两端冲击现有的能源体系。因此，
AI领域最新的研究热点已经开始转向如何获取更廉价的电力，甚至有人提出算力即电力。在这样
的背景下，对前沿技术的再次革新才是破解AI能耗困局的终极方案，碳能源（如煤炭、石油、天
然气等）已经难以支撑智能化时代"大厦"的基座，在这种情况下，以我国"新能源七子"为代表
的硅能源企业脱颖而出。

"新能源七子"是指一批在新能源领域具有显著影响力和技术实力的企业（包括通威股份、协
鑫科技、隆基绿能、天合光能、新特能源、晶澳科技、晶科能源），它们在光伏、新能源汽车等多
个新能源子领域内取得了重要进展，甚至在某些方面已经超越了传统的石油公司，撼动了欧洲"石
油七姊妹"（包括新泽西标准石油、纽约标准石油、加利福尼亚标准石油、德士古石油、海湾石油、
英波石油、荷兰皇家壳牌石油）。"新能源七子"通过技术创新和产业升级，不仅在国内市场处于领
先地位，还在全球范围内与欧美石油公司展开竞争。

在"新能源七子"的带领下，我国光伏产业呈现出强劲增长态势。近年来，受益于国内外市
场对清洁能源的强烈需求，我国光伏装机容量和产量均实现快速增长，已成为全球最大的光伏产品
制造和出口国。作为后发的先至者，我国光伏产业在近20年的发展周期中经历了多次调整与洗牌，
无数企业勇立潮头。如今，我国光伏产业冠绝全球，巨头林立。

人类社会的前3次工业革命始终围绕以煤炭和石油为代表的碳能源展开，控制着上游能源的国
家几乎一直是每个世纪的世界强国，如英国、德国和美国。在20世纪下半叶，石油的崛起给俄罗
斯和中东带来了力量和财富，也延长了美国全球领先地位的"寿命"，"石油美元"成为美国霸权
的重要支柱。在工业4.0时代，西方国家陷入"基础不牢、地动山摇"的群体性恐慌，因为新能源
（太阳能和风能等）设施一般建设在偏远的地区，远离城市中心，需要借助特高压输电技术实现电
力的远程输送，但是，西方国家在这个方面存在明显的劣势。光伏发电、特高压输电等技术已经被
我国全面掌握（尤其是特高压输电技术，中国标准就是世界标准），在工业4.0时代，我国新能源在
供需两端的崛起势不可当，即将进一步颠覆全球能源格局。

1.6.5　新基建

新基建即新型基础设施建设，是数字经济时代贯彻新发展理念，吸收新科技革命成果，实现国家生态化、数字化、智能化、高速化、新旧动能转换与经济结构优化，建立现代化经济体系的国家基础设施建设。新基建是以新发展理念为引领，以技术创新为驱动，以信息网络为基础，面向高质量发展需要，提供数字转型、智能升级、融合创新等服务的基础设施体系。新基建本质上是信息数字化的基础设施建设，它涵盖多个高科技领域，旨在推动经济社会的全面数字化转型和智能化升级。新基建是我国经济社会发展的重要战略方向之一，它将通过数字化、智能化等先进技术手段的应用，推动经济社会的全面转型升级和高质量发展。

新基建主要包括以下七大领域。

（1）5G基建：第五代移动通信技术的基础设施建设，为云计算、物联网、大数据、人工智能等技术的发展提供高速、低时延的网络支持。

（2）特高压：特高压电网的建设，旨在提高电网的输电能力和效率，促进清洁能源的远距离输送和消纳。

（3）城际高速铁路和城际轨道交通：包括高速铁路和城市轨道交通系统的建设，提升交通运输的便捷性和效率。

（4）新能源汽车充电桩：为新能源汽车提供充电服务的基础设施建设，促进新能源汽车的普及和发展。

（5）大数据中心：用于存储、处理和分析海量数据的基础设施建设，为数字经济发展提供数据支持。

（6）人工智能：包括人工智能算法、算力平台、应用场景等基础设施建设，推动人工智能技术在各行业广泛应用。

（7）工业互联网：通过工业互联网平台的建设，实现工业设备的互联互通和数据的共享利用，推动制造业的数字化转型和智能化升级。

新基建的实施具有重要意义，主要如下。

（1）构建新动能：新基建将构建支撑我国经济新动能的基础网络，为数字经济、智能经济等新型经济形态的发展提供有力支撑。

（2）促进高质量发展：通过数字化转型和智能化升级，推动传统产业转型升级和新兴产业培育发展，促进经济高质量发展。

（3）提升国家竞争力：加强在新基建领域的自主研发和创新能力，提升我国在全球科技竞争中的实力和地位。

随着5G、人工智能、大数据等技术的不断成熟和应用场景的不断拓展，新基建的技术创新将加速推进。新基建将促进不同产业之间的深度融合和协同发展，形成新的产业生态和价值链。由于国家对新基建的政策支持和市场需求的不断增长，新基建的投资规模将持续扩大。

1.7　国家信息安全

信息安全已经成为国家安全的重要组成部分，是中国式现代化建设的重要保障。随着信息技术的飞速发展，网络空间已成为国家安全的新疆域，信息安全直接关系到国家的政治、经济、军事、文化等各个领域的安全稳定。

本节首先介绍信息安全的主要领域，然后介绍保障国家信息安全的举措，最后介绍我国实施的"信创"战略。

1.7.1　信息安全的主要领域

信息安全的主要领域如下。

（1）网络安全：包括对互联网、电子政务网、工业控制系统等网络基础设施的安全防护，防范网络攻击、病毒传播、数据泄露等安全事件，涉及网络基础设施的安全建设、网络安全监测预警、应急处置机制的建立等。

（2）数据安全：信息安全的核心，涉及数据的收集、存储、使用、加工、传输、提供、公开等全生命周期的安全管理，包括数据分类分级保护、数据脱敏脱密、数据跨境传输安全等。

（3）个人信息保护：随着大数据时代的到来，个人信息保护成为信息安全的重要方面。

我国已经制定《中华人民共和国个人信息保护法》，该法对个人信息处理活动进行规范，保护个人信息权益。

（4）关键信息基础设施保护：关键信息基础设施是国家安全和社会稳定的重要保障，需要重点保护，包括对电信网、广播电视网、互联网等信息网络的保护，以及对提供公共服务的信息系统等的保护。

1.7.2　保障国家信息安全的举措

我国在保障国家信息安全方面所采取的举措主要如下。

（1）政策法规层面。①制定和完善信息安全法律法规：我国出台了一系列与信息安全相关的法律法规（如《中华人民共和国网络安全法》《中华人民共和国数据安全法》《中华人民共和国个人信息保护法》等），为信息安全提供了法律保障。②不断完善与信息安全相关的政策文件（如《信息化标准建设行动计划（2024—2027年）》《数字经济2024年工作要点》等），明确信息安全工作的目标和要求。③加强信息安全监管：建立健全信息安全监管体系，加强对关键信息基础设施、重要信息系统、个人信息等的监管力度。定期开展信息安全检查和评估工作，及时发现并处理信息安全隐患。

（2）技术层面。①推进信息安全技术自主可控：加快信息安全技术的国产化进程，减少对外部技术的依赖。鼓励和支持本土信息安全企业的研发和创新，推动信息安全技术的自主可控。②加强信息安全技术研发和应用：加大对信息安全技术的研发投入，推动新技术、新产品的研发和应用。③推广使用先进的信息安全技术和产品，提升信息系统防护能力。④构建信息安全防护体系：建立完善的信息安全防护体系，包括网络安全、数据安全、个人信息保护等多个方面。采用多层次、多手段的安全防护措施，确保信息系统的安全性和稳定性。

（3）管理层面。①加强信息安全组织建设：建立健全信息安全组织体系，明确各级机构的信息安全职责和权限；加强信息安全人才培养和引进工作，提升信息安全管理水平。②完善信息安全管理制度：制定和完善信息安全管理制度及流程，规范信息安全管理工作；加强信息安全意识教育和培训工作，提高全员信息安全意识。③加强应急管理和处置能力：建立健全信息安全应急管理体系和应急预案，提高应对信息安全突发事件的能力；加强应急演练和实战演练工作，提升应急响应和处置效率。

以下是我国近些年为保障国家信息安全采取的具体措施。

（1）网络安全方面。域名服务器（Domain Name Server，DNS）是互联网上大部分服务和应用正常实施与运转的基石，是互联网上极为关键的基础网络服务之一。需要强调的是，全球互联网域名系统中，IPv4主根服务器设在美国，并由美国政府授权的互联网名称与数字地址分配机构（Internet Corporation for Assigned Names and Numbers，ICANN）进行控制。这种集中管理的方式使域名系统容易受到国际政治、经济等因素的影响，给我国的国家安全带来潜在威胁，一旦美国的主根服务器停止向我国提供服务，将导致我国大量网站无法访问，进而引发信息安全事件。我国已经采取一系列措施来应对这种威胁，确保国家安全和网络稳定运行。我国大力推动IPv6的部署和应用，IPv6网络的建设和运行不依赖于美国的IPv4主根服务器，从而有效降低了风险。我国在国内部署了大量的根服务器镜像节点，这些节点可以在主根服务器受到攻击或被切断的情况下，继续为国内用户提供域名解析服务，确保我国的互联网安全稳定运行和可靠使用。

（2）CPU和操作系统方面。2024年3月，中央国家机关政府采购中心发布了更新后的台式计算机、便携式计算机批量集中采购配置标准，明确要求乡镇以上党政机关，以及乡镇以上党委和政府直属事业单位及部门所属为机关提供支持保障的事业单位，在采购台式计算机、便携式计算机时，应当将CPU、操作系统符合安全可靠测评要求纳入采购需求。依赖外国CPU和操作系统可能面临技术封锁、供应中断或不稳定的问题。采用国产CPU和操作系统可以降低对外国技术的依赖，减少潜在的信息泄露和安全风险。国产CPU和操作系统在设计与开发过程中更加注重信息安全及自主可控性，采用这些产品可以提升信息系统的安全性和稳定性，更好地保障国家信息安全。

（3）政府信息化系统方面。国家出台了一系列政策措施（如《国家信息化发展战略纲要》等），明确提出了电子政务系统国产化替代的目标和要求，具体工作分3步：首先，对现有电子政务系统进行全面调研和评估，明确替代工作的重点和目标，制定详细的实施规划和方案；其次，选择部分电子政务系统进行国产化替代试点示范，验证替代方案的可行性和有效性，积累经验和教训；最后，在试点示范的基础上，逐步扩大国产化替代的范围和规模，最终实现电子政务系统的全面国产化替代。

1.7.3 我国实施的信创战略

1．什么是信创

信创的全称是"信息技术应用创新"，是指基于国产芯片、操作系统、数据库等核心技术，通过自主创新、自主研发，实现信息技术领域的自主可控。它是数据安全、网络安全的基础，也是新基建的重要组成部分。信创产业涵盖从底层硬件到上层应用软件的全方位创新，旨在打破国外技术垄断，构建安全可信的信息技术体系。

信创不仅是技术创新，更是对国家信息安全和经济发展的全面布局，其涉及以下内容。

（1）底层硬件：包括CPU芯片、服务器、存储设备、交换机、路由器等。

（2）基础软件：包括数据库、操作系统、中间件等。

（3）应用软件：包括OA、ERP、办公软件、政务应用、流版签软件等。

（4）信息安全：包括边界安全产品、终端安全产品等。

2．为什么需要信创

信创战略的核心就是4个字——自主可控。过去很多年，我国在信息技术领域长期处于模仿和引进的阶段。国际IT巨头占据了大量的市场份额，也垄断了我国的信息基础设施，它们制定了IT底层技术标准，并控制了整个信息产业生态。目前，国际贸易和科技领域的竞争愈加剧烈，作为国民经济底层支撑的信息技术领域，自然而然地成为角逐对象。面对日益增加的安全风险，我国在信息技术邻域必须尽快实现自主可控。

信创战略的实施具有以下重要意义。

（1）保障国家信息安全：通过自主可控的技术和产品，降低对国外技术的依赖，减少潜在的信息泄露和安全风险。

（2）推动信息技术产业发展：信创产业的发展促进了本土信息技术企业的崛起，增强了国内信息技术产业的竞争力。

（3）促进经济数字化转型：信创技术的应用推动了传统行业的数字化转型，提高了产业链的整体效率。

3．信创的发展战略

国家制定了"2+8+N"的信创三步走战略："2"就是首先实现党委、政府机关范围内的国产替代，同时顺带打磨产品、培育骨干企业；"8"指的是金融、电信、电力、石油、交通、航空航天、教育、医疗八大关键行业，在产品相对好用、生态比较成熟后，信创将由党政系统扩大到八大关键行业；"N"就是其他行业，最终将信创产品扩展到全行业。

4．信创产业

信创产业在国家信息安全中扮演至关重要的角色。首先，信创产业的发展被视为我国未来发展的关键，其产品需求量的持续上升反映了其在信息技术领域的重要性，特别是在信息安全和自主可控方面。其次，随着个人和企业数据价值的增加，保护这些数据免受泄露威胁变得尤为重要，这进一步强调了信创时代网络安全的关键性作用。最后，国产操作系统作为信创产业的重要组成部分，在推动国内信息技术、网络安全发展方面起到了重要作用，为大力发展信创产业提供了新契机。

信创产业不仅涉及基础硬件、基础软件、云服务、应用软件等多个方面，还包括满足信息安全等供给端的需求，以及解决党政军、金融、央企等需求端的落地痛点。关键技术、工艺、设备和应用的自主可控，已成为国家数字经济持续稳定上行的重要保障，也是维护国家安全的核心。长期以来，国内IT基础设施大多依赖国际巨头，存在安全风险和信息安全威胁，因此，建立自主的IT底层架构和标准、实现国产替代显得尤为重要。

信创产业在国家信息安全中的具体作用和重要性主要体现在：促进信息技术和网络安全的发展，保护个人和企业数据免受泄露威胁，推动国产操作系统等关键技术发展，以及通过自主可控的技术和产品保障国家数字经济持续稳定发展和国家安全。

信创产业的发展历程可以分为4个阶段。

（1）萌芽期（1999—2005年）：此时，我国信息产业面临"缺芯少魂"的困境，一批信创企业（如Xteam、蓝点、中科红旗等）陆续成立，产业进入萌芽期。

（2）起步期（2006—2013年）：2006年，"核高基"政策推出，明确把"核心电子器件、高端通用芯片及基础软件产品"作为国家重大科技攻关方向，这标志着信创产业正式起步。

（3）试点实践期（2014—2017年）：随着中央网络安全与信息化领导小组的成立和《"十三五"国家信息化规划》出台，信创试点工作进入实质性阶段。

（4）规模化推广期（2018年至今）：我国加速推进自主研发应用试点并扩大范围，信创产业进入规模化推广阶段。

当前，我国的信创产业（见图1-24）正处于快速发展阶段。在政策支持下，国内企业加大了对关键核心技术的研发投入，逐渐打破了国外技术垄断。在芯片、操作系统、数据库等领域，国内企业已经推出了一系列具有自主知识产权的产品，并在应用市场上取得了良好的口碑。同时，信创产业也面临一些挑战，如技术积累和创新能力不足、部分关键技术仍依赖进口等。

图1-24 我国信创产业部分典型代表

5．信创战略初显成效

2024年7月19日，一场突如其来的"数字海啸"席卷全球——微软Windows系统出现大面积"蓝屏"故障，引发全球范围内的连锁反应。该故障波及美国、日本、英国、墨西哥、印度、新西兰、澳大利亚等多个国家和地区。这种大规模的系统崩溃在微软历史上实属罕见，其影响之广令人震惊。航空业首当其冲，全球多个机场的航班管理系统瘫痪，导致大量航班延误或取消，乘客滞留机场，航空公司损失惨重（见图1-25）。金融市场同样未能幸免，伦敦证券交易所交易系统出现故障，股票交易一度中断；银行业务也受到严重影响，ATM无法正常工作，网上银行服务中断。社会秩序受到严重干扰，医疗服务系统遭受冲击，部分医院的电子病历系统无法访问，影响患者诊疗，甚至有些医院取消了部分手术。政府部门的日常运作也受到干扰，多个国家的公共服务网站瘫痪。甚至连零售业也未能幸免，依赖Windows系统的POS无法正常工作，导致交易中断。据业内专家估计，这次全球性的系统故障可能给全球造成数十亿美元的经济损失。

图1-25　微软"蓝屏"故障导致机场运转失灵

在全球混乱之际，我国的公共基础服务却未受影响，航班正常起降、高铁准点运行、银行业务如常进行。这一切都归功于我国多年来在科技自主创新方面的持续投入和战略布局。麒麟操作系统、统信UOS、方德桌面操作系统等国产操作系统在此次危机中表现出色。这些国产操作系统不仅在政府采购中占据重要地位，还在实际应用中经受住了考验，它们的稳定性和安全性得到了充分验证。微软"蓝屏"故障无疑是一个警钟，提醒我们科技自主的重要性，它不仅是一个国家的"防护罩"，还是未来发展的关键所在。对我国而言，这既是挑战，也是机遇。国产操作系统的出色表现，不仅仅彰显了我国的科技实力，更为未来发展指明了方向。

1.8　数字时代与数字经济

随着信息化的不断发展和信息技术的广泛应用，人类开始步入数字时代。信息化是数字时代的基础，信息技术的广泛应用推动了社会信息资源的开发和利用，形成数字社会的基石。数字时代强调数字技术的普及和创新，不断推动社会经济数字化转型和发展，催生出数字经济，实现经济高效、绿色和可持续发展。

1.8.1　数字时代

数字时代又称数字化时代，是指在当今互联网时代社会发展形态的一种新的变革，也指社会经济文化发展的新模式，是"互联网+"的核心赋能。

数字时代具有以下典型特征。

（1）数字化：信息、数据和内容以数字形式存在和传输，易于存储、处理和传播，促进了生产方式、交流方式和创新方式的变革。

（2）数据驱动：数据成为一种重要的生产要素，企业通过数据分析和挖掘，可以获得更多关于用户、市场和业务运营的有价值的信息，用以支持决策和创新，同时实现服务和产品的个性化、精准化。

（3）网络化和连接性：数字技术和互联网的普及使人与人之间、人与物之间、物与物之间的连接更加紧密，促进了跨时空、跨地域的交流和合作。

（4）自由度和开放性：数字时代为个人与组织提供了更大自由度和更高开放性，个人可以在数字空间中展示、表达和交流自己的想法，组织可以通过数字化的方式开展业务、扩大影响力。

（5）加速度：新的技术和产品不断涌现，市场竞争日益激烈，变革周期缩短，这要求个人和组织具备快速学习、适应和创新的能力。

（6）安全与隐私风险：数字时代亦面临一系列的安全和隐私问题，需要确保信息的安全和隐私受到保护，防范网络攻击、数据泄露和滥用。

数字时代的开启对于人们的生产和生活具有重要影响。

（1）信息传播：互联网的发展使信息传播变得更加实时和广泛，人们可以通过在线平台轻松获取和分享新闻、知识及文化信息，这提高了社会的信息传播效率。

（2）产业结构：数字技术的广泛应用推动了产业结构的升级和创新，新兴科技企业的涌现促使传统行业进行数字化转型，推动了经济的快速发展。

（3）全球化进程：数字时代促进了全球化的进程，互联网和数字通信技术使跨国合作更加容易，国际贸易更为便捷，全球文化和经济的交流更加频繁。

（4）生产效率：自动化和人工智能的应用提高了生产效率，生产过程的数字化和智能化使企业能够更高效地生产产品和提供服务。

（5）社交和交流：社交媒体和通信应用的普及使人们能够随时随地进行交流，加强了人际关系，打破了地域和时间的限制，促进了信息共享和合作。

1.8.2 数字经济

在信息化发展历程中，数字化、网络化和智能化是3条并行不悖的主线。数字化奠定基础，实现数据资源的获取和积累；网络化构建平台，促进数据资源的流通和汇聚；智能化展现能力，通过多源数据的融合分析呈现信息应用的类人智能，帮助人类更好地认知复杂事物和解决问题。当前，我们正在进入以数据的深度挖掘和融合应用为主要特征的智能化阶段（信息化3.0）。信息化新阶段开启的一个重要表征是信息技术开始从助力经济发展的辅助工具向引领经济发展的核心引擎转变，进而催生一种新的经济范式——数字经济。

"数字经济"一词最早出现于20世纪90年代，因美国学者唐·泰普斯科特（Don Tapscott）1996年出版的《数字经济：网络智能时代的前景与风险》一书而开始受到关注，该书描述了互联网将如何改变世界各类事务的运行模式并引发若干新的经济形式和活动。2002年，美国学者金范秀（Beomsoo Kim）将数字经济定义为一种特殊的经济形态，其本质为"商品和服务以信息化形式进行交易"。可以看出，这个词早期主要用于描述互联网对商业行为的影响。此外，当时的信息技术对经济的影响尚未具备颠覆性，只是提质增效的助手工具。

随着信息技术的不断发展与深度应用，社会经济数字化程度不断提升，大数据时代的到来让"数字经济"一词的内涵和外延发生了重要变化。当前被广泛认可的数字经济定义源自2016年9月G20杭州峰会通过的《二十国集团数字经济发展与合作倡议》，即数字经济是指以使用数字化的知识和信息作为关键生产要素、以现代信息网络作为重要载体、以信息通信技术的有效使用作为效率提升和经济结构优化的重要推动力的一系列经济活动。

数字经济是继农业经济、工业经济之后的主要经济形态。从构成上看，农业经济属单层结构，以农业为主，以人力、畜力和自然力为动力，使用手工工具，以家庭为单位自给自足，社会分工不明显，行业间相对独立。工业经济是两层结构，即提供能源动力和行业制造设备的装备制造产业，以及工业化后的各行各业，并形成分工合作的工业体系。数字经济则可分为3个层次：提供核心动能的信息技术及其装备产业、深度信息化的各行各业，以及跨行业数据融合应用的数据增值产业。

通常把数字经济分为数字产业化和产业数字化两方面。数字产业化指信息技术产业的发展，包括电子信息制造业、软件和信息服务业、信息通信业等数字相关产业；产业数字化指以新一代信息技术为支撑，传统产业及其产业链上下游全要素的数字化改造，通过与信息技术的深度融合，实现赋值、赋能。从外延看，经济发展离不开社会发展，社会的数字化无疑是数字经济发展的土壤，数字政府、数字社会、数字治理体系建设等构成了数字经济发展的环境，同时，数字基础设施建设以及传统物理基础设施的数字化奠定数字经济发展的基础。

数字经济呈现3个重要特征。一是信息化引领。信息技术深度渗入各个行业，促成其数字化并积累大量数据资源，进而通过网络平台实现共享和汇聚，通过挖掘数据、萃取知识和凝练智慧，又使行业变得更加智能。二是开放化融合。通过数据的开放、共享与流动，促进组织内各部门间、价值链上各企业间，甚至跨价值链跨行业的不同组织间开展大规模协作和跨界融合，实现价值链的优化与重组。三是泛在化普惠。无处不在的信息基础设施、按需服务的云模式和各种商贸、金融等服务平台降低了参与经济活动的门槛，使数字经济出现"人人参与、共建共享"的普惠格局。

数字经济未来发展呈现以下趋势。

一是以互联网为核心的新一代信息技术正逐步演化为人类社会经济活动的基础设施，并将对原有的物理基础设施完成深度信息化改造和软件定义，在其支撑下，人类将突破沟通和协作的时空约束，推动平台经济、共享经济等新经济模式快速发展。

二是各行业工业互联网的构建将促进各种业态围绕信息化主线深度协作、融合，在完成自身提升变革的同时，不断催生新的业态，并使一些传统业态走向消亡。

三是在信息化理念和政务大数据的支撑下，政府的综合管理服务能力和政务服务的便捷性持续提升，公众积极参与社会治理，形成共策共商共治的良好生态。

四是信息技术体系将完成蜕变升华式的重构，释放出远超当前的技术能力，从而使蕴藏在大数据中的巨大价值得以充分释放，带来数字经济的爆发式增长。

近年来，互联网、大数据、云计算、物联网、人工智能、区块链、元宇宙等技术加速创新，日益融入经济社会发展各领域全过程，各国竞相制定数字经济发展战略、出台鼓励政策，数字经济发展速度之快、辐射范围之广、影响程度之深前所未有，正在成为重组全球要素资源、重塑全球经济结构、改变全球竞争格局的关键力量。

世界各国高度重视发展大数据和数字经济，纷纷出台相关政策。美国是最早布局数字经济的国家，1998年美国商务部就发布了《浮现中的数字经济》报告，近年来又先后发布了《数字经济议程》《美国全球数字经济大战略》等，将发展大数据和数字经济作为实现繁荣和保持竞争力的关键。欧盟于2014年提出数据价值链战略计划，推动围绕大数据的创新，培育数据生态系统；其后又推出欧洲工业数字化战略、欧盟人工智能战略等规划；2021年3月，欧盟发布了《2030数字化指南：实现数字十年的欧洲路径》纲要文件，其中涵盖欧盟实现数字化转型的愿景、目标和途径。日本自2013年开始，每年制定科学技术创新综合战略，从"智能化、系统化、全球化"视角推动科技创新。俄罗斯于2017年将数字经济列入《俄联邦2018—2025年主要战略发展方向目录》，并编制完成俄联邦数字经济规划。

全球数字经济发展迅猛。根据《全球数字经济白皮书（2024年）》公布的数据，全球数字经济的发展情况已经发生了显著变化。美国、中国、德国、日本、韩国5个国家的数字经济总量已超过33万亿美元，同比增长超8%（这表明全球数字经济规模大幅扩大）；数字经济在GDP中的占比已达到60%，较2019年提升约8个百分点（这一比例显示了数字经济在全球经济中的重要性日益增强）。美国数字经济继续在全球处于领先地位，其在全球AI企业和人工智能大模型数量上也具有显著优势。我国数字经济快速发展，已成为全球数字经济的重要力量，我国数字经济规模已经连续多年位居世界第二。在全球AI企业和人工智能大模型数量上，我国占比分别为15%和36%，展示出强大的创新能力和发展潜力。

我国高度重视发展数字经济，已经将其上升为国家战略。2017年3月5日，国务院在政府工作报告中指出，2017年工作的重点任务之一是加快培育新兴产业，促进数字经济加快成长，让企业广泛受益、群众普遍受惠。这是数字经济首次被写入政府工作报告。党的十八届五中全会提出，实施网络强国战略和国家大数据战略，拓展网络经济空间，促进互联网和经济社会融合发展，支持基于互联网的各类创新。党的十九大提出，推动互联网、大数据、人工智能和实体经济深度融合，建设数字中国、智慧社会。党的十九届五中全会提出，发展数字经济，推进数字产业化和产业数字化，推动数字经济和实体经济深度融合，打造具有国际竞争力的数字产业集群。我国出台了一系列政策和措施，从国家层面部署推动数字经济发展。这些年来，我国数字经济发展较快，成就显著。

发展数字经济意义重大，是把握新一轮科技革命和产业变革新机遇的战略选择。一是数字经济健康发展有利于推动构建新发展格局。构建新发展格局的重要任务是增强经济发展动能、畅通经济循环。数字技术、数字经济可以推动各类资源要素快捷流动、各类市场主体加速融合，帮助市场主体重构组织模式，实现跨界发展，打破时空限制，延伸产业链条，畅通国内外经济循环。二是数字经济健康发展有利于推动建设现代化经济体系。数据作为新型生产要素，对传统生产方式变革具有重大影响。数字经济具有高创新性、强渗透性、广覆盖性，不仅是新的经济增长点，而且是改造提升传统产业的支点，可以成为构建现代化经济体系的重要引擎。三是数字经济健康发展有利于推动构筑国家竞争新优势。当今时代，数字技术、数字经济是世界科技革命和产业变革的先机，是新一轮国际竞争重点领域，我国一定要抓住先机、抢占未来发展制高点。

1.9　数字素养

从线下到线上、从实体到虚拟、从生产生活到国家治理，日新月异的数字技术发展成果处处可见、人人可及、时时可感，人类社会正在信息革命的时代浪潮中向网络化、智能化的数字时代大步前行。全球主要国家和地区都把提升国民数字素养作为谋求竞争新优势的战略方向，纷纷出台战略规划，开展面向国民的数字技能培训，提升人口整体素质水平。

本节首先介绍什么是数字素养，然后介绍数字素养的重要性、我国的数字素养发展目标以及我国提升全民数字素养的具体做法，最后介绍大学生如何提升自己的数字素养。

1.9.1　什么是数字素养

数字素养是数字社会公民在学习、工作、生活中应具备的一系列素质与能力的集合。根据中央网络安全和信息化委员会办公室给出的定义，数字素养与技能涵盖数字获取、制作、使用、评价、交互、分享、创新、安全保障、伦理道德等多个方面。

数字素养主要包括以下构成要素。

（1）数字意识。①内化的数字敏感性：对数字信息的敏感度和认知能力。②数字的真伪和价值识别能力：能够辨别数字信息的真伪，理解其价值和意义。③主动发现和利用真实、准确的数字：具备主动寻找和利用真实、准确数字信息的动机与能力。④数据共享与安全意识：在协同学习和工作中分享真实、科学、有效的数据，并主动维护数据的安全。

（2）计算思维。①分析问题和解决问题：能够主动抽象问题、分解问题，并构造解决问题的模型和算法。②善用迭代和优化：在解决问题的过程中不断优化和调整解决方案，形成高效解决同类问题的范式。

（3）数字化学习与创新。①利用数字化资源、工具和平台：在学习和生活中，积极利用丰富的数字化资源、广泛的数字化工具和泛在的数字化平台。②探索和创新：不仅将数字化资源、工具和平台用来提升学习的效率与生活的幸福感，还要将它们作为探索和创新的基础，不断养成探索和创新的思维习惯与工作习惯。

（4）数字社会责任。①正确的价值观、道德观、法治观：在数字环境中，保持对国家的热爱、对法律的敬畏、对民族文化的认同、对科学的追求和热爱。②维护数字生态：主动维护国家安全和民族尊严，在各种数字场景中不伤害他人和社会，积极维护数字经济的健康发展秩序和生态。

1.9.2　数字素养的重要性

随着数字时代的到来，数字素养已成为衡量个人和社会发展的重要指标。具备良好的数字素养，不仅能够提升个人学习、工作和生活的质量，还能够推动社会的数字化转型和创新发展。提升全民数字素养与技能，是顺应数字时代要求，提升国民素质、促进人的全面发展的战略任务，是实现从网络大国迈向网络强国的必由之路，也是弥合数字鸿沟、促进共同富裕的关键举措。因此，提升全民数字素养已成为国家和社会的重要任务之一。

数字素养的重要性主要体现在以下几个方面。

（1）促进个人发展与竞争力的提升。①更好地适应与融入数字社会：随着信息技术的飞速发展，数字素养已成为个人在现代社会中生存和发展的基本技能；如果具备良好的数字素养，个人能够更好地适应和融入数字社会，享受数字化带来的便利和机遇。②提升学习与工作效率：数字素养包括利用数字技术解决问题的能力，如在线学习、远程办公、数字工具应用等，这些能力能够显著提升个人的学习和工作效率，使个人在快节奏的社会环境中保持竞争力。③促进创新思维：数字素养还强调创新思维的培养，在数字化环境中，个人需要不断尝试新的工具、方法和思维模式，以应对不断变化的挑战，这种创新思维对于个人职业发展、创新创业等都具有重要意义。

（2）推动社会进步与经济发展。①推动数字化转型：数字素养的普及和提升是推动社会数字化转型的重要力量；通过提高全民数字素养，可以促进信息技术在社会各领域广泛应用和深度融合，推动社会经济全面发展。②促进创新创业：数字素养为创新创业提供了广阔的空间和可能；具备数字素养的人才能够利用数字技术发现新的商业机会、创造新的产品和服务，从而推动创新创业蓬勃发展。③增强社会服务能力：数字素养的提升能够增强社会服务能力，例如，在医疗、教育、交通等领域，数字技术的应用能够显著提升服务效率和质量，使更多人受益；而数字素养的提升又能够推动这些领域更好地应用数字技术，提高服务水平和覆盖面。

（3）保障个人和社会的信息安全。在数字时代，信息安全问题日益严峻。数字素养不仅包括使用数字工具的能力，还包括防范网络风险、保护个人隐私和数据安全的意识。具备较高的数字素养，有助于人们有效防范网络诈骗、恶意软件等威胁，保障个人和社会的信息安全。

1.9.3 我国的数字素养发展目标

2021年11月，中央网络安全和信息化委员会印发《提升全民数字素养与技能行动纲要》。该文件的出台是为了响应全球经济数字化转型加速的趋势，把握新一轮科技革命和产业变革的新机遇，同时也是迎接数字文明新时代的必然要求。它旨在为我国公民在新时代拥抱数字文明规划发展蓝图和行动纲领，全面提升我国公民的数字素养与技能水平。该文件的出台体现了党和国家对提升全民数字素养与技能的高度重视，并将其作为建设网络强国、数字中国的一项基础性、战略性、先导性工作。该文件的实施将有力推动经济高质量发展、社会高效能治理、人民高品质生活以及对外高水平开放，为我国开启全面建设社会主义现代化国家新征程和向第二个百年奋斗目标进军注入强大动力。同时，它也注重弥合城乡、区域和人群间的数字鸿沟，促进全民共建共享数字化发展成果。

根据《提升全民数字素养与技能行动纲要》，我国数字素养发展的总体目标可以概括为：到2025年，全民数字化适应力、胜任力、创造力显著提升，全民数字素养与技能达到发达国家水平；数字素养与技能提升发展环境显著优化，基本形成渠道丰富、开放共享、优质普惠的数字资源供给能力；初步建成全民终身数字学习体系，老年人、残疾人等特殊群体数字技能稳步提升，数字鸿沟加快弥合；劳动者运用数字技能的能力显著提高，高端数字人才队伍明显扩大；全民运用数字技能实现智慧共享、和睦共治的数字生活，数字安全保障更加有力，数字道德伦理水平大幅提升。展望2035年，我国将基本建成数字人才强国，全民数字素养与技能等能力达到更高水平，高端数字人才引领作用凸显，数字创新创业繁荣活跃，为建成网络强国、数字中国、智慧社会提供有力支撑。

1.9.4 我国提升全民数字素养的具体做法

我国高度重视提升全民数字素养。为了稳步提升全民数字素养，我国采取了以下措施。

（1）丰富优质数字资源供给。要提高全民数字素养，就必须围绕人民群众的生活场景不断丰富智能产品和服务供给。一是优化完善数字资源获取渠道。加快千兆光网、5G 网络、IPv6 等基础设施建设部署，不断拓展网络覆盖范围、提升网络质量，提高数字设施和智能产品服务能力。二是丰富数字教育培训资源内容。围绕数字生活、工作、学习、创新等需求，运用视频、动画、虚拟现实、直播等载体形式，做优做强数字素养与技能教育培训资源。支持各地区各行业制订培训方案，统筹规划、差异设计培训内容，鼓励向社会提供优质免费的数字教育资源和线上学习服务。三是推动数字资源开放共享。鼓励党政机关、企事业单位、团体组织等依法规范有序开放公共数据资源，推动数据资源跨地区、跨层级共享。推动大中小学校、专业培训机构、出版社等积极开放教育培训资源，共享优质数字技能教学案例，推动数字技能教育资源均衡配置。四是促进数字公共服务普适普惠。建设完善全国一体化政务服务平台，加快线上线下融合互补，优化政务服务体验，畅通丰富办事渠道，让企业和个人好办事、快办事。在政务服务大厅、医院、交通枢纽等服务场所设立志愿者、引导员或服务员，依托城乡社区综合服务设施开展宣传培训，为群众提供指导和协助，助力提升数字公共服务使用技能。

（2）大力培育数字人才。培养具有数字素养与技能的数字人才，是推进经济数字化转型、建设创新型国家的战略基础，也是提高全民数字素养与技能的重要基础。培育数字人才，需要加强相关教育培训。一方面，紧抓高水平、创新型、复合型数字人才培养。通过支持发展高水平信息科技专业资源，强化信息科技基础教育，大力支持基础创新、应用创新，培育创新型数字人才；通过积极推动人工智能、大数据、云计算、量子信息等数字科技与计算机、控制、数学、金融等学科交叉融合，推动跨学科复合型数字人才队伍建设；依托专业技术人才知识更新工程，围绕智能制造、物联网、区块链、虚拟现实、集成电路、工业互联网等数字技术领域，组织开发国家职业标准和培训课程，开展规范化培训、社会化评价，培育壮大高水平数字技术工程师队伍。另一方面，在构建全民终身数字学习体系上下功夫。在学习型社会建设中，以培养具有数字意识、计算思维、终身学习能力和社会责任感的数字公民为目标，科学制定全民数字素养与技能提升规划，全方位、深层次探索相关培训实施体系及评价机制，提高人民群众提升数字素养与技能的自觉性、主动性。

（3）加快弥合数字鸿沟。截至 2023 年 6 月，我国网民规模达 10.79 亿人，互联网普及率达 76.4%。在数字乡村建设、互联网应用适老化改造行动等的推动下，农村居民和老年群体加速融入网络社会，数字化覆盖面持续扩大。同时我们也要认识到，当前数字建设不平衡现象仍然存在，不同群体在数字资源获取、处理、运用等方面的素养与技能鸿沟仍影响我国数字经济发展的社会基础。对此，我国要在全民数字素养与技能提升过程中精准施策，以构建数字无障碍环境为目标，针对不同群体的特殊需求与实际困难，做出科学化、个性化的专项安排部署。例如，在帮助农民提升数字技能方面，可以通过优化完善全国农业科教云平台，汇集整合新技术推广、电商销售、新媒体应用等优质培训资源，持续推进农民手机应用技能培训工作，提高农民对数字化"新农具"的使用能力。又如，充分考虑老年人和残疾人群体的特殊性，加强数字设备、数字服务信息交流无障碍建设，在保留人工服务渠道的同时积极推进数字服务。为此，可依托老年大学、养老服务机构、残疾人服务机构、社区教育机构等，丰富老年人、残疾人数字技能培训形式和内容。要采取多种形式，推动形成社会各界积极帮助老年人、残疾人等融入数字生活的良好氛围，构建友好包容社会。

1.9.5　大学生如何提升自己的数字素养

大学生是数字时代的主力军，提升自己的数字素养对于适应未来社会、提升个人竞争力具有重要意义。以下是一些帮助大学生提升数字素养的具体方法和建议。

（1）掌握基本的数字技能。全面学习数字技术，包括计算机基础知识、操作系统、办公软件（如 Word、Excel、PowerPoint）的高级功能、编程基础（如 Python、Java 等）、新兴数字技术（包括云计算、物联网、大数据、人工智能、区块链、元宇宙等）等。熟悉互联网应用，熟练掌握搜索引擎、社交媒体、在线学习平台、电子邮件等互联网工具的使用方法，了解网络安全和隐私保护的基本知识。

（2）深化专业知识与技能。根据所学专业深入学习相关领域的专业软件，如设计专业软件Photoshop、工程专业软件AutoCAD等。学习数据收集、整理、分析和可视化的方法，掌握Excel的高级功能、SPSS、R语言、Python等。掌握可以提高自己工作效率和生活质量的大模型的使用方法。

（3）尊重知识产权与伦理。了解知识产权法律法规，尊重原创，避免抄袭和侵权行为。同时，遵守新兴数字技术伦理规范，确保科学技术能够真正做到为人类谋福利。

（4）参与数字实践与创新。积极参与科研项目、学科竞赛、社会实践等活动，将所学知识应用于解决实际问题，提升实践能力和创新能力。关注新兴数字技术动态，如云计算、物联网、人工智能、大数据、区块链、元宇宙等，尝试学习并应用于个人项目或团队项目中，培养创新思维和技术应用能力。

（5）加强沟通与协作能力。利用即时通信工具、在线协作平台等进行有效沟通，提升团队协作效率。在全球化的背景下，学会与不同文化背景的人进行数字沟通，增强跨文化交流能力。

（6）终身学习意识。数字技术发展日新月异，保持对新技术的好奇心和学习热情，不断更新自己的知识和技能。定期对自己的数字素养进行评估和反思，识别不足之处并制订改进计划，实现持续成长。

1.10 本章小结

本章全面而系统地探索了信息与计算机的精髓。本章首先从信息的基本概念与信息技术的演进历程出发，让读者深刻理解信息作为现代社会核心资源的重要性及其驱动变革的力量；随后，深入计算机内部，揭示信息在计算机中的独特表示方式——二进制及其编码技术，揭示计算机处理信息的精妙机制；接下来，通过对计算机系统的全面剖析，让读者认识到硬件与软件的协同工作如何构建起数字世界的基石，并对计算机网络和计算机系统安全的相关知识进行了系统介绍；最后介绍了我国的信息基础设施、国家信息安全、数字时代与数字经济以及数字素养。本章内容不仅仅拓宽了读者的知识视野，更为读者理解并驾驭数字时代的科技工具提供了坚实的理论基础和实践指南。

1.11 习题

1. 什么是信息？
2. 信息技术的发展经历了哪几个阶段？
3. 计算机技术的发展经历了哪几个阶段？
4. 计算机可以分为哪几类？
5. 什么是进位记数制？
6. 二进制数和十进制数之间如何相互转换？
7. 计算机为什么使用二进制数？
8. 什么是机器数？什么是原码、反码和补码？
9. 字符的编码方式有哪些？
10. 什么是汉字内码？汉字内码有哪些标准？
11. 汉字输入码有哪几种划分方式？
12. 音频的编码方式有哪些？
13. 图像的编码方式有哪些？
14. 图形的编码方式有哪些？
15. 视频的编码方式有哪些？
16. 计算机硬件系统的基本功能是什么？
17. 计算机的内存储器包括哪些种类？各有什么特点？

18. 计算机系统的外部设备有哪些？
19. 外存储器主要包括哪些？各有什么特点？
20. 计算机系统的系统软件包括哪些？
21. 操作系统主要包括哪些？
22. 应用软件主要包括哪些？
23. 计算机网络的关键要素有哪些？
24. 计算机网络的接入方式有哪些？
25. 计算机网络服务主要有哪些？
26. 什么是HTML和HTTP？
27. 移动互联网和互联网有什么关系？
28. 移动互联网的特点有哪些？
29. 移动互联网有哪些主要应用？
30. 计算机系统面临的安全威胁主要有哪些？
31. 计算机系统的安全防护技术主要有哪些？
32. 我国的信息基础设施建设现状是什么样的？
33. 什么是新基建？
34. 信息安全的主要领域有哪些？
35. 保障国家信息安全的主要举措有哪些？
36. 什么是信创？它具有什么的重要意义？
37. 数字时代所具有的典型特征有哪些？
38. 数字时代开启会对人们的生产和生活产生哪些重要影响？
39. 什么是数字经济？
40. 数字经济的3个重要特征是什么？
41. 数字经济的发展趋势如何？
42. 什么是数字素养？
43. 数字素养的构成要素有哪些？
44. 数字素养的重要性主要体现在哪些方面？
45. 我国的数字素养发展目标是什么？
46. 我国提升全民数字素养的具体做法是什么？

第 **2** 章

计算机程序设计

　　计算机程序设计是用计算机求解问题的基石，它涉及将人类可理解的算法、逻辑和指令转化为计算机能够执行的形式化语言。程序设计需要借助于计算机语言，目前比较流行的计算机语言是高级编程语言（如 C 语言、C++、Java、Python 等）。其中，Python 具有简洁、易读、可扩展等特点，已经被广泛应用到各个领域。从 Web 开发到运维开发、搜索引擎，再到机器学习，甚至到游戏开发，都能够看到 Python "大显身手"。在当前这个云计算、大数据、物联网、人工智能、区块链等新兴数字技术蓬勃发展的新时代，Python 正扮演越来越重要的角色。对编程初学者而言，Python 是理想的选择。

　　本章从计算机程序设计开始讲起，然后介绍计算机语言，再以 Python 为例详细介绍计算机程序编写方法。

2.1　问题求解与程序设计

　　问题求解是明确目标、分析过程、设计策略以形成解决方案的过程。程序设计则是将这一解决方案转化为计算机可执行的指令序列，通过编程语言实现问题求解的逻辑与算法，从而解决特定问题。二者相辅相成，共同推动软件与技术发展。

2.1.1　计算机求解问题的基本过程

　　计算机求解问题的基本过程包括确定问题、设计算法和编写程序。

　　（1）确定问题：明确要解决的问题是什么。这个步骤涉及对问题进行深入的分析和定义，明确问题的目标和约束条件。例如，要解决一个关于学生成绩统计的问题，目标可能是计算学生的平均分和总分，而约束条件可能是只统计某个班级或某个科目的成绩。

　　（2）设计算法：在明确问题后，需要设计一个算法来解决它。算法是一系列有序的步骤，用于解决特定问题。在算法设计过程中，可以使用数学公式、逻辑推理等技术手段。

　　（3）编写程序：根据设计的算法，编写相应的程序实现问题求解的步骤。程序代码可以使用计算机语言来编写，如高级编程语言 C 语言、C++、Java、Python 等。编写程序时需要注意语法规则和逻辑结构，确保程序代码的正确性和可读性。

2.1.2　算法

1．什么是算法

　　算法，简单来说，就是解决问题的操作步骤或方法。它是对解决方案的准确而完整的描述，包含一系列清晰定义的指令，用于指导计算机或其他计算设备完成特定的任务。算法不同于程序，程序是算法的具体实现，即用某种编程语言编写的代码，而算法本身不依赖于特定的编程语言，它是跨语言的，可以用不同的编程语言来实现某个算法。

2．算法的基本特性

　　算法具有以下基本特性。

　　（1）有穷性：算法必须在有限的时间内完成，即算法必须包含有限个步骤，并且每个步骤都能在有限时间内完成。这意味着算法不能陷入无限循环或无法终止的状态。

　　（2）确切性：算法的每个步骤都必须有确切的定义，不能模棱两可或存在歧义。这意味着算法的描述必须是清晰、准确、无歧义的，以便任何人在理解算法后都能按照相同的步骤执行。

　　（3）输入项：算法可以有零个或多个输入，这些输入是算法开始执行前需要给出的已知条件或数据。输入项用于刻画运算对象的初始情况，是算法执行的基础。

　　（4）输出项：算法至少有一个输出，以反映算法对输入数据加工的结果。输出项是算法执行完成后得到的结果，也是算法的目标所在。

　　（5）可行性：算法中的任何计算步骤都必须可以被分解为基本的、可执行的操作步骤，并能在有限时间内完成。这意味着算法必须是可实现的，不能包含超出当前技术水平或无法实现的操作。

3．算法实例

这里给出一个关于算法的具体实例。

【算法2-1】找出数据科学与大数据技术专业所录取新生的高考成绩中的最高分。

这个问题等价于求有限整数序列中的最大值，可采用以下步骤求解。

（1）将序列中第一个整数设为临时最大值（max）。

（2）将序列中下一个整数与临时最大值比较，如果这个整数大于临时最大值，则临时最大值更新为这个整数。

（3）重复第（2）步，比较完序列中最后一个数后停止。此时，临时最大值就是序列中的最大整数。

在此算法中，输入是数据科学与大数据技术专业所有新生的高考成绩，输出是高考成绩中的最高分，算法流程从序列第一项开始，并把序列第一项设为临时最大值的初始值，接着逐项检查，如果有一项超过临时最大值，就把临时最大值更新为这一项的值，检查完序列的最后一项后结束。

算法每进行一步，要么比较临时最大值和当前项，要么更新临时最大值，所以每一步的操作都是确定的，能保证临时最大值是已检查过的最大整数，结果是正确的。

如果序列包含n个整数，经过$n-1$次比较就结束，所以算法步骤是有限的、有效的。这个算法可以用于求任何有限整数序列的最大元素，所以它是通用的。

4．算法的表示

算法可以用自然语言、程序框图、N-S图、伪代码、计算机语言等表示，具体介绍如下。

（1）自然语言：使用日常语言来描述算法的步骤，虽然通俗易懂，但文字冗长，易出现歧义。因此，除了简单问题，一般不使用自然语言表示算法。算法2-1就是用自然语言来描述求有限整数序列最大值的算法。

（2）程序框图：又称流程图，它通过一些规定的图形、流程线和文字说明来直观描述算法。它由一些基本符号（如起止框、判断框、输入输出框、连接点、执行框、注释框和流程线）构成，用于表示算法的执行顺序和操作。

（3）N-S图：也称盒图，是一种没有流程线的流程图，即将整个程序写在一个大框内，其中包含若干个小的基本框图。这种流程图由美国学者王大西（Ike Nassi）和本·施奈德曼（Ben Shneiderman）在1973年提出。

（4）伪代码：一种非正式的、简化的编程语言，用于描述算法的逻辑结构，不依赖于任何特定的编程语言语法。伪代码的目标是让人更容易理解算法的逻辑，同时避免自然语言的歧义和编程语言的复杂性。

（5）计算机语言：直接使用某种编程语言来实现算法，包括高级语言、汇编语言和机器语言等。这是算法表示的最直接方式，因为可以直接编译或解释成机器可执行的代码。

上面这几种算法表示方法各有优缺点，适用于不同的场景和需求。自然语言适合简单问题的描述，而程序框图、N-S图、伪代码更适合复杂算法的逻辑梳理和沟通。计算机语言则是实现算法的最终形式，用于实际编程和运行。

下面以程序框图表示算法2-1。程序框图使用一些规定的图形、流程线和文字说明来直观地描述算法，其中程序框的画法和含义如表2-1所示。算法2-1对应的程序框图如图2-1所示。

表2-1　程序框的画法和含义

程序框	名称	含义
	起止框	表示算法的起始和结束
	输入输出框	表示算法的输入或输出信息

续表

程序框	名称	含义
	执行框	赋值、计算
	判断框	判断某一条件是否成立，成立时在出口处标明"是"或"Y"，不成立时标明"否"或"N"

2.1.3　程序与程序设计

　　程序作为计算机科学的基石，是连接人类思维与机器行为的桥梁。程序是由一系列精心编排的指令构成的集合，这些指令使用计算机语言（如高级编程语言 Python）编写，旨在指导计算机完成特定的任务或解决复杂的问题。程序不是简单的代码堆砌，而是能够实现一定功能的逻辑结构，能够处理数据、执行算法、管理资源，并与用户或外部环境进行交互。

　　程序设计是将算法转化为计算机可执行的指令序列的过程，即把算法转化为程序。这一过程要求开发者熟悉编程语言、算法设计、数据结构以及计算机系统的基本原理。通过程序设计，开发者能够创造出各种应用软件、操作系统、游戏等，以满足用户的不同需求。程序设计不仅要求开发者技术熟练，还要求开发者具备创新思维和解决问题的能力。程序设计是软件开发生命周期中的一个关键环节，它直接影响软件的质量、可维护性和可扩展性。因此，开发者在进行程序设计时，需要遵循一系列最佳实践，如模块化设计、代码复用、错误处理等，以提高软件的开发效率和可维护性。同时，随着技术的不断进步，各种程序设计方法和工具（如面向对象编程、敏捷开发等）不断涌现，为开发者提供了更多的选择和可能性，使程序设计变得更加高效和灵活。

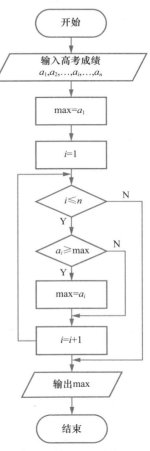

图 2-1　算法 2-1 对应的程序框图

2.2　计算机语言

　　程序设计需要借助于计算机语言。计算机语言是人与计算机之间通信的语言，也是人与计算机之间传递信息的媒介。计算机系统的特征之一是将指令通过一种语言传达给机器。要使计算机进行各种工作，就需要有一套用于编写计算机程序的字符和语法规则，由这些字符和语法规则组成的各种指令（或各种语句），就是计算机能够接受的语言。

2.2.1　计算机语言的种类

　　计算机语言的种类很多，按照其发展过程可以分为机器语言、汇编语言和高级语言。

1. 机器语言

　　机器语言是最基础的语言，是用二进制代码表示的计算机能直接识别和执行的机器指令的集合。识别和执行机器语言是计算机的设计者通过计算机的硬件结构赋予计算机的操作功能。机器语言具有灵活、可直接执行和速度快等特点。不同的计算机有各自不同的机器语言，不同型号的计算机的机器语言是不相通的，用某一计算机的机器指令编制的程序不能在其他计算机上执行。在计算机发展的早期阶段，程序员使用机器语言来编写程序，编出的程序全是由 0 和 1 构成的指令代码，可读性差，还容易出错。计算机语言发展到今天，除了计算机生产厂商的专业人员，绝大多数的程序开发者已经不再学习机器语言了。

2．汇编语言

汇编语言是用于电子计算机、微处理器、微控制器或其他可编程器件的低级语言，又称"符号语言"。在汇编语言中，助记符代替了机器指令的操作码，地址符号或标号代替了指令或操作数的地址，从而增强了程序的可读性，并降低了编程难度。使用汇编语言编写的程序不能直接被机器识别，还要由汇编程序（或者叫"汇编语言编译器"）将其转换为机器指令。汇编语言目标代码简短、占用内存少、执行速度快，是高效的程序设计语言，到现在依然是常用的编程语言。但是，汇编语言只是将机器语言做了简单编译，并没有从根本上克服机器语言的特定性，所以，汇编语言和机器自身的编程环境是息息相关的，推广和移植比较困难。

3．高级语言

由于汇编语言依赖于硬件体系，且助记符量大难记，因此人们又发明了更加简单易用的高级语言。和汇编语言相比，高级语言将许多相关的机器指令合成为单条指令，并且去掉了与具体操作有关但与完成工作无关的细节（如使用堆栈、寄存器等），这样就大大简化了程序中的指令。同时，由于省略了很多细节，开发者也就不需要具备太多专业知识，经过一定的学习之后就可以编程。但是，高级语言生成的程序代码一般比汇编语言设计的程序代码长，执行的速度也慢。

高级语言主要是相对低级语言而言的，它并不特指某一种具体的语言，而是包括很多种编程语言（如流行的Java、C语言、C++、C#、Pascal、Python、Scala、PHP等），这些语言的语法、命令格式都各不相同。

高级语言编写的程序不能直接被计算机识别，必须经过转换才能被执行。按转换方式可将它们分为两类：解释类和编译类。对于解释类的高级语言（如Python），应用程序源代码一边由相应语言的解释器"翻译"成目标代码（机器语言）一边执行，因此效率相对较低，而且不能生成可独立执行的可执行文件，应用程序不能脱离其解释器。但这种方式比较灵活，可以动态调整、修改应用程序。对于编译类的高级语言（如Java），在应用程序源代码执行之前，需要将源代码"翻译"成目标代码（机器语言），因此，其目标程序可以脱离语言环境独立执行，使用比较方便、效率较高，但是，应用程序一旦需要修改，则必须先修改源代码，再重新编译生成新的目标文件才能执行。

2.2.2 编程语言的选择

随着信息技术的发展，计算机程序设计在高校中成为一门必修的基础课程。学习这门课程的关键是选择一种合适的编程语言（高级语言）。以前，大部分高校选择的编程语言往往是C语言、C++或Java，最近几年，Python凭借其独特的优势逐渐受到欢迎。Python是一种解释型、面向对象的计算机程序设计语言，广泛用于计算机程序设计、系统管理编程、科学计算等，特别适用于快速开发应用程序。目前，各大高校越来越重视Python教学，Python已经成为最受高校欢迎的程序设计语言。与传统编程语言的复杂开发过程不同，Python在操作上非常方便、快捷，便于用户掌握，可以提升用户的编程效率，并增强其信心。具体而言，Python的主要优势如下。

（1）入门容易。与C语言、C++、Java相比，用Python编写代码不需要建立main()函数。而且，Python语法相对简洁，用户只需要在理解的基础上掌握部分环节即可。

（2）功能强大。当使用Python编写程序时，用户不需要考虑如何管理程序使用的内存之类的细节。并且，Python有很丰富的库，其中既有官方开发的，也有第三方开发的，很多功能模块都已经写好了，用户直接调用即可，不需要"重新发明轮子"。

（3）应用领域非常广泛。Python可以应用于网站后端开发、自动化运维、数据分析、游戏开发、自动化测试、网络爬虫、智能硬件开发等各个领域。

此外，像Python这样的编程语言是高级语言发展的必然趋势。从程序设计语言发展角度来看，高级语言的设计一直在追求接近人类的自然语言。C语言、Java、VB等都在朝着这个方向努力，

Python则是更进了一步，它提供了十分接近人类理解习惯的语法形式。应该说，Python优化了高级语言的表达形式、简化了程序设计过程、提升了程序设计效率。从计算思维培养角度来说，传统的C语言、Java和VB等并不适合非计算机专业的学生学习。在传统应用技能教育向计算思维培养转变的过程中，教学内容变革是重中之重。对于程序设计课程，选择适合时代和技术发展的编程语言是显著提高培养效果的前提和基础。从解决计算问题的角度，传统的C语言、Java和VB等过分强调语法，而Python语言作为"轻语法"程序设计语言，相比于其他语言具有更高的使用价值。

2.3　Python简介

本节介绍什么是Python、Python的特点以及Python的应用。

2.3.1　什么是Python

Python是1989年由荷兰人吉多·范罗苏姆（Guido van Rossum）发明的一种面向对象的解释型高级编程语言，它的标识如图2-2所示。Python的第一个公开发行版于1991年发行，在2004年以后，Python的使用率呈线性增长，并获得"2021年TIOBE年度编程语言"称号，这是Python第5次被评为"TIOBE年度编程语言"，它也是获奖次数最多的编程语言。发展到今天，Python已经成为极受欢迎的程序设计语言之一。

图2-2　Python的标识

Python被称为"胶水语言"，因为它能够把用其他语言（尤其是C/C++）制作的各种模块很轻松地连接在一起。常见的一种应用情形是，使用Python快速生成程序的原型（有时甚至是程序的最终界面），然后对其中有特别要求的部分用更合适的语言进行改写。例如，3D游戏中的图形渲染模块对性能要求特别高，可以用C/C++重写，而后封装为Python可以调用的扩展类库。

Python程序设计原则是"优雅""明确""简单"。在开发Python程序时，如果面临多种选择，Python开发者会拒绝花哨的语法，而选择明确的、没有或者很少有歧义的语法。总体来说，用Python开发程序具有简单、开发速度快、节省时间和精力等优势，因此，在Python开发领域流传这样一句话："人生苦短，我用Python。"

2.3.2　Python的特点

Python作为一门高级编程语言，虽然诞生的时间并不长，但是发展很迅速，是很多编程爱好者学习的第一门编程语言。Python也和其他编程语言一样，有自己的优点和缺点。

1．Python的优点

（1）语法简单

Python是一门语法简单且风格简约的易读语言。它注重的是如何解决问题，而不是编程语言本身的语法结构。Python丢掉了分号以及花括号这些"仪式化的东西"，使语法结构尽可能简洁，代码的可读性显著提高。

相较于C、C++、Java等编程语言，Python提高了开发者的开发效率，削减了C语言、C++以及Java中一些较为复杂的语法，降低了编程工作的复杂程度。实现同样的功能时，Python所包含的代码量是最少的，代码行数是其他语言的$\frac{1}{5}\sim\frac{1}{3}$。

（2）开源、免费

开源即开放源代码，也就是所有用户都可以看到源代码。Python的开源体现在两方面：① 程序员使用Python编写的代码是开源的；② Python解释器和模块是开源的。

开源并不等于免费，开源软件和免费软件是两个概念，只不过大多数的开源软件也是免费软件。Python就是这样一种语言，它既开源又免费。用户使用Python进行开发或者发布自己的程序，不需要支付任何费用，也不用担心版权问题，即使用于商业场景，Python也是免费的。

（3）面向对象

面向对象的程序设计更加接近人类的思维方式，是对现实世界中客观实体进行的结构和行为模拟。Python完全支持面向对象编程，如支持继承、重载运算符、派生以及多继承等。与C++和Java相比，Python以一种非常强大而简单的方式实现面向对象编程。

需要说明的是，Python在支持面向对象编程的同时，也支持面向过程的编程，也就是说，它不强制使用面向对象编程，这使其编程更加灵活。在面向过程的编程中，程序是由过程或仅仅是可重用代码的函数构建起来的。在面向对象的编程中，程序是由数据和功能组合而成的对象构建起来的。

（4）跨平台

由于Python是开源的，它已经被移植到许多平台上。使用Python时如果能够避免那些需要依赖于系统的特性，那么Python程序无须修改就可以在很多平台上运行，包括Linux、Windows、FreeBSD、Solaris等，甚至还有Pocket PC、Symbian以及Google公司基于Linux开发的Android。

Python作为一门解释型语言，天生具有跨平台的特征，只要平台提供了相应的Python解释器，Python就可以在该平台上运行。

（5）强大的生态系统

在实际应用中，Python的用户群体绝大多数并非专业的开发者，而是其他领域的爱好者。这一部分用户学习Python的目的不是进行专业的程序开发，而是使用现成的类库去解决实际工作中遇到的问题。Python极其庞大的生态系统刚好能够满足这些用户的需求。这在整个计算机语言发展史上都是开天辟地的，也是Python在各个领域流行的原因。

Python丰富的生态系统也给专业开发者带来了极大的便利。大量成熟的第三方库可以直接使用，专业开发者只需要使用很少的语法结构就可以编写出功能强大的代码，缩短了开发周期，提高了开发效率。常用的Python第三方库包括Matplotlib（数据可视化库）、NumPy（数值计算功能库）、SciPy（数学、科学、工程计算功能库）、pandas（数据分析高层次应用库）、sklearn（机器学习功能库）、Scrapy（网络爬虫功能库）、Beautiful Soup（HTML和XML的解析库）、Django（Web应用框架）、Flask（Web应用微框架）等。

2．Python的缺点

（1）运行速度慢

运行速度慢是解释型语言的通病，Python也不例外，Python程序的运行速度会比C、C++、Java程序慢一些。但是，由于现在的硬件配置都非常高，硬件性能的提升可以弥补软件性能的不足，因此运行速度慢这一点对于使用Python开发的应用程序基本上没有影响，只有一些实时性比较强的程序可能会受到一些影响，但是也有解决办法，比如可以嵌入C程序。

（2）存在多线程性能瓶颈

Python中存在全局解释器锁（Global Interpreter Lock），它是一个互斥锁，只允许一个线程来控制Python解释器。Python的默认解释器要执行字节码时，都需要先申请这个锁。这意味着在任何时间点，只有一个线程可以处于执行状态。执行单线程程序的开发人员感受不到全局解释器锁的影响，但它却成为多线程代码的性能瓶颈。

（3）代码不能加密

发布Python程序实际上就是发布源代码。这一点跟C语言不同。C语言不用发布源代码，只需要把编译后的机器码（如以在Windows上常见的.exe文件的形式）发布出去。从机器码反推出源代码是不可能的，Python则没有这个问题，因为用解释型语言编写的程序在发布时必须把源代码发布出去。

2.3.3　Python的应用

Python发展到今天，已经被广泛应用于数据科学、人工智能、网站开发、系统管理和网络爬虫等领域。

1．数据科学

Python被广泛应用于数据科学领域。在数据采集环节，借助第三方库Scrapy，用户可以编写网络爬虫程序来采集网页数据。在数据清洗环节，第三方库pandas提供了功能强大的类库，可以帮助清洗数据、排序数据，最后得到清晰明了的数据。在数据处理分析环节，第三方库NumPy和SciPy提供了丰富的科学计算和数据分析功能，包括统计、优化、整合、线性代数模块、傅里叶变换、信号和图像图例、常微分方程求解、矩阵解析和概率分布等。在数据可视化环节，第三方库Matplotlib提供了丰富的数据可视化图表。

2．人工智能

虽然人工智能程序可以使用各种不同的编程语言开发，但是Python在人工智能领域具有独特的优势。在人工智能领域，有许多基于Python的第三方库，如sklearn、Keras和NLTK等。其中，sklearn是基于Python的机器学习工具，提供了简单高效的数据挖掘和数据分析功能；Keras是基于Python的深度学习库，提供了用Python编写的高级神经网络API；NLTK是Python自然语言处理工具包，用于标记化、词形还原、词干化、解析、POS标注等任务。此外，深度学习框架TensorFlow、Caffe等的主体都是用Python实现的，提供的原生接口也是面向Python的。

3．网站开发

在网站开发方面，Python提供了Django、Flask、Pyramid、Bottle、Tornado等框架，使用Python开发的网站具有小而精的特点。知乎、豆瓣、美团、饿了么等网站都是使用Python搭建的。这一方面说明Python作为网站开发语言很受欢迎，另一方面也说明Python开发的网站经受住了大规模用户并发访问的考验。

4．系统管理

Python简单易用、语法优美，特别适用于系统管理应用场景。开源云计算平台OpenStack就是使用Python开发的。除此之外，Ansible、Salt等自动化部署工具也是使用Python开发的。这么多应用广泛、功能强大的系统管理工具都使用Python开发，印证了Python特别适用系统管理应用场景。

5．网络爬虫

网络爬虫是自动提取网页的程序，它从万维网上下载网页，是搜索引擎的重要组成部分。Scrapy就是用Python实现的爬虫框架，用户只需要定制开发几个模块就可以轻松地实现一个爬虫，抓取网页内容或者各种图片。

2.4　搭建 Python 开发环境

本节内容包括安装Python、设置当前工作目录、使用交互式执行环境、运行代码文件、使用IDLE编写代码。

2.4.1　安装 Python

Python可以用于多种平台，包括Windows、Linux和macOS等。本书采用的操作系统是Windows 7，使用的Python版本是3.12.2（该版本于2024年2月6日发布）。请读者到Python官方网站下载与自己计算机操作系统匹配的安装包，比如，对于64位Windows操作系统，可以下载python-3.12.2-amd64.exe。运行安装包，在安装过程中，要注意选中"Add python.exe to PATH"复选框，如图2-3所示，这样可以在安装过程中自动配置PATH环境变量，避免手动配置的烦琐过程。

然后单击"Customize installation"继续安装，在设置安装路径时，可以自定义安装路径（如将安装路径设置为"C:\python312"），并在"Advanced Options"下方选中"Install Python 3.12 for all users"复选框（见图2-4）。

图 2-3 选中"Add python.exe to PATH"复选框

图 2-4 设置安装路径

安装完成以后，需要检测是否安装成功。可以打开 Windows 操作系统的命令提示符窗口，然后执行以下命令打开 Python 解释器。

```
> cd C:\python312
> python
```

如果出现图 2-5 所示信息，则说明 Python 安装成功。

图 2-5 Python 解释器

2.4.2 设置当前工作目录

Python 的当前工作目录是指 Python 解释器当前正在使用的目录。当运行 Python 脚本或交互式解释器时，Python 解释器会有一个默认的或设置好的当前工作目录，它会在此目录中查找文件或目录。例如，如果尝试打开一个文件而不指定其完整路径，Python 解释器会在当前工作目录中查找该文件。

当在命令提示符窗口中使用"python"命令打开 Python 解释器时，在哪个目录下执行"python"命令，该目录就会成为 Python 的当前工作目录。比如，在命令提示符窗口中执行以下命令。

```
> cd C:\
> python
```

进入 Python 解释器后，当前工作目录就是"C:\"。

再比如，在命令提示符窗口中执行以下命令。

```
> cd C:\python312
> python
```

进入 Python 解释器后，当前工作目录就是"C:\python312"。

进入 Python 解释器后，可以使用 Python 的 os 模块来查看当前工作目录，代码如下。

```
>>> import os
>>> print(os.getcwd())
C:\python312
```

虽然 Python 的当前工作目录在大多数情况下都是有用的，但在编写可移植和可维护的代码时，最好使用绝对路径或相对于某个固定点的相对路径来引用文件，而不是依赖于当前工作目录。

2.4.3　使用交互式执行环境

图 2-5 呈现的就是一个交互式执行环境（或称"解释器"），用户可以在 Python 命令提示符">>>"后面输入各种 Python 代码，按"Enter"键即可查看执行结果。示例代码如下。

```
>>> print("Hello World")
Hello World
>>> 1+2
3
>>> 2*(3+4)
14
```

2.4.4　运行代码文件

假设在 Windows 操作系统的 Python 安装目录下已经存在一个代码文件 hello.py，该文件里面只有如下一行代码。

```
print("Hello World")
```

现在要运行这个代码文件，可以打开 Windows 操作系统的命令提示符窗口，并输入以下语句。

```
> python C:\python312\hello.py
```

运行结果如图 2-6 所示。

图 2-6　在命令提示符窗口中运行 Python 代码文件

2.4.5　使用 IDLE 编写代码

Python 自带集成开发环境 IDLE，它是一个 Python Shell，程序开发人员可以利用 Python Shell 与 Python 交互。

在 Windows 操作系统的"开始"菜单中找到"IDLE(Python 3.12 64-bit)"，单击进入 IDLE 主窗口，如图 2-7 所示，窗口左侧会显示 Python 命令提示符">>>"。在命令提示符后面输入 Python 代码，按"Enter"键即可得到结果。

如果要创建一个代码文件，可以在 IDLE 主窗口的顶部菜单栏中选择"File→New File"，将弹出图 2-8 所示的文件窗口，我们可以在里面输入 Python 代码，最后在顶部菜单栏中选择"File→Save As"，把文件保存为 hello.py。

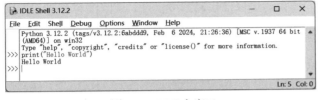

图 2-7　IDLE 主窗口

图 2-8　文件窗口

如果要运行代码文件 hello.py，可以在文件窗口的顶部菜单栏中选择"Run→Run Module"（或者直接按快捷键"F5"），这时程序就会开始运行。程序运行结束后，IDLE 主窗口会显示执行结果，如图 2-9 所示。

需要注意的是，除了使用 Python 自带的 IDLE，还可以选择第三方开发工具（如 PyCharm、Eclipse、Jupyter Notebook、IntelliJ IDEA 等）进行 Python 编程。

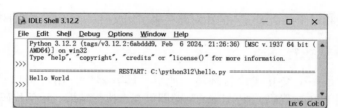

图2-9　程序运行结果

2.5　Python 编程规范

本书简要介绍 Python 编程规范，包括注释规则和代码缩进，完整的 Python 编程规范请参考 PEP 8（可从 Python 官方网站查询）。用户在编写 Python 程序时，应该严格遵循这些规范。

2.5.1　注释规则

为代码添加注释是一个良好的编程习惯，因为添加注释有利于代码的维护和阅读。在 Python 中，通常有两种类型的注释，分别是单行注释、多行注释。

1. 单行注释

Python 中使用"#"表示单行注释。单行注释可以作为单独的一行放在被注释代码行之上，也可以放在语句或表达式之后。

【例2-1】单行注释作为单独的一行放在被注释代码行之上。具体代码如下。

```python
pi = 3.14
r = 2
# 使用面积公式求圆的面积
area = pi*r*r
print(area)
```

当单行注释作为单独的一行放在被注释代码行之上时，为了保证代码的可读性，建议在"#"后面添加一个空格，再添加注释内容。

【例2-2】单行注释放在语句或表达式之后。

```python
length = 3          # 矩形的长
width = 5           # 矩形的宽
area = length*width # 求矩形的面积
print(area)
```

当单行注释放在语句或表达式之后时，同样，为了保证代码的可读性，建议注释和语句（或注释和表达式）之间至少要有两个空格。

2. 多行注释

当注释内容过多，导致一行无法完整显示时，就可以使用多行注释。Python 中使用3个单引号或3个双引号来表示多行注释。

【例2-3】使用3个单引号的多行注释。具体代码如下。

```python
'''
文件名：area.py
用途：求矩形的面积
创建日期：2024年8月1日
创建人：XMU
'''
```

2.5.2　代码缩进

Python 和其他编程语言（如 C 语言和 Java）不一样的地方在于，Python 采用代码缩进和英文冒号来区分代码之间的层次，C 语言和 Java 则采用花括号来分隔代码块。如果用户有其他语言（如 C 语言或 Java）的编程经验，那么 Python 的强制缩进一开始会让用户很不习惯。但是，如果用户习惯了 Python 的缩进语法，就会觉得它非常优雅。

缩进可以使用空格或者制表符来实现（建议使用空格）。当使用空格实现缩进时，建议采用 4 个空格作为一个缩进量。

【例 2-4】Python 代码的缩进。具体代码如下。

```
length = 3                    # 矩形的长
width = 5                     # 矩形的宽
area = length*width           # 矩形的面积
if area > 10:
    print("大矩形")
```

常用的集成开发环境（如 IDLE、PyCharm、Eclipse、IntelliJ IDEA 等）都有自动缩进机制，如输入英文冒号 "："后按 "Enter"键，接下来代码输入会自动进行缩进

2.6　Python 基础语法知识

本节介绍 Python 的基础语法知识，包括基本数据类型、组合数据类型、控制结构、函数等。

2.6.1　基本数据类型

Python 3.x 中有 6 个标准的数据类型，分别是数字、字符串、列表、元组、字典和集合。这 6 个标准的数据类型又可以进一步划分为基本数据类型和组合数据类型。其中，数字和字符串是基本数据类型；列表、元组、字典和集合是组合数据类型。

1. 数字

在 Python 中，数字类型包括整数（int）、浮点数（float）、布尔值（bool）和复数（complex），而且数字类型变量可以表示任意大的数值。

① 整数。整数类型用来存储整数。在 Python 中，整数包括正整数、负整数和 0。按照进制的不同，整数还可以划分为十进制整数、八进制整数、十六进制整数和二进制整数。

② 浮点数。浮点数也被称为"小数"，由整数部分和小数部分构成，如 3.14、0.2、−1.648、5.8726849267842 等。浮点数也可以用科学记数法表示，如 $1.3e4$、$−0.35e3$、$2.36e{−}3$ 等。

③ 布尔值。Python 中的布尔值主要用来表示"真"或"假"，每个对象天生具有布尔值 True 或 False。空对象、值为零的任何数字或者对象 None 的布尔值都是 False。在 Python 3.x 中，布尔值是作为整数的子类实现的，布尔值可以转换为数值，True 的值为 1，False 的值为 0，从而可以进行数值运算。

④ 复数。复数由实数部分和虚数部分构成，可以用 $a + bj$ 或 complex(a,b) 表示，复数的实部 a 和虚部 b 都是浮点数。例如，一个复数的实部为 2.38，虚部为 18.2，则这个复数为 2.38+18.2j。

2. 字符串

字符串是 Python 中常用的数据类型之一，它是连续的字符序列，一般使用单引号（' '）、双引号（" "）或三引号（" " "或""" """）进行界定。其中，单引号和双引号中的字符序列必须在同一行上，而三引号内的字符序列可以分布在连续的多行上，从而支持格式较为复杂的字符串。

例如，'xyz'、'123'、'厦门'、"hadoop"、"'spark'"、"""flink"""都是合法的字符串，空字符串可以表示为''、" "或""" """。

2.6.2 组合数据类型

在Python中，组合数据类型包括列表、元组、字典和集合，它们又被称为"序列"。序列是Python中最基本的数据结构，是指一块可存放多个值的连续内存空间，这些值按一定的顺序排列，可通过每个值所在位置的索引访问它们。

1. 列表

列表（List）是最常用的Python数据类型之一，其中的元素不需要具有相同的数据类型。在形式上，只要把用英文逗号分隔的不同元素使用方括号括起来，就可以构成一个列表，示例如下。

```
['hadoop','spark',2021,2010]
[1,2,3,4,5]
["a","b","c","d"]
['Monday','Tuesday','Wednesday','Thursday','Friday','Saturday','Sunday']
```

同其他类型的Python变量一样，在创建列表时，也可以直接使用赋值运算符"="将一个列表赋给变量。例如，以下都是合法的列表定义。

```
student = ['小明','男',2010,10]
num = [1,2,3,4,5]
motto = ["自强不息","止于至善"]
list = ['hadoop','年度畅销书',[2020,12000]]
```

可以看出，列表里面的元素仍然可以是列表。需要注意的是，尽管一个列表中可以放入不同类型的数据，但是为了提高程序的可读性，一般建议一个列表中只使用一种数据类型。

2. 元组

Python中的列表适合存储在程序运行时变化的数据集。列表是可以修改的，这对存储一些要变化的数据而言至关重要。但是，不是所有数据都允许在程序运行期间进行修改，有时候也需要创建一组不可修改的元素，此时就可以使用元组（Tuple）。

元组的创建和列表的创建相似，不同之处在于，创建列表时使用的是方括号，而创建元组时需要使用圆括号。元组的创建方法很简单，只需要在圆括号中添加元素，并使用英文逗号将这些元素隔开，示例如下。

```
>>> tuple1 = ('hadoop','spark',2008,2009)
>>> tuple2 = (1,2,3,4,5)
>>> tuple3 = ('hadoop',2008,("大数据","分布式计算"),["spark","flink","storm"])
```

3. 字典

字典（Dictionary）是Python提供的一种常用的数据结构，它用于存放具有映射关系的数据。例如，有一份学生成绩数据：语文67分、数学91分、英语78分。如果使用列表保存这些数据，则需要两个列表，即["语文","数学","英语"]和[67,91,78]。但是，使用两个列表来保存这组数据以后，就无法记录两组数据之间的映射关系。为了保存这种具有映射关系的数据，Python提供了字典，字典相当于保存了两组数据，其中一组数据是关键数据，被称为"键"（Key）；另一组数据可通过键来访问，被称为"值"（Value）。

字典具有以下特性。

- 字典的元素是"键值对"。由于字典中的键是非常关键的数据，而且程序需要通过键来访问值，因此字典中的键不允许重复，必须是唯一的，而且键不可改变。
- 字典不支持索引和切片，但可以通过键来查询值。
- 字典是无序的对象集合，列表是有序的对象集合，二者之间的区别在于，字典当中的元素是通过键来存取的，而不是通过偏移量。
- 字典是可变的，并且可以任意嵌套。

字典用花括号"{}"标识。在使用花括号创建字典时，花括号中应包含多个键值对，键与值之间用英文冒号隔开，多个键值对之间用英文逗号隔开。示例如下。

```
>>> grade = {"语文":67,"数学":91,"英语":78}    # 键是字符串
>>> grade
{'语文':67,'数学':91,'英语':78}
```

4. 集合

集合（Set）是一个无序的不重复元素序列。集合中的元素必须是不可变类型。在形式上，集合的所有元素都放在一对花括号"{}"中，两个相邻的元素用英文逗号分隔。

可以直接使用花括号"{}"创建集合，示例如下。

```
>>> dayset = {'Monday','Tuesday','Wednesday','Thursday','Friday','Saturday',
'Sunday'}
>>> dayset
{'Tuesday','Monday','Wednesday','Saturday','Thursday','Sunday','Friday'}
```

在创建集合时，如果存在重复元素，Python会自动去重，示例如下。

```
>>> numset = {2,5,7,8,5,9}
>>> numset
{2,5,7,8,9}
```

2.6.3　控制结构

结构化程序设计的概念最早由艾兹格·W.迪科斯彻（Edsger W. Dijkstra）在1965年提出。该概念的提出是软件发展的一个重要里程碑，它的主要观点是采用"自顶向下、逐步求精"及模块化的程序设计方法。在结构化程序设计中，主要使用3种基本控制结构来构造程序，即顺序结构、选择结构和循环结构。使用结构化程序设计方法编写出来的程序，在结构上具有以下特点：（1）以控制结构为单位，每个模块只有一个入口和一个出口；（2）能够以控制结构为单位，从上到下顺序地阅读程序文本；（3）由于程序的静态描述与执行时的控制流程容易对应，因此阅读者能够方便、正确地理解程序的动作。

Python程序具有3种典型的控制结构，如图2-10所示。

（1）顺序结构：在程序执行时，按照语句的顺序，从上而下一条一条地顺序执行。顺序结构是结构化程序中最简单的结构。

（2）选择结构：又称"分支结构"，根据一定的条件决定执行哪一部分的语句块。

（3）循环结构：使同一个语句块根据一定的条件执行若干次。采用循环结构可以实现有规律地重复计算。

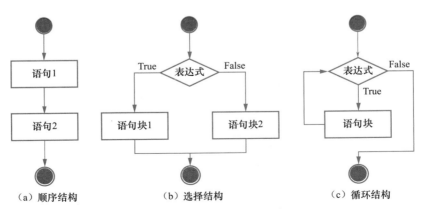

（a）顺序结构　　　（b）选择结构　　　（c）循环结构

图2-10　3种典型的控制结构

由于顺序结构的逻辑实现非常简单，因此这里不过多讲述。下面着重介绍实现选择结构和循环结构的语句——选择语句和循环语句。

（1）选择语句：选择语句也被称为"条件语句"，就是对语句中不同条件的值进行判断，从而执行不同的语句。

选择语句可以分为以下3种形式。

① 简单的if语句。

② if…else语句。

③ if…elif…else多分支语句。

【例2-5】求出两个数中的较小值。具体代码如下。

```
01  # two_number.py
02  a,b,c = 4,5,0
03  if a>b:
04       c = b
05  if a<b:
06       c = a
07  print("两个数中的较小值是：",c)
```

【例2-6】判断一个数是奇数还是偶数。具体代码如下。

```
01  # odd_even.py
02  a = 5
03  if a % 2 == 0:
04       print("这是一个偶数。")
05  else:
06       print("这是一个奇数。")
```

【例2-7】判断每天的课程。具体代码如下。

```
01  # lesson.py
02  day = int(input("请输入第几天课程："))
03  if day == 1:
04       print("第1天上数学课")
05  elif day == 2:
06       print("第2天上语文课")
07  else:
08       print("其他时间上计算机课")
```

（2）循环语句：循环语句就是重复执行某段程序代码，直到满足特定条件。在Python中，循环语句有以下两种形式。

① while循环语句。

② for循环语句。

【例2-8】用while循环语句实现计算整数1～99之和。具体代码如下。

```
01  # int_sum.py
02  n = 1
03  sum = 0
04  while(n <= 99):
05       sum += n
06       n += 1
07  print("整数1～99之和是：",sum)
```

【例2-9】用for循环语句实现计算整数1～99之和。具体代码如下。

```
01  # int_sum_for.py
02  sum = 0
03  for n in range(1,100):    # range(1,100)用于生成1到100（不包括100）的整数
04      sum += n
05  print("整数1～99之和是：",sum)
```

2.6.4 函数

函数是可以重复使用的用于实现某种功能的代码块。与其他语言类似，在Python中，函数的优点也是提高程序的模块性和代码复用性。

【例2-10】定义一个带有参数的函数。具体代码如下。

```
01  # i_like.py
02  # 定义带有参数的函数
03  def like(language):
04      '''输出喜欢的编程语言！'''
05      print("我喜欢{}语言！".format(language))
06      return
07  # 调用函数
08  like("C")
09  like("C#")
10  like("Python")
```

上面代码的执行结果如下。

```
我喜欢C语言！
我喜欢C#语言！
我喜欢Python语言！
```

2.7 Python程序设计综合实例

【例2-11】利用蒙特卡罗方法计算圆周率。

蒙特卡罗方法是一种计算方法，原理是通过大量随机样本去了解一个系统，进而得到所要计算的值。它非常强大和灵活，又相当简单易懂，很容易实现。对许多问题来说，它往往是最简单的计算方法，有时甚至是唯一可行的方法。

这里介绍使用蒙特卡罗方法计算圆周率π的基本原理。假设一个正方形的边长是$2r$，其内部有一个与之相切的圆，圆的半径为r，如图2-11所示，则圆和正方形的面积之比是$\frac{\pi}{4}$，即用圆的面积（πr^2）除以正方形的面积（$4r^2$）。

现在，在这个正方形内部随机生成10000个点（即10000个坐标对(x,y)），如图2-12所示，计算它们与圆心的距离，从而判断它们是否落在圆的内部。如果这些点均匀分布，那么圆内的点的数量应该占到所有点的数量的$\frac{\pi}{4}$，因此，将这个比值乘以4，就是π的值。

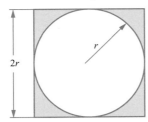

图2-11 一个正方形和一个圆形

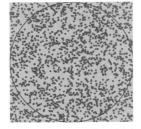

图2-12 用蒙特卡罗方法计算圆周率π的基本原理

程序代码如下。

```
# pi.py
from random import random          # 导入random模块
n=10000
N=0
for i in range(1,n):
        x,y = random(),random()    # random()函数用于生成一个0到1之间的随机数
        dis = pow(x**2+y**2,0.5)    # pow(a,b)函数返回a的b次幂
        if dis <= 1:
                N = N+1
pi = 4*N/n
print("圆周率为{}".format(pi))
```

在上面的代码中，随机产生的点的个数n的值越大，计算得到的圆周率的值越精确。上面的代码使用了import语句导入random模块，然后使用该模块提供的random()函数来生成随机数，这样就不用自己手动编写生成随机数的代码了，从而大大提高了程序开发的效率。

【例2-12】输出斐波那契数列中的部分数。

斐波那契数列（Fibonacci Sequence）又称黄金分割数列，由数学家莱昂纳多·斐波那契（Leonardo Fibonacci）以兔子繁殖为例而引入，故又称"兔子数列"，指的是"0,1,1,2,3,5,8,13, 21, 34…"这样的数列。在数学上，斐波那契数列以如下递归的方法定义。

$$\begin{cases} F(0)=0 & (n=0) \\ F(1)=1 & (n=1) \\ F(n)=F(n-1)+F(n-2) & (n \geq 2, n \in \mathbf{N}) \end{cases}$$

输出斐波那契数列中部分数的程序代码如下。

```
# fibonacci.py
i,j = 0,1
while i < 10000:
        print(i)
        i,j = j,i+j
```

【例2-13】求出100～200之间的所有素数（素数只能被1和该数本身整除）。具体代码如下。

```
# prime_all.py
import math
i = 0
for n in range(100,201):
        prime = 1
        k = int(math.sqrt(n))   # sqrt(n)方法返回数字n的算术平方根
        for i in range(2,k+1):
                if n % i == 0:
                        prime = 0
        if prime ==1:
                print("%d是素数" % n)
```

【例2-14】输出以下效果的实心三角形。

```
*
**
***
****
*****
```

```
******
*******
********
*********
**********
```

具体代码如下。

```
# triangle1.py
num = int(input("请输入行数: "))
for i in range(num):
    tab = False                    # 控制是否换行
    for j in range(i+1):
        print('*',end='')          # 输出星号, 不换行
        if j == i:
            tab = True             # 控制是否换行
    if tab:
        print('\n',end = '')       # 换行
```

【例2-15】输出以下效果的空心三角形。

```
*
**
* *
*  *
*   *
*    *
*     *
*      *
*       *
**********
```

具体代码如下。

```
# triangle2.py
num = int(input("请输入行数: "))
for i in range(num):
    tab = False  # 控制是否换行
    for j in range(i + 1):
        # 判断是否是最后一行
        if i != num-1:
            # 循环完成, 修改换行标识符
            if j == i :
                tab = True
            # 判断是输出空格还是输出星号
            if (i == j or j == 0):
                print('*',end='')  # 输出星号, 不换行
            else :
                print(' ',end='')  # 输出空格, 不换行
        # 最后一行, 全部输出星号
        else :
            print('*',end='')      # 输出星号, 不换行
    if tab:
        print('\n',end='')         # 换行
```

【例2-16】求将一张面值为100元的人民币等值兑换成10元、5元和1元零钞的所有组合。具体代码如下。

```
# money.py
for i in range(100//1+1):
    for j in range((100-i*1)//5+1):
        for k in range ((100-i*1-j*5)//10+1):
            if i*1+j*5+k*10==100:
                print("1元%d张, 5元%d张, 10元%d张" % (i, j, k))
```

【例2-17】求100以内能同时被3和7整除的数。具体代码如下。

```
# devide.py
for i in range(1, 101):
    if i%3 == 0 and i%7==0:
        print(i)
```

2.8　使用Python绘制图像

Python的强大之处在于它拥有非常丰富的标准库和第三方模块（或第三方库），可以方便、快捷地实现图像绘制、网络爬虫、数据清洗、数据分析、数据可视化和科学计算等功能。标准库是Python自带的，不需要额外安装，而第三方库需要借助管理工具pip进行安装。

为了增加学习编程语言的趣味性，这里介绍如何使用Python自带的标准库turtle来绘制图像。turtle是Python中的一个标准绘图库，主要用于绘制图形和动画。其功能包括通过简单的命令控制一个"海龟"来绘制各种形状和图案（如直线、圆形、多边形等），并支持颜色填充和画笔控制。turtle库还提供了一种直观、可视化的编程方式，适合初学者学习编程概念和算法，如循环、条件判断等。此外，它还能用于制作简单的动画和游戏。

导入turtle库的方式有以下3种。

方式1：使用"import turtle"，函数调用时使用的语句格式如turtle.circle(10)。

方式2：使用"from turtle import *"，函数调用时使用的语句格式如circle(10)。

方式3：使用"import turtle as t"，函数调用时使用的语句格式如t.circle(10)。

2.8.1　turtle库中的常用函数

1. 设置画布

设置画布的函数如下。

```
turtle.screensize(canvwidth=None, canvheight=None, bg=None)
```

这个函数中的参数分别表示画布的宽（单位是像素）、高（单位是像素）、背景颜色，示例代码如下。

```
turtle.screensize(800, 600, "green")
```

也可以使用以下函数来设置画布。

```
turtle.setup(width=0.5, height=0.75, startx=None, starty=None)
```

在这个函数中，width、height分别表示宽和高，如果输入的值为整数，则表示像素，如果输入的值为小数，则表示占据计算机屏幕的比例。(startx,starty)这一坐标表示矩形窗口左上角顶点的位置，如果为空，则窗口位于屏幕中心。下面是两个示例。

```
turtle.setup(width=0.6, height=0.6)
```

```
turtle.setup(width=800, height=800, startx=100, starty=100)
```

2．设置画笔

使用以下函数可以分别设置画笔颜色、画笔尺寸、画笔的移动速度。

（1）turtle.pensize()：设置画笔尺寸。

（2）turtle.pencolor()：如果没有参数传入，则返回当前画笔颜色，如果传入参数，则设置画笔颜色，传入的参数可以是字符串（如"green"、"red"），也可以是RGB三元组。

（3）turtle.speed(speed)：设置画笔的移动速度，其取值是[0,10]内的整数，数字越大速度越快。

3．绘图函数

表2-2、表2-3和表2-4分别给出了常用的画笔运动函数、画笔控制函数和其他函数。

表2-2　画笔运动函数

函数	说明
turtle.forward(distance)	向当前画笔的方向移动distance像素长度
turtle.backward(distance)	向当前画笔的反方向移动distance像素长度
turtle.right(degree)	顺时针旋转degree度
turtle.left(degree)	逆时针旋转degree度
turtle.pendown()	移动时绘制图形
turtle.goto(x,y)	将画笔移动到坐标为(x,y)的位置
turtle.penup()	提起笔移动，不绘制图形，用于另起一个地方绘制
turtle.circle()	画圆，半径为正（负），表示圆心在画笔的左边（右边）
turtle. setheading()	设置画笔当前行进方向的角度（角度坐标系中的绝对角度）

表2-3　画笔控制函数

函数	说明
turtle.fillcolor(colorstring)	绘制图形的填充颜色
urtle.color(color1, color2)	设置pencolor=color1、fillcolor=color2
turtle.filling()	返回当前是否处于填充状态
turtle.begin_fill()	开始填充图形
turtle.end_fill()	图形填充完成
turtle.hideturtle()	隐藏画笔
turtle.showturtle()	显示画笔

表2-4　其他函数

函数	说明
turtle.mainloop()或turtle.done()	启动事件循环，调用turtle库的mainloop()函数
turtle.delay(delay=None)	设置或返回以毫秒为单位的绘图延迟

2.8.2　绘图实例

1．绘制五角星

下面的代码用于绘制一个五角星，绘制效果如图2-13所示。

```
# five-pointed-star.py
from turtle import Turtle
```

```
p = Turtle()
p.speed(3)
p.pensize(5)
p.color("black", "red")
p.begin_fill()
for i in range(5):
    p.forward(200)    # 移动到某一指定坐标
    p.right(144)      # 顺时针旋转
p.end_fill()
```

图2-13　绘制五角星

2．绘制太阳花

下面的代码用于绘制一朵太阳花，绘制效果如图2-14所示。

```
# sun-flower.py
import turtle
turtle.color("red", "yellow")
turtle.begin_fill()
for i in range(50):
    turtle.forward(200)
    turtle.left(170)
    turtle.end_fill()
turtle.mainloop()
```

3．绘制七段数码管

数码管是一种价格便宜、使用简单的发光电子器件，广泛应用于价格较低的电子类产品中。其中，七段数码管较为常用。七段数码管由7条线组成，可以图2-15所示画图顺序为准进行绘制。七段数码管能够形成128种不同状态，其中部分状态是易于人们理解的数字或字母，因此其被广泛使用。这里介绍使用turtle库绘制七段数码管的具体方法。

图2-14　绘制太阳花

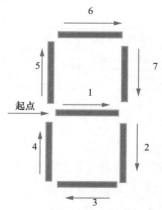

图2-15　七段数码管的画图顺序

首先，导入turtle库并将其重命名为t，代码如下。

```
import turtle as t
```

其次，定义函数drawGap()，用于绘制间隙，通过将画笔抬起并向前移动5个单位来实现间隙的绘制。代码如下。

```
def drawGap():  # 绘制间隙
    t.penup()
    t.fd(5)     # 设置间隙大小
```

接着，定义函数drawLine(draw)，用于绘制线段，通过判断参数draw的布尔值决定是否下笔绘制线段。如果布尔值为True，则将画笔放下并向前移动40个单位；如果布尔值为False，则将画笔抬起并向前移动40个单位。再调用drawGap()函数绘制间隙，并将画笔顺时针旋转90°，准备绘制下一跳线段。代码如下。

```
def drawLine(draw):  # 绘制七段数码管中的一条线段
    drawGap()
    t.pendown() if draw else t.penup()
    t.fd(40)
    drawGap()
    t.right(90)
```

需要说明的是，上述代码中语句"t.pendown() if draw else t.penup()"是正确的，但它并不是一个典型的条件语句，而是利用了条件表达式（也称"三元操作符"）。这个条件表达式本身并没有直接赋给任何变量，而是执行了函数调用（t.pendown()）。这在Python中是允许的，但通常不推荐，因为它可能使代码的可读性降低。为了提高代码的可读性，可以使用标准的if…else语句来执行这种操作，代码如下。

```
if draw:
    t.pendown()
else:
    t.penup()
```

之后，根据要绘制的数字和字母定义函数drawDight(s)，图2-16所示为数字和字母的七段数码管显示效果。

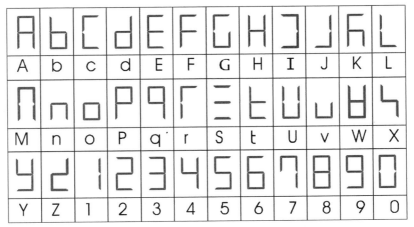

图2-16   数字和字母的七段数码管显示效果

以1号线段为例，包含它的数字有2、3、4、5、6、8、9，包含它的字母有a、b、d、e、f、h、k、n、o、p、q、s、t、w、x、y、z。定义drawDight(s)函数，根据字符s绘制七段数码管。根据不同的字符，调用drawLine()函数绘制对应的线段。通过判断字符s的值，决定绘制哪些线段。每绘制完一组线段，将画笔逆时针旋转90°，准备绘制下一组线段。具体代码如下。

```
def drawDight(s): # 根据字符绘制七段数码管
    # 绘制1号线段
    drawLine(True) if s in ['2','3','4','5','6','8','9','a','b','d','e',
        'f','h','k','n','o','p','q','s','t','w','x','y','z']
                    else drawLine (False)
    # 绘制2号线段
    drawLine(True) if s in ['0','1','3','4','5','6','7','8','9','a','b',
        'd','g','h','i','j','k','m','n','o','q','u','v','w','x','y']
                    else drawLine(False)
    # 绘制3号线段
    drawLine(True) if s in ['0','2','3','5','6','8','9','b','c','d','e',
        'g','i','j','l','o','s','t','u','v','w','y','z']
                    else drawLine(False)
    # 绘制4号线段
    drawLine(True) if s in ['0','2','6','8','a','b','c','d','e','f','g',
        'h','k','l','m','n','o','p','r','t','u','v','w','z']
                    else drawLine (False)

    t.left(90)

    # 绘制5号线段
    drawLine(True) if s in ['0','4','5','6','7','8','9','a','b','c','e',
        'f','g','h','k','l','m','p','q','r','t','u','w','x','y']
                    else drawLine (False)
    # 绘制6号线段
    drawLine(True) if s in ['0','2','3','5','6','7','8','9','a','c','e',
        'f','g','i','k','m','p','q','r','s']
                    else drawLine(False)
    # 绘制7号线段
    drawLine(True) if s in ['0','1','2','3','4','7','8','9','a','d','h',
        'i','j','m','p','q','u','w','y','z']
                    else drawLine(False)

    t.right(180)
    t.penup()
    t.fd(30)
```

定义drawStr(Str)函数，用于依次绘制输入的字符串中的每个字符，通过遍历字符串中的每个字符，调用drawDight()函数进行绘制。

```
def drawStr(Str):
    for x in Str:
        drawDight(x)
```

定义main()函数，用于设置全局变量和执行绘制操作。在该函数中，首先通过input()函数获取用户输入的一串字符，并将其赋给变量a。然后设置画笔颜色为红色，设置窗口大小为1280像素×720像素，隐藏画笔，设置绘图速度为0，即最快速度，将画笔抬起并向后移动400个单位（设置绘图起点），设置画笔尺寸为5。接着调用drawStr(a)函数来绘制用户输入的字符。再调用t.done()函数，表示绘制完成。

```
def main():                # 全局设置
    a=input('请输入一串字符: ')
    t.pencolor('red')  # 设置画笔颜色
    t.setup(1280,720)  # 设置窗口大小
    t.hideturtle()     # 隐藏画笔
    t.speed(0)         # 设置绘图速度
    t.penup()
    t.fd(-400)         # 设置绘图起点
    t.pensize(5)       # 设置画笔尺寸
    drawStr(a)
    t.done()
```

最后调用main()函数来执行整个绘制过程。

```
main()
```

绘制七段数码管的完整代码如下（见代码文件 draw_seven_seg_display.py）。

```
# draw_seven_seg_display.py
import turtle as t
def drawGap():          # 绘制间隙
    t.penup()
    t.fd(5)             # 设置间隙大小
def drawLine(draw):  # 绘制数码管中的一条线段
    drawGap()
    t.pendown() if draw else t.penup()
    t.fd(40)
    drawGap()
    t.right(90)
def drawDight(s):       # 根据字符绘制七段数码管
    # 绘制1号线段
    drawLine(True) if s in ['2','3','4','5','6','8','9','a','b','d','e',
        'f','h','k','n','o','p','q','s','t','w','x','y','z']
                    else drawLine (False)
    # 绘制2号线段
    drawLine(True) if s in ['0','1','3','4','5','6','7','8','9','a','b',
        'd','g','h','i','j','k','m','n','o','q','u','v','w','x','y']
                    else drawLine (False)
    # 绘制3号线段
    drawLine(True) if s in ['0','2','3','5','6','8','9','b','c','d','e',
        'g','i','j','l','o','s','t','u','v','w','y','z']
                    else drawLine(False)
    # 绘制4号线段
    drawLine(True) if s in ['0','2','6','8','a','b','c','d','e','f','g',
        'h','k','l','m','n','o','p','r','t','u','v','w','z']
                    else drawLine (False)

    t.left(90)

    # 绘制5号线段
    drawLine(True) if s in ['0','4','5','6','7','8','9','a','b','c','e',
        'f','g','h','k','l','m','p','q','r','t','u','w','x','y']
                    else drawLine (False)
```

```
    # 绘制6号线段
    drawLine(True) if s in ['0','2','3','5','6','7','8','9','a','c','e',
        'f','g','i','k','m','p','q','r','s']
                    else drawLine(False)
    # 绘制7号线段
    drawLine(True) if s in ['0','1','2','3','4','7','8','9','a','d','h',
        'i','j','m','p','q','u','w','y','z']
                    else drawLine(False)


    t.right(180)
    t.penup()
    t.fd(30)
def drawStr(Str):
    for x in Str:
        drawDight(x)
def main():                     # 全局设置
    a=input('请输入一串字符：')
    t.pencolor('red')           # 设置画笔颜色
    t.setup(1280,720)           # 设置窗口大小
    t.hideturtle()              # 隐藏画笔
    t.speed(0)                  # 设置绘图速度
    t.penup()
    t.fd(-400)                  # 设置绘图起点
    t.pensize(5)                # 设置画笔尺寸
    drawStr(a)
    t.done()
main()
```

运行代码文件draw_seven_seg_display.py，输入"hello python"，就可以得到图2-17所示的七段数码管效果。

图2-17   代码文件运行结果

2.9 本章小结

计算机程序设计是构建计算机应用程序的过程，它涉及使用编程语言来编写指令集，这些指令告诉计算机如何执行特定的任务或解决问题。程序员通过逻辑思维和创新方法，将复杂的算法和数据结构转化为高效的代码，实现应用程序的功能。

计算机程序设计需要借助于计算机语言，如高级编程语言C语言、C++、Java、Python等。近年来，Python的受欢迎程度越来越高，它简单的语法及解释型语言的本质使其成为在多数平台上写脚本和快速开发应用程序的首选编程语言。本章详细介绍了Python的基础知识，通过学习这些内容，读者可以进行基础的Python程序设计。

2.10 习题

1. 计算机求解问题的基本过程包括哪些步骤？

2. 算法的表示方法有哪些？

3. 计算机语言有哪些种类？

4. Python 具有哪些优点、哪些缺点？

5. Python 可以应用到哪些领域？

6. 常见的 Python 第三方开发库有哪些？

7. 在 Python 中如何进行注释？

8. 请列举出 IDLE 中几个常用的快捷键。

9. 如何实现代码的缩进？

10.　Python 的基本数据类型有哪些？

11.　Python 有哪几种程序控制结构？

第 **3** 章

新兴数字技术

　　云计算、物联网、大数据、人工智能、区块链、元宇宙等新兴数字技术正在深刻地改变着我们的生活和工作方式。云计算彻底颠覆了人类社会获取IT资源的方式，大大减少了企业部署IT系统的成本，有效降低了企业的信息化门槛。物联网以"万物互联"为终极目标，把传感器、控制器、机器、人员和物体等通过新的方式连在一起，形成人与物、物与物相连，实现信息化和远程管理控制。大数据技术为企业提供了海量数据的存储和计算能力，帮助企业从大量数据中挖掘有价值的信息，服务于企业的生产决策。人工智能作为21世纪科技发展的最新成就和智能革命代表性技术，深刻揭示了科技发展给人类社会带来的巨大影响。区块链作为数字时代的底层技术，具有去中心化、开放性、自治性、匿名性、可编程和可追溯六大特征，这六大特征使区块链具备了革命性、颠覆性技术的特质。元宇宙将促进信息科学、量子科学、数学和生命科学等学科的融合与互动，创新科学范式，推动传统的哲学、社会学甚至人文科学体系取得突破。

　　本章介绍近些年发展起来的新兴数字技术，包括云计算、物联网、大数据、人工智能、智能体、区块链、元宇宙等，并探讨这些技术之间的紧密关系。此外，本章还将介绍基于新兴数字技术的工业4.0。

3.1　云计算

　　本节将介绍云计算概念、云计算服务模式和类型、云计算数据中心、云计算的应用和云计算产业等内容。

3.1.1　云计算概念

　　云计算实现了通过网络提供可伸缩的、廉价的分布式计算能力，在具备网络接入条件的地方，用户可以随时获得所需的各种IT资源。云计算代表了以虚拟化技术为核心、以低成本为目标、动态可扩展的网络应用基础设施，目前已经得到广泛应用。

　　2006年，亚马逊公司推出了早期的云计算产品AWS（Amazon Web Service），尽管AWS的名字没有"云计算"的含义，但是，其产品形态本质就是云计算。

　　云计算是一种全新的技术，包含虚拟化、分布式存储、分布式计算、多租户等关键技术，但是，如果从技术角度去理解，往往无法抓住云计算的本质。要想准确理解云计算，就需要从商业模式的角度切入。本质上，云计算代表了一种全新的获取IT资源的商业模式，这种模式的出现完全颠覆了人类社会获取IT资源的方式。因此，我们可以从商业模式的角度给云计算下一个定义：云计算是指通过网络、以服务的方式为千家万户提供非常廉价的IT资源。这里的"千家万户"包括政府、企业和个人用户。

　　为了让读者更好地理解云计算的内涵，这里给出一个形象的类比。实际上，IT资源获取方式的变革轨迹和水资源获取方式的变革轨迹是基本类似的。如果能够理解水资源的获取方式是如何变革的，就很容易理解什么是云计算。

　　以水资源为例，在人类历史上，水资源的获取经历了两种典型的获取方式，即挖井取水和自来水。下面分析这两种获取方式的优缺点。

　　挖井取水（见图3-1）主要有以下几个缺点。

　　（1）初期成本高、周期长。为了喝水，就需要挖井，挖一口井不仅需要投入几万元的成本，挖好后还需要等待半个月到1个月才能喝到井水。

　　（2）后期需要自己维护。在水井的使用过程中，可能出现井壁坍塌、水质变坏、打水的水桶损坏等各

图3-1　挖井取水

种问题，这些都要靠用户自己去维护，成本较高。

（3）供水量有限。一口井每天的出水量是有限的，可以满足少量家庭的用水需求，但是，让一口井供应整个城市显然是不可能的。

后来自来水出现了（见图3-2），它彻底颠覆了人类社会获取水资源的方式。自来水使用了很多技术（如水库建造技术、水质净化技术和高压供水技术等），但是从技术的角度是无法抓住自来水的本质的。要想准确把握自来水的本质，必须从获取方式的角度切入。自来水代表了一种全新的获取水资源的方式，有了自来水，家家户户不再需要挖井，只需要购买自来水公司的水资源服务，也就是说，用户是通过购买服务的方式来获得水资源的。

图3-2　自来水是一种水资源获取方式

自来水这种水资源获取方式具有很多优点，主要如下。

（1）初期零成本，瞬时可获得。当用户要喝水时，不需要去挖一口井，只要拧开水龙头，水马上就来了。

（2）后期免维护，使用成本低。用户只需要使用自来水，根本不需要负责自来水设施的维护，水库淤积、自来水管道爆裂、水质变差等问题都是自来水公司负责解决，和用户无关。而且，与挖井相比，自来水的费用极其低廉，采用"按量计费"的方式收取，如1t水5元、2t水10元。

（3）在供水量方面"予取予求"。只要用户交得起水费，自来水公司就可以持续为用户提供充足的水资源。

在对挖井取水和自来水做了上述比较之后，我们就很容易理解云计算的内涵了。本质上，云计算就是和自来水一模一样的新的商业模式，它的出现彻底颠覆了人类社会获得IT资源的方式。这里的IT资源包括CPU的计算能力、磁盘的存储空间、网络带宽、系统、软件等。图3-3展示了获得IT资源的两种方式，在传统方式下，企业通过自建机房来获得IT资源，在云计算方式下，企业不需要自建IT基础设施，只要接入网络，就可以从"云端"获得各种IT资源。

传统的IT资源获取方式的主要缺点和挖井取水的缺点基本一样，具体如下。

（1）初期成本高、周期长。以100MB磁盘空间为例，在云计算诞生之前，当一个企业需要获得100MB磁盘空间时，就需要建机房、买设备、聘请IT员工维护，这种做法本质上和"为了喝水而去挖井"是一样的，不仅需要投入较高的成本，还需要经过一段时间后才能使用。

（2）后期需要自己维护，使用成本高。机房的服务器发生故障、软件发生错误等问题都需要企业自己去解决。为此，企业还需要向维护机房的IT员工支付报酬。

（3）IT资源供应量有限。企业的机房建设完成后，配置的IT资源是固定的，比如配置了1000MB的磁盘空间，那么企业每天最多就只能使用1000MB的磁盘空间，如果要使用更多的磁盘空间，则需要额外购买、安装和调试。

云计算的主要优点和自来水的优点基本一样，具体如下。

（1）初期零成本，瞬时可获得。当用户需要100MB磁盘空间时，不需要去建机房、买设备，只要连接到"云端"，就可以瞬时获得100MB磁盘空间。

（a）传统方式：自建机房　　　　（b）云计算方式：企业不需要自建
IT基础设施，而是租用云端资源

图3-3　获得IT资源的两种方式

（2）后期免维护，使用成本低。用户只需要使用云计算服务商提供的IT资源服务，根本不需要负责云计算设施的维护，数据中心设施更换、系统维护升级、软件更新等都是云计算服务商负责的工作，和用户无关。而且，与建设机房相比，云计算的费用极其低廉，采用"按量计费"的方式收取，如1GB磁盘空间每年2元、2GB磁盘空间每年4元。

（3）在供应IT资源量方面"予取予求"。只要用户交得起租金，阿里巴巴、百度、腾讯等云计算服务商就可以持续为用户提供充足的IT资源。

3.1.2　云计算服务模式和类型

云计算包括3种典型的服务模式（见图3-4），即基础设施即服务（Infrastructure as a Service，IaaS）、平台即服务（Platform as a Service，PaaS）和软件即服务（Software as a Service，SaaS）。IaaS将基础设施（计算资源和存储）作为服务出租，PaaS把平台作为服务出租，SaaS把软件作为服务出租。

云计算包括公有云、私有云和混合云3种类型（见图3-4）。公有云面向所有用户提供服务，只要是注册付费的用户都可以使用，如AWS；私有云只为特定用户提供服务，如大型企业出于安全考虑自建的云环境只为企业内部提供服务；混合云综合了公有云和私有云的特点，一些企业一方面出于安全考虑需要把数据放在私有云中，另一方面又希望获得公有云的计算资源，为了获得最佳的效果，这些企业就可以把公有云和私有云进行混合搭配使用。

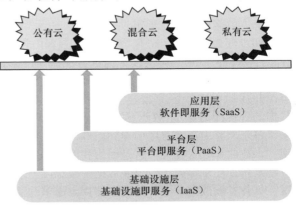

图3-4　云计算的服务模式和类型

3.1.3　云计算数据中心

当使用云计算服务商提供的云存储服务把数据保存在"云端"时，最终数据会被存放在哪里呢？"云端"只是一个形象的说法，实际上数据并不会存放在天上的云朵里，而是会"落地"。"落地"就是说，这些"云端"的数据实际上是被保存在全国各地修建的大大小小的云计算数据中心里。

云计算数据中心（见图3-5）是一整套复杂的设施，包括刀片服务器、宽带网络连接、环境控制设备、监控设备以及各种安全装置等。云计算数据中心是云计算的重要载体，为云计算提供计算、存储、带宽等各种硬件资源，为各种平台和应用提供运行支撑环境。云计算数据中心里的CPU、内存、磁盘、带宽等IT资源汇集成一个庞大的IT资源池，通过计算机网络分发给千家万户。云计算与自来水在商业模式方面是类似的，实际上，云计算数据中心的功能就相当于自来水厂的功能，云计算数据中心里的庞大IT资源池就相当于水库，自来水厂通过水库把大量水资源汇聚在一起，再通过自来水管道网络分发给千家万户，而云计算数据中心把庞大的IT资源汇聚在一起，通过计算机网络分发给千家万户。

图3-5   云计算数据中心

谷歌公司、微软公司、IBM公司、惠普（HP）公司、戴尔（Dell）公司等国际IT巨头纷纷斥巨资在全球范围内大量修建云计算数据中心，试图掌握云计算发展的主导权。我国政府和企业也在加大力度建设云计算数据中心。内蒙古参与了"东数西算"工程，把本地的数据中心通过网络提供给其他省份用户使用。福建省泉州市安溪县的中国国际信息技术（福建）产业园的数据中心，是福建省重点建设的两大数据中心之一，拥有5000台刀片服务器，是亚洲规模最大的云渲染平台。阿里巴巴在我国甘肃玉门建设的数据中心是我国第一个绿色环保的数据中心，电力全部来自风力发电，用祁连山融化的雪水为数据中心散热。百度云计算（阳泉）中心是百度自建的第一个大型数据中心，位于山西省阳泉市，是亚洲单体规模最大的数据中心之一，如图3-6所示。百度云计算（阳泉）中心从2011年选址到2018年整体交付，历时7年，总建筑面积约12万平方米，承载服务器超过16万台，数据存储量巨大，为百度公司的各项业务提供了强劲的计算能力，是百度AI和智能云业务的重要基石。贵州是公认的我国南方最适合建设数据中心的地方，目前，中国移动、中国联通、中国电信三大运营商都将南方数据中心建在贵州。

图3-6   百度云计算（阳泉）中心

2022年2月，我国"东数西算"工程正式启动，在京津冀、长三角、粤港澳大湾区、成渝、内蒙古、贵州、甘肃、宁夏等8地启动建设国家算力枢纽节点，并规划了10个国家数据中心集群。"东数西算"中的"数"是指数据，"算"是指算力，即对数据的处理能力。"东数西算"工程通过构建数据中心、云计算、大数据一体化的新型算力网络体系，将东部算力需求有序引导到西部，优化数据中心建设布局，促进东西部协同联动。为什么要实施"东数西算"工程呢？这是因为我国数据中心目前大多分布在东部地区，由于土地、能源等资源日趋紧张，在东部大规模发展数据中心难以为继。而我国西部地区资源充裕，特别是可再生资源丰富，具备发展数据中心、承接东部算力需求的潜力。实施"东数西算"工程以后，西部数据中心主要用于处理后台加工、离线分析、存储备份等对网络要求不高的业务，东部枢纽则主要处理工业互联网、金融证券、灾害预警、远程医疗、视频通话、人工智能推理等对网络要求较高的业务。"东数西算"工程是促进算力、数据流通，激发数字经济活力的重要手段。

数据中心作为数据处理、存储和传输的核心设施，其耗电量是一个备受关注的指标。数据中心内部运行着大量的服务器、网络设备、存储设备等IT设备，这些设备全天候不间断地运行，产生了巨大的能耗。由于数据中心内部设备密集，且长时间运行会产生大量热量，因此需要通过制冷设备来实现快速散热，以保证设备正常运行。制冷设备能耗也是数据中心能耗的重要组成部分，有时甚至与IT设备能耗相当。特别是在高温环境下，制冷设备的能耗会进一步增加。近年来，随着数据量的爆炸性增长和云计算、大数据等技术的广泛应用，数据中心的耗电量也在不断增加。相关数据显示，数据中心的耗电量已经成为全球或地区能源消耗的重要组成部分。以我国为例，近年来数据中心的耗电量呈现快速增长趋势。例如，2022年全年，全国数据中心耗电量达到2700亿千瓦时，占全社会用电量约3%。为了降低数据中心的耗电量，实现节能减排的目标，数据中心运营商采取了多种措施。微软公司不惜花重金将数据中心（服务器）"沉入海底"（见图3-7），通过两年的实验证明，将服务器放在海底，能耗至少能降低70%。华为将贵州的一座大山挖空，把数据中心"藏进大山里"（见图3-8），不用空调，不用冷却塔，建在山体内就能让数据中心的温度维持在20℃以下，山体本身就是一个天然的空调，大大降低了数据中心的能耗。阿里巴巴位于浙江千岛湖的数据中心采用自然湖水制冷，以降低能耗。千岛湖地区年平均气温为17℃，深层湖水水温常年恒定，可以让数据中心在90%的时间里只需要用湖水制冷，制冷能耗节省超过8成。相比普通的数据中心，千岛湖数据中心全年节电达到数千万千瓦时。

图3-7　微软公司把数据中心"沉入海底"

图3-8　华为公司把数据中心"藏进大山里"

3.1.4　云计算的应用

云计算在电子政务、医疗、卫生、教育、企业等方面的应用不断深化，对提高政府服务水平、促进产业转型升级和培育发展新兴产业等都起到了关键作用。政务云上可以部署公共安全管理、容灾备份、城市管理、应急管理、智能交通、社会保障等应用，通过集约化建设、管理和运行，可以实现信息资源整合和政务资源共享，推动政务管理创新，加快向服务型政府转型。教育云可以有效整合幼儿教育、中小学教育、高等教育以及继续教育等优质教育资源，逐步实现教育信息共享、教育资源共享及教育资源深度挖掘等目标。中小企业云能够让企业以低廉的成本建立财务、供应链、客户关系等管理应用系统，大大降低企业信息化门槛，迅速提升企业信息化水平，增强企业市场竞争力。医疗云可以推动医院与医院、医院与社区、医院与急救中心、医院与家庭之间的服务共享，并形成一套全新的医疗健康服务系统，从而有效地提高医疗保健质量。

云计算甚至颠覆了全球大型体育赛事的直播方式。2024年7月26日至8月11日，第33届夏季奥林匹克运动会在法国巴黎举办。阿里云携手OBS公司推出的OBS Live Cloud成为该届奥运会直播信号的主要分发方式。这意味着奥运会直播告别了传统的卫星信号传输，迎来了一个更加流畅、画质更佳的直播新时代。阿里云作为全球领先的云计算服务商，与OBS公司强强联合，为全世界观众带来了前所未有的观赛体验。这项技术不仅提升了观赛质量，而且让观众只需一部智能手机就能在任何地方享受到身临其境般的直播体验。云端直播技术的引入，不仅是对体育直播领域的一次革新，还是科技进步对传统行业产生深远影响的一个例证。

3.1.5　云计算产业

云计算产业作为战略性新兴产业，近些年得到了迅速发展，形成了成熟的产业链结构（见图3-9），涵盖硬件与设备制造、基础设施运营、软件与解决方案供应商、基础设施即服务（IaaS）、平台即服务（PaaS）、软件即服务（SaaS）、终端设备、云安全、云计算交付/咨询/认证等环节。

硬件与设备制造环节包括绝大部分传统硬件制造商（主要包括Intel公司、AMD公司、Cisco公司、SUN公司等），这些制造商都已经在某种形式上支持虚拟化和云计算。基础设施运营环节包括数据中心运营商、网络运营商、移动通信运营商等。软件与解决方案供应商包括IBM公司、微软公司、思杰（Citrix）公司、SUN公司、Red Hat公司等，主要提供虚拟化管理软件。IaaS将基础设施作为服务出租，向用户出售服务器、存储和网络设备、带宽等基础设施资源，厂商主要包括亚马逊公司、Rackspace Technology公司、GoGrid公司、GridPlayer公司等。PaaS把平台（包括应用设计、应用开发、应用测试、应用托管等方面的平台）作为服务出租，厂商主要包括谷歌公司、微软公司、新浪公司、阿里巴巴公司等。SaaS则把软件作为服务出租，向用户提供各种应用，厂商主要包括Salesforce公司、谷歌公司等。云安全旨在为各类云用户提供高可信的安全保障，厂商主要包括IBM公司、华为公司等。云计算交付/咨询/认证环节包括三大交付以及咨询认证服务商，这些服务商已经支持绝大多数形式的云计算交付、咨询及认证服务，主要包括IBM公司、微软公司、Oracle公司、思杰公司等。

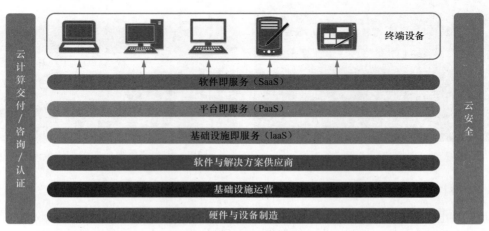

图3-9　云计算产业链结构

3.2　物联网

物联网是新一代信息技术的重要组成部分，具有广泛的用途，同时和云计算、大数据有千丝万缕的联系。下面介绍物联网的概念、关键技术、应用及产业链。

3.2.1　物联网的概念

物联网是物物相连的互联网，是互联网的延伸，它利用局域网、互联网等通信技术把传感器、控制器、机器、人员和物体等连在一起，形成人与物、物与物相连，进而实现信息化和远程管理控制。

从技术架构上来看，物联网可分为4层（见图3-10）：感知层、网络层、处理层和应用层。每层的具体功能如表3-1所示。

这里给出一个简单的智能公交实例来帮助读者加深对物联网概念的理解。"掌上公交"App可以随时随地查询每辆公交车的当前位置信息，这是一种非常典型的物联网应用。在智能公交体系中，每辆公交车都安装了北斗定位系统和4G/5G网络传输模块，在车辆行驶过程中，北斗定位系统会实时采集公交车的当前位置信息，通过车上的4G/5G网络传输模块发送给车辆附近的移动通信基站，并经电信运营商的4G/5G移动通信网络传送到智能公交指挥调度中心的数据处理平台，平台再把公交车的当前位置信息发送给智能手机，"掌上公交"App就会显示出公交车的当前位置信息。这个应用实现了"物与物相连"，即把公交车和智能手机这两个物体连接在一起，让智能手机可以实时获得公交车的位置信息。进一步讲，这个应用实际上也实现了"人与物的相连"，即让智能手机用户可以实时获得公交车的位置信息。在这个应用中，安装在公交车上的北斗定位系统就属于物联网的感知层；安装在公交车上的4G/5G网络传输模块以及电信运营商的4G/5G移动通信网络，属于物联网的网络层；智能公交指挥调度中心的数据处理平台属于物联网的处理层；智能手机上安装的"掌上公交"App属于物联网的应用层。

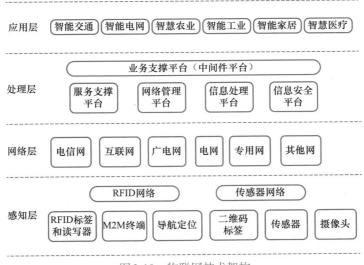

图3-10　物联网技术架构

表3-1　物联网各层的功能

层	功能
感知层	如果把物联网系统比喻为人体，那么感知层就好比人体的神经末梢，用来感知物理世界采集来自物理世界的各种信息。该层包含温度传感器、湿度传感器、应力传感器、加速度传感器、重力传感器、气体浓度传感器、土壤盐分传感器、二维码标签、RFID（Radio Frequency Identification，射频识别）标签和读写器、摄像头、GPS设备等
网络层	相当于人体的神经中枢，起到信息传输的作用。网络层包含各种类型的网络，如互联网、移动通信网络、卫星通信网络等
处理层	相当于人体的大脑，起到存储和处理信息的作用，包括数据存储、管理和分析平台
应用层	直接面向用户，满足各种应用需求，如智能交通、智慧农业、智慧医疗、智能工业等

3.2.2 物联网关键技术

物联网是物与物相连的网络，通过为物体加装二维码标签、RFID标签、传感器等，就可以实现物体身份唯一标识和各种信息的采集，再结合各种类型的网络连接，就可以实现人和物、物和物之间的信息交换。因此，物联网中的关键技术包括识别和感知技术（二维码、RFID、传感器等）、网络与通信技术、数据挖掘与融合技术等。

（1）识别和感知技术

二维码是物联网中一种很重要的自动识别技术，是在一维条码基础上扩展出来的条码技术。二维码包括堆叠式/行排列二维码和矩阵式二维码，后者较为常见。矩阵式二维码在一个矩形中通过黑、白像素在矩阵中的不同分布进行编码，如图3-11所示。在矩阵元素位置上，点（方点、圆点或其他形状）出现表示二进制的"1"，点不出现表示二进制的"0"，

图3-11　矩阵式二维码

点的排列组合确定了矩阵式二维码的含义。二维码具有信息容量大、编码范围广、容错能力强、译码可靠性高、成本低、易制作等良好特性，已经得到了广泛的应用。

RFID技术用于静止或移动物体的无接触自动识别，具有全天候、无接触、可同时实现多个物体自动识别等特点。RFID技术在生产和生活中得到了广泛应用，大大推动了物联网的发展，我们平时使用的公交卡、门禁卡、校园卡等都嵌入了RFID芯片，可以实现迅速、便捷的数据交换。从结构上讲，RFID是一种简单的无线通信系统，由RFID读写器和RFID标签两个部分组成。RFID标签由天线、耦合元件、芯片组成，是一个能够传输信息、回复信息的电子模块。RFID读写器也由天线、耦合元件、芯片组成，用来读取（有时也可以写入）RFID标签中的信息。RFID技术使用RFID读写器及可附着于目标物体的RFID标签，利用频率信号将信息由RFID标签传送至RFID读写器。市民持有的公交卡就是一个RFID标签（见图3-12），公交车上安装的刷卡设备就是RFID读写器，刷卡时就完成了一次RFID标签和RFID读写器之间的非接触式通信与数据交换。

图3-12　嵌入RFID芯片的公交卡

传感器是一种能感受被测量件并按照一定的规律（数学函数法则）转换成可用输出信号的器件或装置，具有微型化、数字化、智能化、网络化等特点。人类需要借助耳朵、鼻子、眼睛等感觉器官感受外部物理世界，类似地，物联网也需要借助传感器实现对物理世界的感知。物联网中常见的传感器类型有光敏传感器、声敏传感器、气敏传感器、化学传感器、压敏传感器、温敏传感器、流体传感器等（见图3-13），这些传感器可以用来模仿人类的视觉、听觉、嗅觉、味觉和触觉。

图3-13　不同类型的传感器

（2）网络与通信技术

物联网中的网络与通信技术包括短距离无线通信技术和远程通信技术。短距离无线通信技术包括ZigBee、NFC、蓝牙、Wi-Fi、RFID等，远程通信技术包括互联网、2G/3G/4G移动通信网络、卫星通信网络等。

（3）数据挖掘与融合技术

物联网中存在大量数据来源、各种异构网络和不同类型的系统，大量的不同类型的数据如何实现有效整合、处理和挖掘，是物联网处理层需要解决的关键技术问题。云计算和大数据技术的出现为物联网数据存储、处理和分析提供了强大的技术支撑，海量物联网数据可以借助庞大的云计算基础设施实现廉价存储，利用大数据技术实现快速处理和分析，满足各种实际应用需求。

3.2.3　物联网的应用

物联网已经广泛应用于智能交通、智慧医疗、智能家居、环保监测、智能安防、智能物流、智能电网、智慧农业、智能工业等领域，对国民经济与社会发展起到了重要的推动作用，具体介绍如下。

- 智能交通：利用RFID、摄像头、线圈、导航设备等物联网技术构建的智能交通系统，可以让人们随时随地通过智能手机、大屏幕、电子站牌等了解城市各条道路的交通状况、所有停车场的车位情况、每辆公交车的当前位置等信息，合理安排行程，提高出行效率。
- 智慧医疗：医生利用平板电脑、智能手机等手持设备，通过无线网络，可以随时连接各种诊疗仪器，实时掌握每个病人的各项生理指标数据，科学、合理地制订诊疗方案，甚至可以进行远程诊疗。
- 智能家居：利用物联网技术可提升家居安全性、便利性、舒适性、艺术性，并构建环保节能的居住环境。比如，用户可以在工作单位通过智能手机远程开启家里的电饭煲、空调、门锁、监控、窗帘和电灯等，家里的窗帘和电灯也可以根据时间与光线变化自动开启及关闭。
- 环保监测：在重点区域放置监控摄像头或水质、土壤成分检测仪器，相关数据可以实时传输到监控中心，出现问题时系统实时发出警报。
- 智能安防：采用红外线技术、监控摄像头、RFID技术等物联网技术和设备，可实现小区出入口智能识别和控制、意外情况自动识别和报警、安保巡逻智能化管理等。
- 智能物流：利用集成智能化技术，使物流系统能模仿人的智能，具有思维、感知、学习、推理判断和自行解决物流中某些问题（如选择最佳行车路线、选择最佳包裹装车方案）的能力，从而实现物流资源优化调度和有效配置，提升物流系统效率。
- 智能电网：通过智能电表，不仅可以免去抄表工的大量工作，还可以实时获得用户用电信息，提前预测用电高峰和低谷，为合理设计电力需求响应系统提供依据。
- 智慧农业：利用温度传感器、湿度传感器和光线传感器，实时获得种植大棚内的农作物生长环境信息，远程控制大棚遮光板、通风口、喷水口的开启和关闭，让农作物始终处于最佳生长环境，提高农作物产量和品质。
- 智能工业：将具有环境感知能力的各类终端、基于泛在技术的计算模式、移动通信技术等不断融入工业生产的各个环节，大幅提高制造效率，改善产品质量，降低产品成本和资源消耗，将传统工业提升到智能化的新阶段。

3.2.4　物联网产业链

　　完整的物联网产业链主要包括核心感应器件提供商、感知层末端设备提供商、网络提供商、软件与行业解决方案提供商、系统集成商、运营及服务提供商等（见图3-14），具体介绍如下。

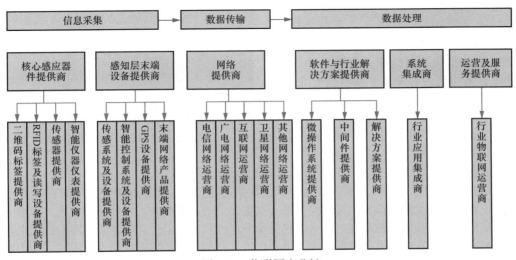

图3-14　物联网产业链

- 核心感应器件提供商：提供二维码标签、RFID标签及读写设备、传感器、智能仪器仪表等物联网核心感应器件。
- 感知层末端设备提供商：提供传感系统及设备、智能控制系统及设备、GPS设备、末端网络产品等。
- 网络提供商：包括电信网络运营商、广电网络运营商、互联网运营商、卫星网络运营商和其他网络运营商等。
- 软件与行业解决方案提供商：提供微操作系统、中间件、解决方案等。
- 系统集成商：提供行业应用集成服务。
- 运营及服务提供商：开展行业物联网运营及提供服务。

3.3　大数据

大数据时代的开启带来了信息技术发展的巨大变革，并深刻影响社会生产和人们生活的方方面面。全球范围内，各国政府均高度重视大数据技术的研究和产业发展，纷纷把大数据上升为国家战略加以重点推进。企业和学术机构纷纷加大技术、资金和人员投入力度，加强对大数据关键技术的研发与应用，以期在第三次信息化浪潮中占得先机、引领市场。大数据已经不是"水中月""镜中花"，它的影响力和作用力正迅速席卷社会的每个角落，所到之处或是颠覆，或是提升，让人们深切感受到了大数据实实在在的威力。

本节介绍数据、大数据时代、大数据的发展历程、大数据的概念、大数据的影响、大数据的应用、大数据产业、大数据与数字经济、大数据与5G、大数据与新质生产力等内容。

3.3.1　数据

1．数据的概念

数据是指对客观事件进行记录并可以鉴别的符号，是对客观事物的性质、状态以及相互关系等进行记载的物理符号或这些物理符号的组合，是可识别的、抽象的符号。数据和信息是两个不同的概念，信息是较为宏观的概念，它由数据有序排列组合而成，传达给读者某个概念、方法等。数据则是构成信息的基本单位，离散的数据一般没有实用价值。

数据有很多种，如数字、文字、图像、声音等。随着人类社会信息化进程的加快，我们的日常生产和生活会不断产生大量的数据。数据已经渗透到当今各个行业和业务职能领域，成为重要的生产要素，从创新到决策，数据推动企业发展，并使各级组织的运营更为高效，可以说，数据将成为每个企业获取核心竞争力的关键要素。目前，数据资源和物质资源、人力资源一样，是国家的重要战略资源，影响着国家和社会的安全、稳定与发展，因此，数据也被称为"未来的石油"（见图3-15）。

图3-15　数据是"未来的石油"

2．数据的价值

数据的根本价值在于可以为人们找出答案。数据往往是为了达到某个特定的目的而被收集起来的，其价值对数据收集者而言是显而易见的。数据的价值是不断被人发现的。过去，数据一旦实现了其基本用途，往往就会被删除，这一方面是由于存储技术落后，人们需要删除旧数据来存储新数据，另一方面则是人们没有认识到数据的潜在价值。例如，在购物网站搜索并购买一件衣服，在输入性别、颜色、布料、款式等关键词后，消费者很容易找到自己心仪的产品，在购买行为结束后，这些数据就会被消费者删除。但是，购物网站会记录和整理这些购物数据，达到一定量后，购物网站就可以预测未来即将流行的产品特征，这就是数据价值的再发现。

数据的价值不会因为数据不断被使用而减少，反而会因为数据不断重组而增加。例如，将一个地区的物价、地价走势、高档轿车的销售数量、二手房转手的频率、出租车密度等各种不相关的数据整合到一起，可以更加精准地预测该地区房价走势。这种方式已经被国外很多房地产网站所采用。而这些被整合起来的数据，完全可以为服务别的目的而重新整合。也就是说，数据不会因为被使用一次或两次而价值衰减，反而会在不同的领域产生更多的价值。基于以上价值特性，收集的各类数据都应当被尽可能长时间地保存下来，同时也应当在一定条件下与全社会分享，以产生更多的价值，因为数据的潜在价值往往是收集者不可想象的。当今世界已经逐步形成了一种共识，在大数据时代以前，最有价值的商品是石油，进入大数据时代之后，最有价值的商品则是数据。目前占有大量数据的全球前五大公司，每个季度的利润总和高达数十亿美元，并在继续快速增加，这是数据价值的最好佐证。因此，要实现大数据时代思维方式的转变，就必须正确认识数据的价值，数据已经具备了资本的属性，可以用来创造经济价值。

3. 数据爆炸

人类进入信息社会以后，数据以自然方式增长，其产生不以人的意志为转移。目前，计算机网络已经在全球范围内普及，联网的计算机系统产生了海量的数据。与此同时，随着移动通信5G时代的全面开启，将有更多的人成为网民，汽车、电视、家用电器、生产机器等各种设备也将接入互联网。随着Web 2.0和移动互联网的快速发展，人们已经可以随时随地使用博客、微博、微信、抖音等工具发布各种信息。未来，随着物联网的推广和普及，各种传感器和摄像头将遍布我们工作和生活的各个角落，这些设备每时每刻都在自动产生大量数据。可以看出，人类社会正经历第二次数据爆炸（如果把印刷在纸上的文字和图形也看作数据，那么人类历史上第一次数据爆炸发生在造纸术和印刷术发明的时期），各种数据产生速度之快、数量之大，已经远远超出人类可以控制的范围，数据爆炸成为大数据时代的鲜明特征。

在数据爆炸的今天，人类一方面对知识充满渴求，另一方面因数据的复杂特征而产生困惑。数据爆炸对科学研究提出了更高的要求，需要人类设计出更加灵活高效的数据存储、处理和分析工具来应对大数据时代的挑战，由此，必将带来云计算、数据仓库、数据挖掘等技术和应用的提升或根本性改变。在存储效率（存储技术）领域，需要实现低成本的大规模分布式存储；在网络效率（网络技术）方面，需要实现及时响应的用户体验；在数据中心方面，需要开发更加绿色节能的新一代数据中心，以在有效面对大数据处理需求的同时，实现最大化资源利用率、最小化系统能耗的目标。面对数据爆炸的大数据时代，人类不再从容！

4. 数商

所谓"商"，是指对人类某种特定能力的度量。智商主要表现为一个人逻辑分析水平的高低，情商则用来衡量一个人管理自己和他人情绪的能力。

前阿里巴巴集团副总裁涂子沛借助全新研究成果，在《数商》一书中创造性地提出了一个新概念——数商。数据是土壤，是基础设施，更是基本生产要素，数商则是衡量现代人类是否具备数据意识、思维、习惯和数据分析能力的重要尺度，它衡量的是数据化时代的生存逻辑。

今天的社会正在发生一场巨大的变革，即以文字为中心变成以数据为中心。数据是一种新的资源，它可以释放出新的能量，这种能量会对人和世界产生新的作用力。在数据爆炸的今天，搜集数据、分析数据、用数据来指导决策的能力将越发重要。对这种能力高低的衡量就是数商。数商是智能时代一个新的"商"，是对使用数据、驾驭数据能力的衡量，它包括记录数据、整理数据、组织数据、保存数据、搜索数据、洞察数据以及控制数据等各方面的能力。

高数商者十分重视数据，因为它是进行统计、计算、科研和技术设计的依据。数据也是"证据"，还是解决问题的基础。巧妇难为无米之炊，数据就是"米"。数据是新文明的新基因，掌握了它就掌握了新文明的密码。高数商的培养原则如下。

（1）勤于记录、善于记录、敢于记录：勤是习惯，善是方法工具，敢是勇气。很多人不愿意、害怕面对自己的记录，所以"敢"也是一个问题。

（2）善于分析：最好是定量分析，简单地分析、量化，以一定的次序、格式或者图表呈现数据，分析就会有很大的改进。

（3）实"数"求是：从数据当中寻找因果关系和规律，让数据成为"感觉的替代品"，这是数据分析的最终使命。

（4）知道未来是一种演化，是多种可能性的分布，用概率来辅助个人决策。

（5）通过做实验收集数据，寻找真正的因果关系。

（6）学会用幸存者偏差分析社会现象。

（7）用数据破解生活中的隐性知识。

（8）反对混沌、差不多以及神秘主义的文化。

（9）掌握智能搜索的一系列技巧。

（10）掌握SQL、Python等大数据时代的"金刚钻"。

修炼数商是智能时代的新潮流，是人类社会发展到一个新的阶段自然而然产生的新要求。一个高数商的人善于让数据成为"感觉的替代品"，即让数据帮助自己感觉身体和周围的世界，让大脑直接处理数据，而不仅仅是直接处理情感和欲望。我们可以通过训练来提高数据在大脑中的地位，就像反复练习可以强化我们的肌肉一样，基于数据的反复练习也可以强化我们大脑中的"数据肌肉"，形成基于数据的反射思维，从而在更多的情境中让情感让位、主动使用数据，做出正确的判断和决策。大部分人做不到，高数商者能做到，这就是高数商带来的竞争优势。

5．从数据到数据要素

数据是原始的、无直接应用价值的信息。这些信息可以是任何形式，包括数字、文本、图像、音频等。在未经过任何处理或分析之前，这些数据本身并没有什么价值。然而，随着技术的发展和人们对数据价值的认识加深，数据开始被视为一种资源，可以进行整理、组织、分析和挖掘。在这个过程中，数据逐渐被赋予了新的价值，成为一种可以被利用的资源。

在这个基础上，数据要素的概念应运而生。数据要素是指那些经过确权、登记，明确其资产属性的数据。这些数据不仅具有可量化、可定价、可流通、可交易、可使用、可监管的能力，而且可以被投入具体的生产应用中，为各个细分的应用场景提供支持。

因此，从数据到数据要素，是一个数据价值不断提升的过程。在这个过程中，数据的价值不仅得到了认可和挖掘，而且在不断地提升和扩展。同时，这也为数字经济和数字化转型提供了强大的驱动力。我国数据要素市场在不断扩大，数据显示，2024年，我国数据要素市场规模达到1591.8亿元。2020年4月，我国印发《中共中央 国务院关于构建更加完善的要素市场化配置体制机制的意见》，在该文件中，数据要素被正式列为五大生产要素之一，与土地要素、劳动力要素、资本要素、技术要素并列。

2023年12月31日，国家数据局等部门发布《"数据要素×"三年行动计划（2024—2026年）》。实施"数据要素×"行动的目的在于：（1）发挥我国超大规模市场、海量数据资源、丰富应用场景等多重优势，推动数据要素与劳动力、资本等要素协同，以数据流引领技术流、资金流、人才流、物资流，突破传统资源要素约束，提高全要素生产率；（2）促进数据多场景应用、多主体复用，培育基于数据要素的新产品和新服务，实现知识扩散、价值倍增，开辟经济增长新空间；（3）加快多元数据融合，以扩张数据规模和丰富数据类型，促进生产工具创新升级，催生新产业、新模式，培育经济发展新动能。

数据具有规模报酬递增、非竞争性、低成本复制的特点，作用于不同主体，与不同要素结合，可产生不同程度的倍增效应。从微观看，数据作用于劳动者，便于人们学习、使用先进的知识和技术，提升人力资源素质，提高劳动生产效率；数据作用于资本，可以辅助投融资决策，更好地推动金融服务实体经济；数据作用于技术，可以重塑创新范式，促进先进技术的传播扩散，带动全社会生产力水平提升。从宏观看，数据作用于经济，可以优化资源配置，促进生产方式变革，提升经济发展的效率与质量；数据作用于治理，可以推进政府管理和社会治理模式创新，实现政府决策科学化、社会治理精准化、公共服务高效化。

通过在各行业、各领域加快数据的开发利用，能够提高各类要素协同效率，找到资源配置"最优解"，突破产出边界，创造新产业新业态，实现推动经济发展的乘数效应。具体表现在以下 3 个方面。

（1）以"协同"实现全局优化，提升产业运行效率，增强产业核心竞争力。通过从数据中挖掘出有效信息作用于其他要素，改造提升传统要素投入产出效率，以数据流引领物资流、人才流、技术流、资金流，找到企业、行业、产业在要素资源约束下的"最优解"，提高全要素生产率，可解决过去解决不了的难题，实现过去创造不了的价值。例如，通过打通制造业产业链数据，可实现供应链上下游零部件厂与主机厂的高效协同研发制造，有效缩短研发周期，降低供应链成本，创造质量更高、性能更好的高性价比产品。

（2）以"复用"扩展生产可能性边界，释放数据新价值，拓展经济增长新空间。一份数据可由多个主体复用，将在不同场景创造多样化的价值增量。与此同时，数据在使用中一般不会损耗，反而"越用越好"，突破传统资源要素约束条件下的产出极限，拓展新的经济增量。例如，医疗健康数据用于临床诊断，可以帮助医生更精准地治疗疾病；应用于医学研究和药物开发，可加速新药上市、提高治愈率；应用于医保行业，可实现定制化保险和精确定价，带动医疗健康产品和服务升级。

（3）以"融合"推动量变产生质变，催生新应用、新业态，培育经济发展新动能。数据规模越大、种类越多，产生的信息和知识就越多，创造价值的空间就越大。不同类型、不同维度的数据聚合后，还可能由量变引发质变，获得意料之外的价值。

6. 数据生产力

数据不仅对人类生产生活产生了深刻影响，而且成为人类生产生活的内在组成部分，是人类社会生产要素和生产力的新形态。2020 年 7 月，数据生产力（Data Productivity）成为大数据战略重点实验室全国科学技术名词审定委员会研究基地收集审定的第一批 108 条大数据新词之一，经全国科学技术名词审定委员会批准试用。

"数智"化时代，数据作为关键生产要素正在引发新型社会经济形态的变革，带动数据生产力快速发展。作为人类生产力更高层次的延续，数据生产力以数据为基础和核心，建立在由"经验型数据""理论型数据"发展到"数字化数据"基础之上，标志着人类生产方式依次从"以土地为起点""以劳动为起点""以资本为起点"向"以数据为起点"深入发展。

有关数据生产力这一新兴概念的学术研究目前尚处于起步阶段。基于不同的分析视角，学者们对数据生产力内涵的界定不尽相同，目前尚未形成统一的认识。

3.3.2　大数据时代

2010 年前后，人类社会第三次信息化浪潮涌动，大数据时代全面开启。人类社会信息科技的发展为大数据时代的到来提供了技术支撑，而数据产生方式的变革是促成大数据时代到来的重要因素。

1. 第三次信息化浪潮

根据 IBM 公司前首席执行官郭士纳（Gerstner）的观点，IT 领域每隔 15 年就会迎来一次重大变革（见表 3-2）。1980 年前后，个人计算机（PC）开始普及，计算机走入企业和千家万户，大大提高了社会生产力，人类迎来了第一次信息化浪潮，Intel、ADM、IBM、苹果、微软、联想戴尔、惠普等企业是这个时期的标志。在 1995 年前后，人类全面进入互联网时代，互联网的普及把世界变成"地球村"，每个人都可以自由徜徉于信息的海洋，由此，人类迎来了第二次信息化浪潮，这个时期缔造了雅虎、谷歌、阿里巴巴、百度、腾讯等互联网巨头。在 2010 年前后，云计算、大数据、物联网的快速发展拉开了第三次信息化浪潮的大幕，大数据时代到来，市场上涌现出一批新的标杆企业。

2. 信息科技为大数据时代提供技术支撑

大数据首先是一场技术革命。毫无疑问，如果没有强大的数据存储、传输和计算等技术，缺乏必要的设施设备，大数据的应用也就无从谈起。从这个意义上来说，信息科技进步是大数据时代的基础。信息科技需要解决信息存储、信息传输和信息处理3个核心问题，人类社会在信息科技领域的不断进步，为大数据时代的到来提供了技术支撑。

表3-2　三次信息化浪潮

信息化浪潮	发生时间	标志	解决的问题	代表企业
第一次浪潮	1980年前后	个人计算机	信息处理	Intel、AMD、IBM、苹果、微软、联想、戴尔、惠普等
第二次浪潮	1995年前后	互联网	信息传输	雅虎、谷歌、阿里巴巴、百度、腾讯等
第三次浪潮	2010年前后	物联网、云计算和大数据	信息爆炸	亚马逊、谷歌、IBM、VMware、Palantir、Cloudera、字节跳动等

（1）存储设备容量不断增加

数据被存储在磁盘、磁带、光盘、闪存等各种类型的存储介质中。随着科学技术的不断进步，存储设备制造工艺不断升级、容量大幅增加、读写速度不断提升，价格却在不断下降。早期的存储设备容量小、价格高、体积大，例如，IBM公司在1956年生产了一个商业硬盘，它的容量只有5MB，不仅价格昂贵，而且体积有两个冰箱那么大。而今天容量为1TB的硬盘，大小只有3.5in（1in=25.4mm），典型外观尺寸为147mm（长）×102mm（宽）×26mm（厚），读写速度达到200MB/s，而且价格低廉。现在，高性能的硬盘存储设备不仅提供了海量的存储空间，还大大降低了数据存储成本。

与此同时，以闪存为代表的新型存储介质也开始得到大规模普及和应用。闪存是一种非易失性存储器，即使发生断电也不会丢失数据，可以作为永久性存储设备。闪存具有体积小、质量轻、能耗低、抗震性好等优良特性。闪存芯片可以被封装制作成SD卡、U盘和固态盘等各种存储产品，SD卡和U盘主要用于个人数据存储，固态盘则越来越多地应用于企业级数据存储。

总体而言，数据量和存储设备容量是相辅相成、互相促进的。一方面，随着数据不断产生，需要存储的数据量不断增长，人们对存储设备的容量提出了更高的要求，这促使存储设备生产商制造更大容量的产品以满足市场需求；另一方面，更大容量的存储设备进一步加快了数据量增长的速度。在存储设备价格高昂的年代，为了降低成本，一些不必要或当前不能明显体现价值的数据往往会被丢弃，但是，随着单位存储空间价格不断降低，人们开始倾向于把更多的数据保存起来，以期在未来某个时刻可以用更先进的数据分析工具从中挖掘价值。

（2）CPU处理能力大幅提升

CPU性能不断提升也是促使数据量不断增长的重要因素。CPU的性能提升，其处理数据的能力也就大大提高，可以更快地处理不断累积的海量数据。从20世纪70年代至今，CPU的制造工艺不断改进，晶体管数目不断增加，运行频率不断提高，核心（Core）数量逐渐增多，而用同等价格所能获得的CPU处理能力也呈几何级数增长。在过去的50多年里，CPU的处理速度已经从10MHz提高到6GHz。在2013年之前的很长一段时间里，CPU处理速度的提高一直遵循摩尔定律，即芯片上集成的元件数量大约每18个月翻一番，性能大约每隔18个月提高一倍，价格下降一半。

（3）网络带宽不断增加

1977年，世界上第一个光纤通信系统在美国芝加哥市投入商用，数据传输速率达到45Mbit/s，从此，人类社会的数据传输速率纪录不断刷新。进入21世纪，世界各国纷纷加大宽带网络建设力度，不断扩大网络覆盖范围，提高数据传输速率。以我国为例，截至2024年4月底，全国互联网宽带接入端口数量达11.6亿个，其中光纤接入端口占互联网接入端口的比例达96.6%；截至2024年6月底，全国光缆线路总长度已达6712万千米。目前，我国移动通信4G基站数量已达629万个，4G网络的规模全球第一，并且4G的覆盖广度和深度也在快速发展。与此同时，我国正全面加速5G网络建设，截至2024年5月底，全国累计建成5G基站383.7万个，占全球5G基站总数的60%，5G移动电话用户达9.05亿，5G网络建设基础不断夯实。由此可以看出，在大数据时代，数据传输不再受网络发展初期瓶颈的制约。

3. 数据产生方式的变革促成大数据时代到来

数据产生方式的变革是促成大数据时代到来的重要因素。总体而言，人类社会的数据产生方式大致经历了 3 个阶段：运营式系统阶段、用户原创内容阶段和感知式系统阶段（见图 3-16）。

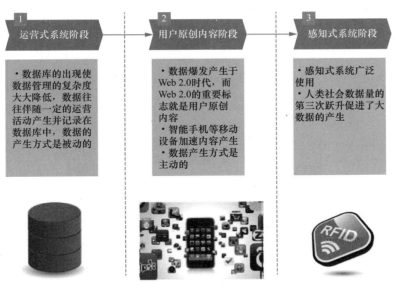

图 3-16 数据产生方式的变革

（1）运营式系统阶段

人类社会最早大规模管理和使用数据是从数据库的诞生开始的。大型零售超市销售系统、银行交易系统、股市交易系统、医院医疗系统、企业客户管理系统等大量运营式系统，都是建立在数据库基础之上的，数据库中保存了大量结构化的企业关键信息，用来满足企业各种业务需求。在这个阶段，数据的产生方式是被动的，只有当实际的企业业务发生时，才会产生新的记录并存入数据库。例如，对于股市交易系统，只有发生股票交易才会有相关记录生成。

（2）用户原创内容阶段

互联网的出现使数据传播更加快捷，不需要借助于磁盘、磁带等物理存储介质；网页的出现进一步加速了网络内容的产生，从而使人类社会数据量开始呈现"井喷式"增长。但是，互联网真正的数据爆发产生于以"用户原创内容"为特征的 Web 2.0 时代。Web 1.0 时代主要以门户网站（如新浪、网易、搜狐）为代表，强调内容的组织与提供，大量上网用户本身并不参与内容的生成。而 Web 2.0 技术以博客、微博、微信、抖音等的自服务模式为主，强调自服务，大量上网用户本身就是内容的生产者，尤其是随着移动互联网和智能手机的普及，人们可以随时随地使用智能手机发微博、传照片，数据量开始急剧增加。从此，每个人都是海量数据中的微小组成。每天我们通过微信、微博、QQ（见图 3-17）等各种方式采集到大量数据，然后通过同样的渠道和方式把处理过的数据反馈出去。这些数据不断地被存储和加工，使互联网世界里的"公开数据"不断被丰富，从而大大加快了大数据时代的到来。

微信   新浪微博   QQ

图 3-17 微信、微博（新浪）和 QQ 的标识

（3）感知式系统阶段

物联网的发展促进了人类社会数据量的第三次跃升。物联网中包含温度传感器、湿度传感器、

压力传感器、位移传感器、光电传感器等大量传感器。此外，视频监控摄像头也是物联网的重要组成部分。物联网中的设备每时每刻都在自动产生大量数据（见图3-18），与Web 2.0时代的数据产生方式（人工）相比，物联网（自动）可以在短时间内生成更密集、更庞大的数据，使人类社会迅速步入大数据时代。

图3-18　物联网设备每时每刻都在产生数据

3.3.3　大数据的发展历程

大数据的发展总体上可以划分为3个重要阶段：萌芽期、成熟期和大规模应用期（见表3-3）。

表3-3　大数据发展的3个阶段

阶段	时间	简介
第一阶段：萌芽期	20世纪90年代至21世纪初	随着数据挖掘理论和数据库技术的逐步成熟，一批商业智能工具和知识管理技术（如数据仓库、专家系统、知识管理系统等）得到应用
第二阶段：成熟期	21世纪前10年	Web 2.0应用迅猛发展，非结构化数据大量产生，传统处理方法难以应对，促进大数据技术快速突破，大数据解决方案逐渐走向成熟，形成了并行计算与分布式系统两大核心技术，谷歌的GFS和MapReduce等大数据技术受到追捧，Hadoop平台开始流行
第三阶段：大规模应用期	2010年以后	大数据应用渗透各行各业，数据驱动决策，信息社会智能化程度大幅提高

这里简要回顾大数据的发展历程。

- 1980年，未来学家阿尔文·托夫勒（Alvin Toffer）在《第三次浪潮》一书中，将大数据热情地赞颂为"第三次浪潮的华彩乐章"。
- 1997年10月，迈克尔·考克斯（Michael Cox）和大卫·埃尔斯沃思（David Ellsworth）在第8届美国电气和电子工程师协会关于可视化的会议论文集中，发表了文章《为外存模型可视化而应用控制程序请求页面调度》，这是美国计算机学会数字图书馆中第一篇使用"大数据"这一术语的文章。
- 1999年10月，美国电气和电子工程师协会在关于可视化的年会上设置了名为"自动化或者交互：什么更适合大数据？"的专题讨论小组，探讨大数据问题。
- 2001年2月，梅塔集团分析师道格·莱尼（Doug Laney）发布题为"3D数据管理：控制数据容量、处理速度及数据种类"的研究报告。10年后，"3V"（Volume、Velocity和Variety）作为定义大数据的 3 个维度被广泛接受。

- 2005 年 9 月，蒂姆·奥莱利（Tim O'Reilly）发表了《什么是 Web 2.0》一文，并在文中指出"数据将是下一项技术核心"。
- 2008 年，《自然》杂志推出大数据专刊；计算社区联盟发表了报告《大数据计算：在商业、科学和社会领域的革命性突破》，阐述了大数据技术及其面临的一些挑战。
- 2010 年 2 月，肯尼斯·库克耶（Kenneth Cukier）在《经济学人》杂志上发表了一份关于管理信息的特别报告《数据，无所不在的数据》。
- 2011 年 2 月，《科学》杂志推出数据处理专刊，讨论科学研究中的大数据问题。
- 2011 年，维克托·迈尔-舍恩伯格（Viktor Mayer-Schönberger）出版著作《大数据时代：生活、工作与思维的大变革》，引起轰动。
- 2011 年 5 月，麦肯锡全球研究院发布《大数据：下一个具有创新力、竞争力与生产力的前沿领域》，提出"大数据时代已经到来"。
- 2012 年 3 月，美国政府发布《大数据研究和发展倡议》，正式启动"大数据发展计划"，大数据上升为美国国家发展战略，被视为美国政府继信息高速公路计划之后在信息科学领域的又一重大举措。
- 2013 年 12 月，中国计算机学会发布《中国大数据技术与产业发展白皮书（2013 年）》，系统总结了大数据的核心科学与技术问题，推动了我国大数据学科的建设与发展，并为政府部门提供了战略性的意见与建议。
- 2014 年 5 月，美国政府发布 2014 年全球"大数据"白皮书《大数据：抓住机遇、守护价值》，鼓励使用数据来推动社会进步。
- 2015 年 8 月，我国国务院印发《促进大数据发展行动纲要》，全面推进大数据发展和应用，加快建设数据强国。
- 2017 年 1 月，为加快实施国家大数据战略，推动大数据产业健康快速发展，我国工业和信息化部印发了《大数据产业发展规划（2016—2020 年）》。
- 2017 年 4 月，我国《大数据安全标准化白皮书（2017）》正式发布，该白皮书从法规、政策、标准和应用等角度勾画了大数据安全的整体轮廓。
- 2018 年 4 月，我国首届数字中国建设峰会在福建省福州市举行。
- 2020 年 4 月，中共中央、国务院印发了《关于构建更加完善的要素市场化配置体制机制的意见》，明确提出了数据成为继土地、劳动力、资本、技术之后第五种市场化配置的关键生产要素。
- 2021 年 9 月，《中华人民共和国数据安全法》正式实施。该法围绕保障数据安全和促进数据开发利用两大核心，从数据安全与发展、数据安全制度、数据安全保护义务、政务数据安全与开放的角度进行了详细的规制。
- 2021 年 11 月，工业和信息化部印发《"十四五"大数据发展产业规划》，该规划旨在充分激发数据要素价值潜能，夯实产业发展基础，构建稳定高效产业链，统筹发展和安全，培育自主可控和开放合作的产业生态，打造数字经济发展新优势，为建设制造强国、网络强国、数字中国提供有力支撑。
- 2022 年 2 月，国家发展和改革委员会、中央网信办、工业和信息化部、国家能源局联合印发通知，同意在京津冀、长三角、粤港澳大湾区、成渝、内蒙古、贵州、甘肃、宁夏等 8 地启动建设国家算力枢纽节点，并规划了 10 个国家数据中心集群。至此，全国一体化大数据中心体系完成总体布局设计，"东数西算"工程正式全面启动。
- 2022 年 10 月，二十大报告再次提出加快建设数字中国。
- 2022 年 12 月 19 日，《中共中央 国务院关于构建数据基础制度更好发挥数据要素作用的意见》（简称"数据二十条"）对外发布。该文件指出，我国将从数据产权、流通交易、收益分配、安全治理等方面构建数据基础制度，并且该文件提出了 20 条政策举措。

- 2023年3月10日，十四届全国人大一次会议表决通过了关于国务院机构改革方案的决定，其中包括组建国家数据局。2023年10月25日，国家数据局正式揭牌。国家数据局负责协调推进数据基础制度建设、统筹数据资源整合共享和开发利用，统筹推进数字中国、数字经济、数字社会规划和建设等。
- 2023年12月31日，国家数据局等部门发布《"数据要素 ×"三年行动计划（2024—2026年）》，旨在充分发挥数据要素乘数效应，赋能经济社会发展。

3.3.4 大数据的概念

随着大数据时代的到来，"大数据"已经成为互联网信息技术行业的流行词汇。关于"什么是大数据"这个问题，大家比较认可关于大数据的"4V"说法。大数据的4个"V"，或者说是大数据的4个特点，包含4个层面：数据量大（Volume）、数据类型繁多（Variety）、处理速度快（Velocity）和价值密度低（Value）。

1．数据量大

从数据量的角度而言，大数据泛指无法在可容忍的时间内用传统信息技术和软硬件工具对其进行获取、管理和处理的巨量数据集合，需要可伸缩的计算体系结构以支持其存储、处理和分析。按照这个标准来衡量，目前的很多应用场景所涉及的数据量都已经具备大数据的特征。例如，博客、微博、微信、抖音等应用平台每天由网民发布的海量信息都属于大数据；我们工作和生活中的各种传感器与摄像头每时每刻都在自动产生大量数据，这些数据也属于大数据。

根据咨询机构互联网数据中心（Internet Data Center，IDC）的估测，人类社会产生的数据一直都在以每年50%的速度增长，也就是说，大约每两年就增加一倍，这被称为"大数据摩尔定律"。这意味着，人类在最近两年产生的数据量相当于之前产生的全部数据量之和。据IDC预测，2025年全球数据量将高达175ZB（数据存储单位之间的换算关系见表3-4），2030年全球数据存储量将达到2500ZB。其中，我国数据量增长最为迅猛，预计2025年将增至48.6ZB，占全球数据量的27.8%，平均每年的增长速度比全球快3%，我国将成为全球最大的数据国。

表3-4　数据存储单位之间的换算关系

单位	换算关系	单位	换算关系
Byte（字节）	1Byte=8bit	TB（Terabyte，太字节）	1TB=1024GB
KB（Kilobyte，千字节）	1KB=1024Byte	PB（Petabyte，拍字节）	1PB=1024TB
MB（Megabyte，兆字节）	1MB=1024KB	EB（Exabyte，艾字节）	1EB=1024PB
GB（Gigabyte，吉字节）	1GB=1024MB	ZB（Zettabyte，泽字节）	1ZB=1024EB

随着数据量的不断增加，数据所蕴含的价值会经历量变到质变的过程。以照相为例，早期受到照相技术的制约，每分钟只能拍1张照片，随着照相设备不断改进，其处理速度越来越快，人们可以每秒拍1张照片，而当有一天发展到每秒可以拍10张照片时，就产生了电影。当数量的增长实现质变时，就由一张照片变成了一部电影。同样的量变到质变的过程也会发生在数据量的增长过程中，比如，当数据量增加到一定的临界规模时，就出现了大模型（将在第5章详细介绍）。大模型基于人工智能算法和巨量的数据，涌现出了一定程度的"人类智能"，深刻影响人类社会生产和生活的各个领域，代表产品包括ChatGPT、文心一言等。

2．数据类型繁多

大数据的数据来源众多，科学研究、企业应用和Web应用等都在源源不断地生成新的、类型繁多的数据。消费者大数据、金融大数据、医疗大数据、城市大数据、工业大数据等都呈现"井喷式"增长，所涉及的数据量巨大，已经从TB级别跃升到PB级别。各行各业每时每刻都在不断产生各种类型的数据。

（1）消费者大数据。中国移动公司拥有超过10亿的用户，每天获取新数据达14TB，累计存储量超过300PB；阿里巴巴平台的月活跃用户超过9亿，单日新增数据超过50TB，累计超过数百PB；百度平台月活跃用户近7亿，日处理数据量达到100PB；腾讯平台月活跃用户超过9亿，每日新增数据数百TB，总存储量达到数百PB；京东平台每日新增数据1.5PB；今日头条日活跃用户3000万，日处理数据量为7.8PB；30%的国人使用外卖平台，周均3次，美团用户6亿，数据超过4.2PB；我国共享单车市场拥有2亿用户、超过700万辆自行车，每天产生30TB数据；携程网每天线上访问量上亿，每日新增数据400TB，存量超过50PB；小米公司的联网激活用户超过3亿，小米云服务数据总量达200PB。

（2）金融大数据。中国平安有8.8亿客户的脸谱和信用信息以及5000万个声纹库；中国工商银行拥有5.5亿个人客户，全行数据超过60PB；中国建设银行用户超过5亿，手机银行用户达到1.8亿，网银用户超过2亿，数据存储能力达到100PB；中国农业银行拥有5.5亿个人客户，日梳理数据达到1.5TB，数据存储量超过15PB；中国银行拥有5亿个人客户，手机银行客户达1.15亿，电子渠道业务替代率达到94%。

（3）医疗大数据。一个人约拥有10^{14}个细胞，10^9个碱基，一次全面的基因测序产生的个人数据可以达到100GB～600GB。华大基因公司2017年产出的数据达到1EB。一次3D核磁共振检查可以产生150MB数据，一张CT图像包含150MB数据。2015年，美国平均每家医院需要管理665TB数据量，个别医院年增数据达到PB级别。

（4）城市大数据。一个8Mbit/s摄像头每小时产生的数据量是3.6GB，每个月产生的数据量达2.53TB。很多城市的摄像头多达几十万个，一个月的数据量达到数百PB，若需要保存3个月，则数据存储量会达到EB量级。北京市政府部门数据总量在2011年达到63PB，2012年达到95PB，2018年达到数百PB。全国政府大数据加起来为数百个甚至上千个阿里巴巴的体量。

（5）工业大数据。Rolls-Royce公司对飞机引擎做一次仿真会产生数十TB的数据。一个汽轮机的扇叶在加工中就可以产生0.5TB的数据，扇叶生产每年会收集3PB数据。叶片每天运行数据为588GB。美国通用电气公司在出厂飞机的每个引擎上装20个传感器，每个引擎每飞行一小时能产生20TB数据并通过卫星传回。清华大学与金风科技公司共建风电大数据平台，2万台风机年运维数据为120PB。

综上所述，大数据的数据类型非常丰富，总体而言可以分成两大类，即结构化数据和非结构化数据。其中，前者占10%左右，主要是指存储在关系数据库中的数据；后者占90%左右，种类繁多，主要包括邮件、音频、视频、微信、微博、位置信息、链接信息、手机呼叫信息、网络日志等。

类型繁多的异构数据对数据处理和分析技术提出了新的挑战，也带来了新的机遇。传统数据主要存储在关系数据库中，但是，在Web 2.0等应用领域中，越来越多的数据开始被存储在NoSQL数据库（非关系数据库）中，这就要求在集成的过程中进行数据转换，而这种转换的过程是非常复杂和难以管理的。传统的OLAP（Online Analytical Processing，联机分析处理）分析和商务智能工具大都面向结构化数据，而在大数据时代，用户友好的、支持非结构化数据分析的商业软件将迎来广阔的市场空间。

3．处理速度快

大数据时代的数据产生速度非常快。在Web 2.0应用领域，1min内，新浪可以产生约2万条微博，Twitter可以产生约10万条推文，苹果应用商店（App Store）的应用下载量约4.7万次，淘宝可以卖出约6万件商品，百度可以进行约90万次搜索查询。大名鼎鼎的大型强子对撞机大约每秒产生6亿次碰撞，每秒生成约700MB数据，有成千上万台计算机分析这些碰撞。

大数据时代的很多应用都需要基于快速生成的数据给出实时分析结果，用于指导生产和生活实践，因此，数据处理和分析的速度通常要达到秒级甚至毫秒级响应，这一点和传统的数据挖掘技术有本质的不同，后者通常不要求给出实时分析结果。

4．价值密度低

大数据虽然看起来很"美"，但是其数据价值密度远远低于传统关系数据库中的数据。在大数据时代，很多有价值的信息都是分散在海量数据中的。以小区监控视频为例，如果没有意外事件发生，连续不断产生的数据都是没有价值的，当发生偷盗等意外情况时，也只有记录了事件过程的那一小段视频有价值。但是，为了能够获得发生偷盗等意外情况时的视频，居民不得不投入大量资金购买监控设备、网络设备、存储设备，耗费大量的电能和存储空间，以保存摄像头连续不断传来的监控数据。

如果感觉这个实例还不够典型，我们可以想象另一个场景。假设一个电子商务网站的运营方希望通过微博数据进行有针对性的营销，为了达到这个目的，其必须构建一个能存储和分析微博数据的大数据平台，使之能够根据用户微博内容进行有针对性的商品需求趋势预测。愿景很美好，但是现实代价很大，这可能需要耗费几百万元来构建整个大数据团队和平台，而最终带来的销售利润增加额可能比投入低许多，从这点来说，大数据的价值密度是较低的。

3.3.5 大数据的影响

大数据对科学研究、思维方式和社会发展都具有重要而深远的影响。在科学研究方面，大数据使人类科学研究在经历了实验、理论、计算3种范式之后，迎来了第4种范式——数据；在社会发展方面，大数据决策逐渐成为一种新的决策方式，大数据应用有力促进了信息技术与各行业深度融合，大数据开发大大推动了新技术和新应用不断涌现；在就业市场方面，大数据的兴起使数据科学家成为热门职业。

1. 大数据对科学研究的影响

大数据的根本价值在于为人类提供认识复杂系统的新思维和新手段。图灵奖获得者、数据库专家吉姆·格雷（Jim Gray）认为，人类在科学研究上先后历经了实验科学、理论科学、计算科学和数据密集型科学4种范式（见图3-19），具体介绍如下。

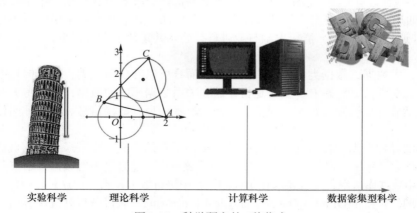

图3-19 科学研究的4种范式

（1）第一种范式：实验科学

在最初的科学研究阶段，人类采用实验来解决一些科学问题，著名的比萨斜塔实验就是一个典型实例。1590年，伽利略在比萨斜塔上做了"两个铁球同时落地"的实验，得出了重量不同的两个铁球同时落地的结论，推翻了亚里士多德"物体下落速度和重量成比例"的学说，纠正了这个持续了1900年之久的错误结论。

（2）第二种范式：理论科学

实验科学的研究会受到当时实验条件的限制，难以完成对自然现象更精确的解释。随着科学的进步，人类开始采用数学、几何、物理等理论构建问题模型和解决方案。例如，牛顿第一定律、牛顿第二定律、牛顿第三定律构成了牛顿力学的完整体系，奠定了经典力学的概念基础，它的广泛传播和运用对人们的生活和思想产生了重大影响，在很大程度上推动了人类社会的发展与进步。

（3）第三种范式：计算科学

1946年，人类历史上第一台通用计算机电子数字积分计算机（Electronic Numerical Integrator and Computer，ENIAC）诞生，人类社会开始步入计算机时代，科学研究也进入一个以"计算"为中心的全新时期。在实际应用中，计算科学主要用于对各个科学问题进行计算机模拟和其他形式的计算。通过设计算法并编写相应程序输入计算机运行，人类可以借助计算机的高速运算能力去解决各种问题。计算机具有存储容量大、运算速度快、精度高、程序可重复执行等特点，是科学研究的利器，推动了人类社会飞速发展。

（4）第四种范式：数据密集型科学

随着数据不断累积，其宝贵价值得到体现，物联网和云计算的出现更是促成了事物发展从量变到质变的转变，使人类社会开启了全新的大数据时代，这时，计算机不仅能进行模拟仿真，还能进行分析总结，得到理论。在大数据环境下，一切以数据为中心，从数据中发现问题、解决问题，真正体现数据的价值。大数据将成为科学工作者的宝藏，从数据中可以挖掘未知模式和有价值的信息，服务于生产和生活，推动科技创新和社会进步。虽然第三种范式和第四种范式都是利用计算机来进行计算，但是，二者还是有本质区别的。在第三种范式中，一般是先提出可能的理论，再搜集数据，然后通过计算来验证。第四种范式则是利用大量已知的数据，通过计算得出之前未知的理论。

2．大数据对社会发展的影响

大数据将对社会发展产生深远的影响，具体表现为：大数据决策成为一种新的决策方式、大数据成为提升国家治理能力的新途径、大数据应用促进信息技术与各行业深度融合、大数据开发不断催生新技术和新应用。

（1）大数据决策成为一种新的决策方式

根据数据制定决策并非大数据时代所特有。从20世纪90年代开始，数据仓库和商务智能工具就开始大量用于企业决策。发展到今天，数据仓库已经是一个集成的信息存储仓库，既具备批量和周期性的数据加载能力，又具备数据变化的实时探测、传播和加载能力，并能结合历史数据和实时数据实现查询分析和自动规则触发，从而提供对战略决策（如宏观决策和长远规划等）和战术决策（如实时营销和个性化服务等）的双重支持。但是，数据仓库以关系数据库为基础，无论是在数据类型还是数据量方面都存在较大的限制。现在，大数据决策可以面向类型繁多的、非结构化的海量数据进行决策分析，已经成为受到追捧的全新决策方式。例如，政府部门可以把大数据技术融入"舆情分析"，通过对论坛、微博、微信、社区等多种来源的数据进行综合分析，弄清或测验信息中本质性的事实和趋势，揭示信息中含有的隐性情报内容，对事物发展做出情报预测，协助实现政府决策，有效应对各种突发事件。

（2）大数据成为提升国家治理能力的新途径

大数据是提升国家治理能力的新途径，政府可以透过大数据发现政治、经济、社会事务中传统技术难以展现的关联关系，并对事物的发展趋势做出准确预判，从而在复杂情况下做出合理、优化的决策；大数据是促进经济转型增长的新引擎，大数据与实体经济深度融合，将大幅度推动传统产业提质增效，促进经济转型、催生新业态，同时，对大数据的采集、管理、交易、分析等业务也正在成长为巨大的新兴市场；大数据是提升社会公共服务能力的新手段，通过打通各政府、公共服务部门的数据，促进数据流转共享，将有效促进行政审批事务的简化，提高公共服务的效率，更好地服务民生，提升人民群众的获得感和幸福感。

（3）大数据应用促进信息技术与各行业深度融合

有专家指出，大数据将会在未来10年改变几乎每一个行业的业务功能。互联网、银行、保险、交通、材料、能源、服务等行业领域不断累积的大数据将加速推进这些行业与信息技术深度融合，开拓行业发展的新方向。例如，大数据可以帮助快递公司选择运费成本最低的最佳行车路径，协助投资者选择收益最大化的股票投资组合，辅助零售商有效定位目标客户群体，帮助互联网公司实现广告精准投放，还可以让电力公司做好配送电计划确保电网安全等。总之，大数据所触及的社会生产和生活的每个角落都会产生巨大而深刻的变化。

（4）大数据开发不断催生新技术和新应用

大数据的应用需求是大数据新技术开发的源泉。在各种应用需求的强烈驱动下，各种突破性的大数据技术将被不断提出并得到广泛应用，数据的能量也将不断得到释放。在不远的将来，原来那些依靠人类自身判断力的领域应用，将逐渐被各种基于大数据的应用所取代。例如，过去的汽车保险公司只能凭借少量的车主信息对客户进行简单类别划分，并根据客户的汽车出险次数给予相应的保费优惠方案，客户选择哪家保险公司都没有太大差别。随着车联网的出现，汽车大数据将会深刻改变汽车保险业的商业模式，如果某家商业保险公司能够获取客户车辆的相关细节信息，并利用事先构建的数学模型对客户等级进行更加细致的判定，给予更加个性化的"一对一"优惠方案，那么毫无疑问，这家保险公司将具备明显的市场竞争优势，获得更多客户的青睐。

3．大数据对就业市场的影响

大数据的兴起使数据科学家成为热门职业。在2010年，高科技劳动力市场上还很难见到数据科学家这一职位，但此后，数据科学家逐渐成为市场上热门的职位之一，具有广阔发展前景。

互联网企业和零售、金融类企业都在积极争夺大数据人才，数据科学家成为大数据时代紧缺的人才。国内有大数据专家估算过，目前国内的大数据人才缺口达到130万，以大数据应用较多的互联网金融行业为例，该行业每年大数据人才的需求量迅速增长，增速达到4倍。

目前，我国用户还主要局限在结构化数据分析阶段，尚未进入通过对半结构化和非结构化数据进行分析，捕捉新的市场空间阶段。但是，大数据中包含大量的非结构化数据，未来将会产生大量针对非结构化数据分析的市场需求，因此，未来我国市场对掌握大数据分析专业技能的数据科学家的需求会逐年递增。

尽管有少数人认为，未来更多的数据会采用自动化处理，对数据科学家的需求会逐渐下降，但是，有更多的人认为，随着数据科学家给企业带来的商业价值得到体现，市场对数据科学家的需求会越发旺盛。

大数据产业是战略新型产业和知识密集型产业，大数据企业对大数据高端人才和复合人才需求旺盛。除了追求大数据人才数量，各企业为提高自身技术壁垒和竞争实力，对大数据人才的质量提出了较高的要求，拥有数据架构、数据挖掘与分析、产品设计等专业技能的大数据人才备受企业关注，高层次大数据人才供不应求。调研结果显示，大数据人才需求岗位TOP10的需求度为31.1% ～ 68.9%，其中大数据架构师成为大数据相关企业需求量最大的岗位，68.9%的企业需要这类人才；对大数据工程师、数据产品经理、系统研发人员有需求的企业数均超过一半。大数据人才需求岗位TOP10中的其他岗位分别为数据分析师、应用开发人员、数据科学家、机器学习工程师、数据挖掘分析师、数据建模师。

3.3.6 大数据技术

人们谈到大数据时，往往并非仅指数据本身，而是数据和大数据技术二者的综合。所谓大数据技术，是指伴随着大数据的采集、存储、分析和应用的相关技术，是使用非传统工具对大量的结构化、半结构化和非结构化数据进行处理，从而获得分析和预测结果的一系列数据处理和分析技术。

讨论大数据技术时，首先要了解大数据的基本处理流程，主要包括数据采集、存储、分析和结果呈现等环节。数据无处不在，互联网网站、政务系统、零售系统、办公系统、自动化生产系统、监控摄像头、传感器等，每时每刻都在不断产生数据。这些分散在各处的数据，需要采用相应的设备或软件进行采集。采集到的数据通常无法直接用于后续的数据分析，因为对来源众多、类型多样的数据而言，数据缺失和语义模糊等问题是无法避免的，必须采取相应措施解决这些问题，这就需要一个被称为"数据预处理"的过程，把数据变成一个可用的状态。数据经过预处理后，会被存放到文件系统或数据库系统中进行存储与管理，然后可采用数据挖掘工具对数据进行处理分析，最后采用可视化工具呈现结果。在整个数据处理过程中，必须注意隐私保护和数据安全。

从数据分析全流程的角度，大数据技术主要包括数据采集与预处理、数据存储和管理、数据处理与分析、数据可视化、数据安全和隐私保护等几个层面的内容，具体如表3-5所示。

表3-5　大数据技术的不同层面及其功能

层面	功能
数据采集与预处理	利用抽取-转换-加载（Extract-Transform-Load，ETL）工具将分布的、异构数据源中的数据，如关系数据、平面数据文件等，抽取到临时中间层后进行清洗、转换、集成，最后加载到数据仓库或数据集市中，成为联机分析处理、数据挖掘的基础；利用日志采集工具（如Flume、Kafka等）把实时采集的数据作为流计算系统的输入，进行实时处理分析；利用网页爬虫程序到互联网网站中爬取数据
数据存储和管理	利用分布式文件系统、数据仓库、关系数据库、NoSQL数据库、云数据库等，实现对结构化、半结构化、非结构化海量数据的存储和管理
数据处理与分析	利用分布式并行编程模型和计算框架（如MapReduce、Spark、Flink等），结合机器学习和数据挖掘算法，实现对海量数据的处理和分析
数据可视化	对分析结果进行可视化呈现，帮助人们更好地理解数据、分析数据
数据安全和隐私保护	在从大数据中挖掘潜在的巨大商业价值和学术价值的同时，构建隐私数据保护体系和数据安全体系，有效保护个人隐私和数据安全

3.3.7　大数据的应用

大数据价值创造的关键在于大数据的应用，随着大数据技术飞速发展，大数据应用已经融入各行各业，其层次也在不断深化。

1. 大数据在各个领域的应用

"数据，正在改变甚至颠覆我们所处的整个时代"，《大数据时代：生活、工作与思维的大变革》一书的作者维克托·迈尔-舍恩伯格教授如此感慨道。发展到今天，大数据已经无处不在，表3-6展示了大数据在各个领域的应用情况。

表3-6　大数据在各个领域的应用情况

领域	应用情况
制造业	利用工业大数据提升制造业水平，包括产品故障诊断与预测、分析工艺流程、改进生产工艺、优化生产过程能耗、工业供应链分析与优化、生产计划与排程
金融行业	大数据在高频交易、社交情绪分析和信贷风险分析三大金融创新领域发挥重要作用
汽车行业	利用大数据和物联网技术打造的无人驾驶汽车将在不远的未来融入人们的日常生活
互联网行业	借助大数据技术，可以分析用户行为，进行商品推荐和有针对性的广告投放
餐饮行业	利用大数据实现餐饮O2O模式，彻底改变传统餐饮经营方式
电信行业	利用大数据技术实现用户离网分析，及时掌握用户离网倾向，出台用户挽留措施
能源行业	随着智能电网的发展，电力公司可以掌握海量的用户用电信息，利用大数据技术分析用户用电模式，改进电网运营模式，合理地设计电力需求响应系统，确保电网运行安全
物流行业	利用大数据优化物流网络，提高物流效率，降低物流成本
城市管理	利用大数据实现智能交通、环保监测、城市规划和智能安防
生物医学	大数据可以帮助人们实现流行病预测、智慧医疗、健康管理，同时还可以帮助人们解读DNA，了解更多的生命奥秘
体育和娱乐	大数据可以帮助人们训练球队，筛选影视作品题材，以及预测比赛结果
安全领域	政府可以利用大数据技术构建起强大的国家安全保障体系，企业可以利用大数据抵御网络攻击，警察可以借助大数据来预防犯罪
个人生活	利用与每个人相关联的"个人大数据"分析个人生活行为习惯，提供更加周到的个性化服务

就企业而言，大数据可以转化为经济价值，普遍做法是把数据收集、分析和应用融入商业活动的每一个环节（尤其是营销环节）。淘宝网通过挖掘、处理用户浏览页面和购买的数据，为用户提供个性化建议并推荐新的产品，以达到提高销售额的目的。有些企业利用大数据分析研判市场形势，部署经营战略，开发新的技术和产品，以期迅速占领市场制高点。大数据宛如一股"洪流"注入世界经济，成为全球各个经济领域的重要组成部分。

就政府而言，大数据的发展将会提高政府科学决策水平，让政府决策用数据说话，利用大数据分析社会、经济、人文生活等规律，从而为国家宏观调控、战略决策、产业布局等夯实根基；通过大数据分析社会公众和企业的行为，可以增强政府的公共服务水平；采用大数据技术，还可实现城市管理由粗放式向精细化转变，提高政府、社会管理水平。在政治活动领域也开始出现大数据的身影。美国大选期间，奥巴马团队曾经创新性地将大数据应用到总统大选中，在锁定目标选民、筹集竞选经费、督促选民投票等各个环节，大数据都发挥了至关重要的作用，数据驱动的竞选决策帮助奥巴马成功当选美国总统。

在医疗领域，大数据也有不俗表现。医院通过分析监测器采集的数百万个新生儿重症监护病房的数据（如体温、心率等），可以研判新生儿是否存在感染潜在致命性传染疾病的可能，为制订预防和应对措施奠定基础，而早期的感染迹象并不是经验丰富的医生通过巡视查房就可以发现的。华盛顿中心医院为减少患者感染率和再入院率，对多年来的匿名医疗记录（如检查、诊断、治疗资料及人口统计资料等）进行了统计分析，发现在患者出院后对其进行心理方面的医学干预，可能更有利于他们的身体健康。

此外，大数据也悄然影响绿茵场上的较量。在2014年的巴西世界杯中，大数据成为德国队夺冠的"秘密武器"。美国媒体评论称，大数据堪称德国队的"第十二人"。德国队不仅通过大数据来分析自己球员的特色和优势，优化团队配置，提升球队作战能力，还通过分析对手的技术数据，确定相应的战略战术，找到世界杯比赛的制胜之道。总而言之，大数据的身影无处不在，时时刻刻影响和改变人们的生活以及理解世界的方式。

2．大数据应用的3个层次

按照数据开发应用深入程度的不同，可将众多的大数据应用分为3个层次。

第一层，描述性分析应用，是指从大数据中总结、抽取相关的信息和知识，帮助人们分析发生了什么，并呈现事物的发展历程。例如，美国的DOMO公司从其企业客户的各个信息系统中抽取、整合数据，再以统计图表等可视化形式将数据蕴含的信息推送给不同岗位的业务人员和管理者，帮助其更好地了解企业现状，进而做出判断和决策。

第二层，预测性分析应用，是指从大数据中分析事物之间的关联关系、发展模式等，并据此对事物发展的趋势进行预测。例如，微软公司纽约研究院研究员大卫·罗斯柴尔德（David Rothschild）通过收集和分析证券交易所、社交媒体等的大量公开数据建立预测模型，对多届奥斯卡奖项的归属进行预测，在2014年和2015年均准确预测了奥斯卡24个奖项中的21个。

第三层，指导性分析应用，是指在前两个层次的基础上分析不同决策将导致的后果，并对决策进行指导和优化。例如，无人驾驶汽车通过分析高精度地图数据和海量的激光雷达、摄像头等传感器的实时感知数据，对车辆不同驾驶行为的后果进行预判，并据此指导车辆的自动驾驶。

当前，在大数据应用的实践中，描述性分析应用、预测性分析应用更多，指导性分析应用等更深层次的应用偏少。

一般而言，人类做出决策的流程通常包括认知现状、预测未来和选择策略这3个基本步骤。这3个步骤对应上述大数据应用的3个不同层次。不同层次的应用意味着人类和计算机在决策流程中不同的分工与协作。例如，第一层的描述性分析应用中，计算机仅负责将与现状相关的信息和知识展现给人类专家，而对未来态势的判断及对最优策略的选择仍然由人类专家完成。应用层次越深，计算机承担的任务越多、越复杂，数据分析的效率提升也越大，因此所作出决策的价值也越大。然而，随着研究应用的不断深入，人类逐渐意识到前期在大数据分析应用中大放异彩的深度神经网络尚存在基础理论不完善、模型不具可解释性、鲁棒性较差等问题。因此，虽然应用层次最深的指导性分析应用已在人机博弈等非关键性领域取得较好的成绩，但是，自动驾驶、政府决策、军事指挥、医疗健康等方面的应用价值更高，且与人类生命、财产、发展和安全紧密关联的领域仍面临一系列重大基础理论和核心技术挑战，大数据应用仍处于初级阶段。

未来，随着大数据应用领域的拓展、技术的提升、数据共享开放机制的完善，以及产业生态的成熟，具有更大潜在价值的预测性分析应用和指导性分析应用将是发展的重点。

3.3.8 大数据产业

大数据产业是指一切与支撑大数据组织管理和价值发现相关的企业经济活动的集合。大数据产业包括IT基础设施层、数据源层、数据管理层、数据分析层、数据平台层和数据应用层等环节，具体如表3-7所示。

表3-7　大数据产业的各个环节

环节	简介
IT基础设施层	包括提供硬件、软件、网络等基础设施以及提供咨询、规划和系统集成服务的企业，如提供数据中心解决方案的IBM、惠普和戴尔等，提供存储解决方案的EMC，提供虚拟化管理软件的微软、思杰、SUN、Red Hat等
数据源层	大数据生态圈里的数据提供者，是生物（生物信息学领域的各类研究机构）大数据、交通（交通主管部门）大数据、医疗（各大医院、体检机构）大数据、政务（政府部门）大数据、电商（淘宝、天猫、苏宁易购、京东等电商）大数据、社交网络（微博、微信、人人网等）大数据、搜索引擎（百度、谷歌等）大数据等各种数据的来源
数据管理层	包括与提供数据抽取、转换、存储和管理等服务相关的各类企业或产品，如分布式文件系统（如Hadoop的HDFS和谷歌的GFS）、ETL工具（如Informatica、Datastage、Kettle等）、数据库和数据仓库（如Oracle、MySQL、SQL Server、HBase、GreenPlum等）
数据分析层	包括与提供分布式计算、数据挖掘、统计分析等服务相关的各类企业或产品，如分布式计算框架MapReduce、统计分析软件SPSS和SAS、数据挖掘工具Weka、数据可视化工具Tableau、BI工具（如MicroStrategy、Cognos、BO）等
数据平台层	包括与提供数据共享、数据分析、数据租售等服务相关的企业或产品，如阿里巴巴、谷歌、中国电信、百度等
数据应用层	提供智能交通、智慧医疗、智能物流、智能电网等行业应用的企业、机构或政府部门，如交通主管部门、各大医疗机构、菜鸟网络、国家电网等

目前，我国已形成中西部地区、环渤海地区、珠三角地区、长三角地区、东北地区5个大数据产业区。在政府管理、工业升级转型、金融创新、医疗保健等领域，大数据行业应用已逐步深入。一些地方政府也在积极尝试以"大数据产业园"为依托，加快发展本地的大数据产业。大数据产业园是大数据产业的聚集区或大数据技术的产业化项目孵化区，是大数据企业的孵化平台以及大数据企业走向产业化道路的集中区域。2015年，大数据上升为国家战略，经过几年的迅猛发展，各地方积极建设了一批大数据产业园，这些大数据产业园是重要的大数据产业集聚区和创新中心，能够为新经济、新动能提供优质土壤，支撑本地大数据产业高质量发展。从园区分布区域来看，我国大数据产业园发展水平与所在地区信息技术产业发展水平直接相关。华东、中南地区大数据产业园数量多、种类丰富，其中湖南、河南均拥有十余个大数据产业园。华北、西南地区大数据产业园数量相对较少，内蒙古、重庆和贵州作为国家大数据综合实验区，积极布局大数据产业园区。西北、东北地区在大数据园区建设方面发力不足，仍有较大的进步空间，其中西北地区的甘肃与宁夏作为"东数西算"工程的国家枢纽节点，有望以数据流引领物资流、人才流、技术流、资金流在甘肃和宁夏集聚，带动其大数据产业园区的建设和发展。从园区种类来看，一些地区立足错位发展，建设了一批特色突出的大数据产业园，健康医疗大数据产业园、地理空间大数据产业园、先进制造业大

数据产业园等开始涌现，引领大数据产业园特色化创新发展，其中江苏、山东、安徽、福建等省份均建设了健康医疗大数据产业园。

经过多年的建设与发展，国内涌现出了一批具有代表性的大数据产业园区。陕西西咸新区沣西新城在信息产业园中规划了国内首家以大数据处理与服务为特色的产业园区。贵安新区是南方数据中心核心区和全国大数据产业集聚区，贵安新区电子信息产业园是贵安新区发展大数据的重要载体，优先发展以大数据为重点的新一代电子信息产业技术；为解决人才难题，园区开设了华为大数据学院，实现企业化运营管理，为贵安新区培训、输送大批大数据产业技能人才。中关村大数据产业园已经成为大数据产业的集聚区，构建了完善的大数据产业链，覆盖大数据产业的各个环节，数据源、数据采集、数据处理、数据存储、数据分析、数据可视化、数据应用和数据安全等方面均有相应的企业在从事数据研究与市场开发。位于重庆市的仙桃数据谷主要布局大数据、人工智能、物联网等前沿产业，致力于打造具有国际影响力的中国大数据产业生态谷。盐城大数据产业园是江苏省唯一一个部省市合作建设的国家级大数据产业基地，已被纳入江苏省互联网经济、云计算和大数据产业发展总体规划，是中韩（盐城）产业园的重要组成部分。佛山市南海区大数据产业园以"互联网＋大数据＋特色园区"为发展模式，积极引入大数据产业项目，承接北上广深大数据产业转移，培育大数据孵化项目。位于福建省泉州市安溪县龙门镇的中国国际信息技术（福建）产业园（见图3-20）于2015年5月建成投入运营，是福建省第一个大数据产业园区，致力于以大规模、多等级数据中心为核心构建以信息技术服务外包为主的绿色生态产业链，打造集数据集中、安全管理、云服务、电子商务、数字金融、信息技术教育、国际交流、投融资环境等功能为一体，覆盖福建、辐射海西的国际一流高科技信息技术产业园区。

图3-20　中国国际信息技术（福建）产业园实景

3.3.9　大数据与数字经济

大数据是信息技术发展的必然产物，更是信息化进程的新阶段，其发展推动了数字经济的形成与繁荣。当前，我国数字经济发展迅速，生态体系正加速形成，而大数据已成为数字经济这种全新经济形态的关键生产要素。通过数据资源的有效利用以及开放的数据生态体系，数字价值可以得到充分释放，从而驱动传统产业的数字化转型升级和新业态的培育发展，提高传统产业劳动生产率，培育新市场和产业新增长点，促进数字经济持续发展创新。

1. 大数据是数字经济的关键生产要素

随着信息通信技术的广泛运用，以及新模式、新业态的不断涌现，人类的社会生产生活方式正在发生深刻变革，数字经济作为一种全新的社会经济形态，正逐渐成为全球经济增长重要的驱动力。历史证明，每一次人类社会重大的经济形态变革必然产生新的生产要素，形成先进生产力，如同农业时代以土地和劳动力、工业时代以资本为新的生产要素一样，数字经济作为继农业经济、工业经济之后的一种新兴经济社会发展形态，也将产生新的生产要素。

数字经济与农业经济、工业经济不同，它是以新一代信息技术为基础，以海量数据的互联和应用为核心，将数据资源融入产业创新和升级各个环节的新经济形态。一方面，信息技术与经济社会的交汇融合，特别是物联网产业的发展，引发数据量迅猛增长，大数据已成为社会基础性战略资源，蕴藏巨大潜力和能量。另一方面，数据资源与产业的交汇融合促使社会生产力发生新的飞跃，大数据成为驱动整个社会运行和经济发展的新兴生产要素，在生产过程中与劳动力、土地、资本等其他生产要素协同创造社会价值。相比其他生产要素，数据资源具有的可复制、可共享、无限增长和供给的禀赋，打破了自然资源有限供给对增长的制约，为持续增长和永续发展提供了基础与可能，成为数字经济发展的关键生产要素和重要资源。

2. 大数据是发挥数据价值的使能因素

市场经济要求生产要素商品化，以商品形式在市场上通过交易实现流动和配置，从而形成各种生产要素市场。大数据是数字经济的关键生产要素，构建数据要素市场是发挥市场在资源配置中的决定性作用的必要条件，是发展数字经济的必然要求。2015年，《促进大数据发展行动纲要》明确提出"引导培育大数据交易市场，开展面向应用的数据交易市场试点，探索开展大数据衍生产品交易，鼓励产业链各环节的市场主体进行数据交换和交易"。大数据发展将重点推进数据流通标准和数据交易体系建设，促进数据交易、共享、转移等环节规范有序，为构建数据要素市场，实现数据要素的市场化和自由流动提供可能。

大数据资源更深层次的处理和应用仍然需要使用大数据，通过大数据分析将数据转化为可用信息，是数据作为关键生产要素实现价值创造的路径演进和必然结果。从构建要素市场、实现生产要素市场化流动到数据的清洗分析，数据要素的市场价值提升和自生价值创造无不需要大数据作为支撑，大数据成为发挥数据价值的使能因素。

3. 大数据是驱动数字经济创新发展的核心动能

推动大数据在社会经济各领域的广泛应用，加快传统产业数字化、智能化，催生数据驱动的新兴业态，能够为我国经济转型发展提供新动力。大数据是驱动数字经济创新发展的重要抓手和核心动能。

大数据驱动传统产业向数字化和智能化方向转型升级，是数字经济推动效率提升和经济结构优化的重要抓手。大数据加速渗透和应用到社会经济的各个领域，通过与传统产业进行深度融合，提升传统产业生产效率和自主创新能力，深刻变革传统产业的生产方式和管理、营销模式，驱动传统产业实现数字化转型。电信、金融、交通等服务行业利用大数据探索客户细分、风险防控、信用评价等应用，加快业务创新和产业升级步伐。工业大数据贯穿于工业的设计、工艺、生产、管理、服务等各个环节，使工业系统具备描述、诊断、预测、决策、控制等智能化功能，推动工业走向智能化。利用大数据可为农作物栽培、气候分析等提供有力依据，提高农业生产效率，推动农业向数据驱动的智慧生产方式转型。大数据为传统产业的创新转型、优化升级提供重要支撑，引领和驱动传统产业实现数字化转型，推动传统经济模式向形态更高级、分工更优化、结构更合理的数字经济模式演进。

大数据推动不同产业之间的融合创新，不断催生新业态与新模式，是数字经济创新驱动能力的重要体现。首先，大数据产业自身催生出数据交易、数据租赁服务、分析预测服务、决策外包服务等新兴产业业态，同时推动可穿戴设备等智能终端产品的升级，促进电子信息产业提速发展。其次，大数据与行业应用领域深度融合和创新，使传统产业在经营模式、盈利模式和服务模式等方面发生变革，涌现出互联网金融、共享单车等新平台、新模式和新业态。最后，基于大数据的创新创业日趋活跃，大数据技术、产业与服务成为社会资本投入的热点。大数据的共享开放成为促进"大众创业、万众创新"的新动力。由技术创新驱动的经济创新是数字经济实现经济包容性增长和发展的关键驱动力。随着大数据技术被广泛接受和应用，诞生出的新产业、新消费、新组织形态，以及随之而来的创新创业浪潮、产业转型升级、就业结构改善、经济提质增效，正是数字经济的内在要求及创新驱动能力的重要体现。

3.3.10 大数据与5G网络

5G网络是移动通信技术的最新发展成果，它代表更快、更稳定、更智能的通信体验。我国的华为公司是全球5G领域的领导者。与之前的移动通信技术相比，5G网络可提供更高的数据传输速率、网络延迟更低、支持更大的连接数量，具体介绍如下。

（1）提供更高的数据传输速率。理论上，5G网络的传输速率可以达到20Gbit/s，是4G网络的10倍左右。这意味着用户可以更快地下载和上传数据，观看高清视频时不会卡顿，以及在几乎实时的情况下进行在线游戏和视频通话。

（2）网络延迟更低。延迟是指从发送方发出信号到接收方接收到信号所需要的时间。5G网络的延迟非常低，可以达到毫秒级，这意味着用户可以更快地接收响应，减少了用户的等待时间，提高了用户的交互体验。

（3）支持更大的连接数量。这意味着5G网络可以同时处理更多的设备连接，无论是智能手机、平板电脑还是物联网设备。这对于物联网、智能家居等应用场景尤为重要，可以实现更加智能化的设备管理和控制。

大数据与5G网络之间存在紧密的关系，二者是相互促进的。大数据的产生离不开5G网络的支持。随着物联网、云计算、人工智能等技术的快速发展，社会每天都在产生大量的数据，这些数据来自各个领域，包括社交媒体、金融、医疗、交通等。为了对这些数据进行处理和分析，我们需要高速、低延迟的通信网络，而5G网络正好满足了这一需求。大数据的特性决定了它需要大规模的存储和计算能力，而5G网络可以提供更高的数据传输速率和更低的延迟，这使大数据的处理和分析更加高效、准确。

3.3.11 大数据与新质生产力

1．什么是新质生产力

新质生产力有别于传统生产力。传统生产力以第一次和第二次科技革命与产业革命为基础，以机械化、电气化、化石能源、黑色化（或者说灰色化，即资源消耗多、环境污染比较严重）、不可持续为主要特征。新质生产力以第三次和第四次科技革命与产业革命为基础，以信息化、网络化、数字化、智能化、自动化、绿色化、高效化为主要特征。新质生产力是由技术革命性突破、生产要素创新性配置、产业深度转型升级而催生的当代先进生产力，它以劳动者、劳动资料、劳动对象及其优化组合产生质变为基本内涵，以全要素生产率提升为核心标志。

从经济学角度看，新质生产力代表一种生产力的跃迁。它是科技创新在其中发挥主导作用的生产力，高效能、高质量，区别于依靠大量资源投入、高度消耗资源能源的生产力发展方式，是摆脱了传统增长路径、符合高质量发展要求的生产力，是数字时代更具融合性、更体现新内涵的生产力。

从信息技术发展的角度而言，新质生产力是指大量运用大数据、人工智能、物联网、云计算等新技术，与高素质劳动者、现代金融等要素紧密结合，而催生的新产业、新技术、新产品和新业态。

2．大数据与新质生产力的关系

大数据与新质生产力之间的关系是复杂而深远的。新质生产力是指以现代科技为核心的生产力，大数据则是这种生产力的关键组成部分。二者的关系具体如下。

（1）大数据是新质生产力的重要组成部分。随着互联网、物联网、人工智能等技术的发展，数据已经成为现代社会重要的资源之一。大数据技术可以帮助人们更好地处理、分析和利用这些数据，从而为企业、政府和社会创造更大的价值。因此，大数据是新质生产力的关键组成部分，它能够推动社会经济快速发展。

（2）大数据是新质生产力的推动力。大数据技术的应用可以推动新质生产力发展。例如，通过大数据分析，企业可以更好地了解市场需求和消费者行为，从而优化产品设计和营销策略，提高生产效率和竞争力。同时，大数据技术也可以帮助企业预测市场趋势和风险，从而提前做出战略布局和决策。

（3）大数据是新质生产力的创新源泉。大数据技术的应用可以激发企业、政府和社会的创新活力。通过数据分析，人们可以发现一些隐藏在数据中的规律和趋势，从而产生新的思想和创意。这些思想和创意可以转化为新的产品、服务及商业模式，推动新质生产力发展和创新。

3.4　人工智能

近年来，人类社会的科技发展非常迅速，由信息时代步入了智能时代，人工智能技术成为未来时代的主题。人工智能（Artificial Intelligence，AI）从20世纪50年代被明确提出以来，已经有了可观的发展。2016年3月，人工智能系统AlphaGo以4∶1的总比分战胜围棋世界冠军、职业九段棋手李世石，让世人瞩目。2023年，以ChatGPT为代表的大模型技术火遍全球，再度颠覆了人们对于人工智能的认知。今天，人工智能技术已经彻底融入我们的生活，无论是吃饭、睡觉还是使用计算机、智能手机，都有人工智能的身影，哪怕是一个简单的搜索引擎，都可以根据我们的喜好来进行智能推荐。

本节首先介绍人工智能的定义和发展历程；然后介绍人工智能的要素和关键技术；最后介绍人工智能应用和人工智能产业，以及智能体。

3.4.1　什么是人工智能

要了解什么是人工智能，首先需要了解什么是智能。本小节先介绍智能的概念，然后阐述人工智能的定义，最后介绍强人工智能与弱人工智能。

1. 什么是智能

智能是一个复杂的概念，它涉及多个方面和层次。一般来说，智能是指生物一般性的精神能力，指人认识、理解客观事物并运用知识、经验等解决问题的能力，包括记忆、观察、想象、思考、判断等。智能也包括一些更高级的能力，如理解、分析、推理、学习、规划和自我改进等。

多元智能理论是由美国教育学家和心理学家霍华德·加德纳（Howard Gardner）提出的，它是一种全新的人类智能结构理论。这一理论认为，智能是创造力和解决问题能力的体现，而智能本身是多元化的，每个人都具有多种类型的智能。

根据多元智能理论，每个人至少有7种智能，即语言智能、数理逻辑智能、音乐智能、空间智能、身体运动智能、人际关系智能、自我认知智能，具体介绍如下。

（1）语言智能。这种智能主要指个体有效地运用口头语言和文字的能力，包括听说读写4种能力。这种智能表现为个体能够流畅、高效地使用语言来描述事件、表达思想并与人进行有效的交流。作家、演说家、记者、编辑、节目主持人、播音员和律师等职业对这种智能有较高的要求。

（2）数理逻辑智能。这种智能是指有效地计算、测量、推理、归纳、分类并进行复杂的数学运算的能力。从事与数字相关的工作的专业人士特别需要具备有效运用数字和推理的智能。他们通过推理来思考和学习，喜欢提出问题并进行实验以寻找答案。他们善于寻找事物的规律和逻辑顺序，并对科学的新发展保持浓厚的兴趣。他们也善于寻找他人言谈和行为中的逻辑缺陷，并且更容易接受可被测量、归类和分析的事物。

（3）音乐智能。这种智能主要是指个体对音调、旋律、节奏和音色等音乐元素的敏锐感知能力。它表现为个人能够敏锐地感知音乐节奏、音调、音色和旋律，以及通过作曲、演奏和歌唱等方式来表达音乐。作曲家、指挥家、歌唱家、乐师、乐器制作者以及音乐评论家等人员具有较强的音乐智能。

（4）空间智能。空间智能是指个体对色彩、线条、形状、形式、空间及其关系具有敏感性，能通过平面图形和立体造型将它们表现出来，能够感受、辨别、记忆和改变物体空间关系并借此表达思想和情感的能力。具备这种智能的个体能够准确地感觉视觉空间，并将其所知觉到的表现出来，在学习时通常使用意象和图像进行思考。空间智能可以进一步划分为形象的空间智能和抽象的空间智能两种。形象的空间智能是画家的特长，而抽象的空间智能是几何学家的特长。建筑学家则同时具备形象和抽象的空间智能。

（5）身体运动智能。这种智能主要是指人调节身体运动及巧妙地用双手改变物体的技能，表现为能够较好地控制自己的身体，对事件能够做出恰当的身体反应，以及善于利用身体语言来表达自己的思想。运动员、舞蹈家、外科医生、手艺人都有这种智能优势。

（6）人际关系智能。人际关系智能是指个体能够有效地理解他人及其关系，并具备与人交往的能力。这种智能包括四大要素：①组织能力，包括群体动员与协调能力，能够组织和指导团队，促进成员之间的协作；②协商能力，指仲裁与排解纷争的能力，能够通过沟通和协商解决冲突，维护和谐的人际关系；③分析能力，指能够敏锐察知他人的情感动向与想法，了解他人的需求和感受，从而建立密切关系的能力；④人际联系，指关心他人、善解人意、适应团体合作的能力，能够与他人建立良好的互动和合作关系。具备人际关系智能的人自信、善于沟通、善于表达情感，并且能够有效地处理人际关系中的各种问题。

（7）自我认知智能。这种智能主要是指个体能够认识自我，准确把握自己的优点和缺点，能够控制自己的情绪、意向、动机和欲望，对自己的生活有明确的规划和目标，能够保持自尊和自律，并且能够吸收他人的优点。具备这种智能的人会通过各种反馈渠道了解自己的优劣，经常静思以规划自己的人生目标。他们喜欢独处，以深入自我思考的方式来看待问题。他们喜欢独立工作，并拥有自我选择的自由空间。优秀的政治家、哲学家、心理学家和教师等人员具有较强的自我认知智能。

2．人工智能的定义

人工智能目前还没有统一的定义。约翰·麦卡锡（John McCarthy）认为，人工智能就是要让机器的行为看起来像人所表现出的智能行为一样。尼尔逊（Nilsson）认为，人工智能是关于人造物的智能行为，包括知觉、推理、学习、交流和在复杂环境中的行为。巴尔（Barr）和费根鲍姆（Feigenbaum）认为，人工智能是计算机科学的一个分支，旨在设计智能的计算机系统，也就是说，对照人类在自然语言理解、学习、推理、问题求解等方面的智能行为，设计的系统应呈现出与之类似的特征。

本书认为，人工智能是研究、开发用于模拟、延伸和扩展人的智能的理论、方法、技术及应用系统的一门新的技术科学。人工智能知识体系涉及多个学科，包括数学、逻辑学、归纳学、统计学、系统学、控制学、计算机科学等。

3．强人工智能与弱人工智能

强人工智能是指能够完全取代人类工作的人工智能，它具有自我思考和学习的能力，能够模仿人类的决策和行为。强人工智能的目标是创造能够像人类一样思考和感知的智能机器。与弱人工智能不同，强人工智能具有适应性、创造性和自主性等特点，能够处理复杂的问题，并提供创新的解决方案。它使用一系列的算法和技术（如机器学习、深度学习、自然语言处理、计算机视觉等）来模拟人类的思维与行为。

弱人工智能是指不能制造出真正能推理和解决问题的智能机器的人工智能，这些机器只不过看起来是智能的，但并不具备真正的智能和自主意识。

弱人工智能有许多应用，包括问题求解、逻辑推理与定理证明、自然语言理解、专家系统、机器学习、人工神经网络、机器人学、模式识别、机器视觉等。在图像识别领域，基于深度学习的人脸识别、物体识别、行为识别等在医疗、交通、教育等行业都有广泛的用途，能够有效提高安全防范水平，打击犯罪和恐怖主义，惩治交通违法行为，提升交通安全水平等。"深度学习+数据"模式甚至在文学创作、司法审判、新闻编辑、音乐和美术作品创作等方面有惊人的表现，能够极大地提升工作效率和质量，降低人类的工作强度，激发人类的创作灵感，创作出更好的作品。

3.4.2 人工智能的发展历程

人工智能自诞生以来，发展过程颇为坎坷，目前正处于增长爆发期。

1．图灵测试

1950年，被誉为"计算机之父"和"人工智能之父"的艾伦·图灵（Alan Turing）发表了论文《计算机器与智能》，这篇论文被誉为人工智能科学的开山之作。在论文的开篇，图灵提出了一个引人深思的问题："机器能思考吗？"这个问题激发了人们无尽的想象，同时也奠定了人工智能的基本概念和雏形。

在这篇论文中，图灵提出了鉴别机器是否具有智能的方法，这就是人工智能领域著名的图灵测试，如图3-21所示。其基本思想是测试者在与被测试者（一个人和一台机器）隔离的情况下，通过一些装置（如键盘）向被测试者随意提问，进行多次测试后，如果有30%的测试者不能确定被测试者是人还是机器，那么这台机器就通过了测试，并被认为具有人类智能。

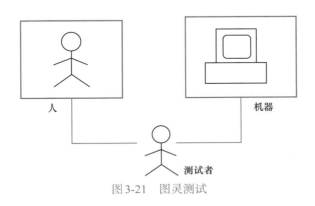

图3-21　图灵测试

2．人工智能的诞生

人工智能的诞生可以追溯到20世纪50年代。当时，计算机科学刚刚起步，人们开始尝试通过计算机程序来模拟人类的思维和行为。在这个背景下，一些杰出的科学家和工程师开始研究如何使计算机具备更高级的功能。

1956年8月，在美国达特茅斯学院举办的人工智能夏季研讨会是人工智能领域具有里程碑意义的一次重要会议。这次会议汇聚了众多杰出的科学家和工程师，他们共同探讨和研究人工智能的发展与应用前景。

这次会议围绕人工智能的定义、研究方法和应用场景展开。与会者深入探讨了人工智能的基本概念、算法和技术，以及其在各个领域的应用潜力。他们认识到，人工智能的研究与发展将为人类带来巨大的变革和进步。

在这次会议上，约翰·麦卡锡首次提出了"人工智能"这个词汇。与会者不仅对人工智能的研究和应用前景进行了深入探讨，还提出了许多重要的观点和思路，为人工智能的发展奠定了基础。这次会议的召开标志着人工智能作为一个独立学科正式诞生，因此，这次会议被称为"人工智能的开端"，1956年也被称为"人工智能元年"。这次会议不仅为人工智能的研究和发展奠定了基础，还为人类带来巨大的变革和进步。

3．人工智能的发展阶段

从1956年至今，人工智能的发展经历了漫长的岁月，大致可以划分为以下6个阶段（见图3-22）。

（1）起步发展期。20世纪50年代至60年代初期，人工智能的研究刚刚起步，取得了一定的研究成果，比如机器定理证明、智能跳棋程序等。这个阶段的研究成果比较有限，但是为后续的研究奠定了基础。

（2）反思发展期。20世纪60年代初期至70年代初期，人工智能的研究遭遇了瓶颈，许多项目失败，人们对人工智能的期望开始降低。这个阶段，人们开始反思人工智能的局限性和问题，探索新的方法和思路。

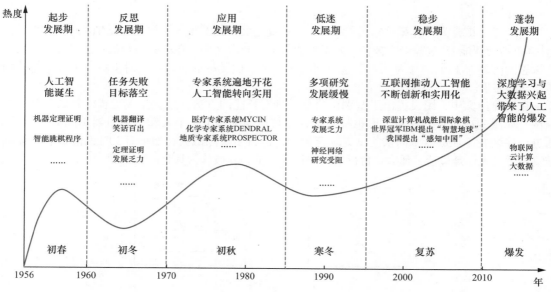

图3-22　人工智能的发展阶段

（3）应用发展期。20世纪70年代初期至80年代中期，人工智能开始应用于各个领域，如自然语言处理、图像处理、机器翻译等。这个阶段的研究主要集中在应用领域，为人工智能的实际应用提供了支持。

（4）低迷发展期。20世纪80年代中期至90年代中期，由于人工智能在实际应用中的效果不佳，研究热度逐渐降低。这个阶段的研究主要集中在算法和技术的优化上，但进展比较缓慢。

（5）稳步发展期。20世纪90年代中期至2010年，随着计算机性能和数据处理能力的提高，人工智能的研究和应用逐渐进入稳步发展阶段。这个阶段的研究主要集中在深度学习、自然语言处理、计算机视觉等领域，取得了许多重要的成果。

（6）蓬勃发展期。2011年至今，随着互联网、云计算、物联网、大数据等信息技术的发展，泛在感知数据和图形处理单元（Graphics Processing Unit，GPU）等计算平台推动以深度神经网络为代表的人工智能技术飞速发展，大幅跨越科学与应用之间的"技术鸿沟"，图像分类、语音识别、知识问答、人机对弈、无人驾驶等具有广阔应用前景的人工智能技术突破了从"不能用、不好用"到"可以用"的技术瓶颈，人工智能发展进入新高潮。

3.4.3　人工智能的要素

人工智能的4个要素分别是数据、算力、算法和场景。人工智能的智能都蕴含在数据中，数据量越大，智能程度越高；算力为人工智能提供了基本的计算能力支撑；算法是实现人工智能的根本途径，是挖掘数据智能的有效方法；数据、算力、算法只有在实际的场景中进行输出，才能体现出实际价值。

（1）数据。数据是人工智能的基础，因为机器学习算法需要大量的数据进行训练和优化。数据的质量、数量和多样性对人工智能的性能与准确性有较大的影响。为了获得更好的结果，人们需要收集和整合各种来源的数据，并进行预处理和清洗，以确保数据的准确性和一致性。

（2）算力。算力是指计算机的处理能力，涉及CPU、GPU、张量处理单元（Tensor Processing Unit，TPU）等硬件设备。人工智能需要大量的计算资源来处理和分析数据，因此，算力是人工智能发展的重要因素之一。随着技术不断发展，计算机的算力不断提高，为人工智能的发展提供了更好的支持。

（3）算法。算法是人工智能的核心，它是指引计算机处理和分析数据的指令。不同的算法适用于不同的任务和数据类型，因此，人们需要根据具体的应用场景来选择合适的算法。同时，算法也需要不断优化和改进，以提高人工智能的性能和准确性。

（4）场景。场景是指人工智能应用的具体环境和使用场景。不同场景下的人工智能应用需要不同的技术和解决方案。例如，在医疗领域，人工智能可以用于疾病诊断和治疗方案制订；在交通领域，人工智能可以用于交通管理和优化；在教育领域，人工智能可以用于教学辅助和学生评估等。因此，场景的选择和使用对于人工智能的发展与应用至关重要。

3.4.4　人工智能关键技术

人工智能主要包含机器学习、知识图谱、自然语言处理、人机交互、计算机视觉、生物特征识别、AR/VR 等关键技术。

1. 机器学习

机器学习（Machine Learning）是一门涉及统计学、系统辨识、逼近理论、神经网络、优化理论、计算机科学、脑科学等诸多领域的交叉学科，研究计算机怎样模拟或实现人类的学习行为，以获取新的知识和技能。重新组织已有的知识结构以不断改善自身的性能是机器学习的核心。基于数据的机器学习是现代智能技术中的重要方法之一，它从观测数据（样本）出发寻找规律，利用这些规律对未来数据或无法观测的数据进行预测。

机器学习强调 3 个关键词：任务、经验、性能。机器学习处理过程如图 3-23 所示，即在数据的基础上通过算法构建出模型并对模型进行评估。评估的性能如果达到要求，就用该模型来测试其他的数据；如果达不到要求，就要调整算法来重新建立模型，再次进行评估。如此循环往复，最终获得满意的模型以处理其他数据。机器学习技术和方法已经被成功应用到多个领域，如个性化推荐系统、金融反欺诈、语音识别、自然语言处理和机器翻译、模式识别、智能控制等。

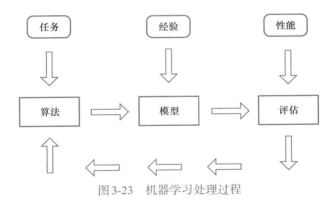

图 3-23　机器学习处理过程

机器学习模型的发展经历了传统机器学习模型、深度学习模型、超大规模深度学习模型 3 个阶段。

（1）传统机器学习模型阶段。20 世纪 90 年代初，机器学习模型主要以逻辑回归、神经网络、决策树和贝叶斯方法等为代表。传统的机器学习模型最大的特点是模型规模较小，只能处理较小的数据集。

（2）深度学习模型阶段。深度学习简单来说就是为了让层数较多的多层神经网络可以训练和运行而演化出来的一系列新的结构与方法。深度学习模型的兴起可以追溯至 20 世纪 80 年代，其应用一直受制于硬件和软件。近年来，随着计算机硬件和软件的发展，深度学习模型得到了广泛应用。深度学习模型的代表包括卷积神经网络（Convolutional Neural Networks，CNN）、循环神经网络（Recurrent Neural Network，RNN）、深度信念网络（Deep Belief Network，DBN）等。

（3）超大规模深度学习模型阶段（大模型阶段）。随着深度学习模型在各个领域成功应用，人们开始关注如何扩大深度学习模型的规模。学者们开始尝试训练更大的深度学习模型，超大规模深度学习模型（下文简称"大模型"）应运而生，其参数可以达到百亿级别。这样的模型需要在超级计算机上进行训练，会消耗大量的时间和能源。但是，大模型的出现为机器学习应用带来了更多的可能性。

大模型是目前机器学习领域的热门技术，其具有以下优点。

① 处理大规模数据能力强。大模型可以处理海量数据，从而提高了准确性和泛化能力。

② 处理复杂问题能力强。大模型具有更高的复杂度和更强的灵活性，可以解决更加复杂的问题。

③ 具有更高的准确率和更强的性能。大模型具有更多的参数和更为复杂的结构，能够更加准确地表现数据分布并学习更复杂的特征，从而提高了准确率和性能。

大模型的主要应用场景如下。

① 自然语言处理。大模型在机器翻译、文本生成、情感分析等任务中取得了显著突破。它可以理解上下文、抓取语义，并生成准确、流畅的文字内容。

② 计算机视觉。大模型在图像识别、目标检测、图像生成等领域表现出色。它能够识别复杂的图像内容、提取关键特征，并生成逼真的图像。

典型的大模型产品包括ChatGPT、文心一言、通义千问、讯飞星火认知大模型等。

大模型已经成为人工智能的前沿技术，本书第5章将对大模型进行详细介绍。

2．知识图谱

知识图谱（Knowledge Graph）又称为科学知识图谱，在图书情报界被称为知识域可视化或知识领域映射地图，是显示知识发展进程与结构关系的一系列各种不同的图形，用可视化技术描述知识资源及其载体，挖掘、分析、构建、绘制和显示知识及它们之间的联系。

现实世界中的很多场景都非常适合用知识图谱来表现。如图3-24所示，一个社交网络知识图谱里，既可以有人的实体，也可以有公司的实体。人和人之间的关系可以是"朋友"，也可以是"同事"。人和公司之间的关系可以是"现任职于"或"曾任职于"。类似地，一个风控知识图谱可以包含电话的实体和公司的实体，电话和电话之间的关系可以是"通话"，而且每个公司有固定的电话。

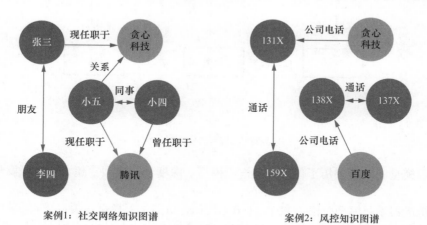

案例1：社交网络知识图谱　　案例2：风控知识图谱
图3-24　知识图谱案例

知识图谱可用于反欺诈、不一致性验证等公共安全保障领域，需要用到异常分析、静态分析、动态分析等数据挖掘方法。特别地，知识图谱在搜索引擎、可视化展示和精准营销方面有很大的优势，已成为业界的热门工具。但是，知识图谱的发展还面临很大的挑战，如数据的噪声问题，即数据本身有错误或数据存在冗余。随着知识图谱应用的不断深入，一系列关键技术需要突破。

3．自然语言处理

自然语言处理是计算机科学领域与人工智能领域的一个重要方向。它研究能使人与计算机之间用自然语言进行有效通信的各种理论和方法。自然语言处理是一门集语言学、计算机科学、数学于一体的科学，其研究涉及自然语言，即人们日常使用的语言，所以它与语言学的研究有密切的联系，但又有重要的区别。自然语言处理的重点不在于研究自然语言，而在于研制能有效地实现自然语言通信的计算机系统，特别是软件系统。

自然语言处理的应用包括机器翻译、手写体和印刷体字符识别、语音识别、信息检索、信息抽取与过滤、文本分类与聚类、舆情分析和观点挖掘等，它涉及与语言处理相关的数据挖掘、机器学习、知识获取、知识工程、人工智能研究和与语言计算相关的语言学研究等。

4. 人机交互

人机交互是一门研究系统与用户之间交互关系的学科。系统可以是各种各样的机器，也可以是计算机化的系统和软件。人机交互界面通常是指用户可见的部分。用户通过人机交互界面与系统交流，并进行操作。人机交互是与认知心理学、人机工程学、多媒体技术、虚拟现实技术等密切相关的综合学科。传统的人与计算机之间的信息交换主要依靠交互设备进行，这些设备主要包括键盘、鼠标、操纵杆、数据服装、眼动跟踪器、位置跟踪器、数据手套、压力笔等输入设备，以及打印机、绘图仪、显示器、头盔式显示器、音箱等输出设备。人机交互技术除传统的基本交互和图形交互外，还包括语音交互、情感交互、体感交互及脑机交互等技术。

人机交互具有广泛的应用场景，例如，我国某高校已经成功研发了大指令集、高速、无创的脑机接口打字系统，使用者只需头戴脑电帽，双眼盯着计算机屏幕，就能用意念打字（见图3-25）。这个打字系统会在屏幕上呈现一个虚拟的键盘，键盘中的每个字符背后都有一套特定模式的视觉刺激。当要拼写某个字符时，只要看着这个字符就行。字符背后的视觉刺激会让大脑发出特定模式的脑电波，通过算法解码脑电波模式就能确定所看的字符，这就是现有脑机接口打字的基本原理。

5. 计算机视觉

计算机视觉是一门研究如何使机器"看"的科学，进一步说，它是指用摄影机和计算机代替人眼对目标进行识别、跟踪和测量的机器视觉，并进一步做图形处理，使其成为更适合人眼观察或传送给仪器检测的图像（见图3-26）。计算机视觉是工程领域及科学领域的一个富有挑战性的重要研究课题，是一门综合性学科，它已经吸引了来自各个学科的研究者参加到对它的研究之中，这些学科包括计算机科学和工程、信号处理、物理学、应用数学、统计学、神经生理学和认知科学等。根据所解决的问题，计算机视觉可分为计算成像学、图像理解、三维视觉、动态视觉和视频编解码五大类。

图3-25　我国某高校研发的脑机接口打字系统

图3-26　依靠计算机视觉技术自动识别室内物体和人

计算机视觉研究领域已经衍生出了一大批快速成长、有实际作用的应用，具体如下。

- 人脸识别：商汤科技、旷视科技、云从科技、依图科技等公司是我国人脸识别技术领域的领军企业，其人脸识别技术具有高准确率、低误报率等特点，并支持多种复杂场景的应用。
- 图像检索：Google Images使用基于内容的查询来搜索相关图像，其算法分析查询图像中的内容，并根据最佳匹配内容返回结果。
- 游戏和控制：使用计算机视觉技术较为成功的游戏应用产品是微软公司的Kinect。

- 监测：用于监测可疑行为的监控摄像头遍布于各大公共场所。
- 智能汽车：计算机视觉技术是检测交通标识、灯光和其他视觉特征的主要技术。特斯拉的无人驾驶系统就是通过计算机视觉技术来处理摄像头等传感器捕获的图像，实现环境感知、障碍物识别与跟踪等功能。计算机视觉技术让特斯拉车辆能够"看懂"道路情况，从而做出准确的驾驶决策。

6．生物特征识别

在信息化时代，如何准确鉴定一个人的身份、保护信息安全已成为必须解决的关键社会问题。传统的身份认证由于极易伪造和丢失，越来越难以满足社会的需求，目前最为便捷与安全的解决方案无疑是生物特征识别技术。它不但简洁、快速，而且在身份认证方面安全、可靠、准确，同时更易于整合计算机系统、安全系统、监控系统、管理系统，实现自动化管理。由于其具有广阔的应用前景、巨大的社会效益和经济效益，已引起各国广泛关注和高度重视。生物特征识别技术涉及的内容十分广泛，包括指纹、掌纹、人脸（见图 3-27）、虹膜、指静脉、声纹、步态等多种生物特征，其识别过程涉及图像处理、计算机视觉、语音识别、机器学习等多项技术。目前生物特征识别作为重要的智能化身份认证技术，在金融、公共安全、教育、交通等领域得到了广泛应用。

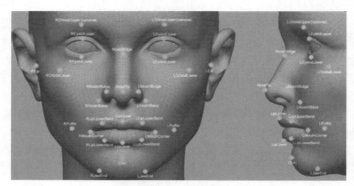

图 3-27　人脸识别技术

7．VR/AR

虚拟现实（VR）/增强现实（AR）是以计算机为核心的新型视听技术，可以结合相关科学技术在一定范围内生成与真实环境在视觉、听觉、触觉等方面高度近似的数字化环境。用户借助必要的装备与数字化环境中的对象进行交互，相互影响，获得近似处于真实环境的感受和体验（见图 3-28）。这个过程中会综合用到显示设备、跟踪定位设备、触力觉交互设备、数据获取设备、专用芯片等。例如，谷歌公司推出了一款被内嵌在虚拟现实头显 HTC Vive 中的画图应用——Tilt Brush，用户可以通过 Tilt Brush 在虚拟三维空间里绘画（见图 3-29）。

图 3-28　采用虚拟现实技术的虚拟弓箭

图 3-29　利用 Tilt Brush 在虚拟三维空间里绘画

3.4.5　人工智能应用

人工智能与行业领域的深度融合将改变甚至重新塑造传统行业。人工智能已经被广泛应用于制造、家居、金融、交通、安防、医疗、物流、零售等领域，对人类社会的生产和生活产生了深远的影响。

1. 智能制造

智能制造（Intelligent Manufacturing，IM）是一种由智能机器和人类专家共同组成的人机一体化智能系统，在制造过程中能进行分析、推理、判断、构思和决策等智能活动，同时通过人与智能机器的合作共事去扩大、延伸并部分地取代人类专家在制造过程中的脑力劳动。它更新了制造自动化的概念，使其向柔性化、智能化和高度集成化扩展。

智能制造对人工智能的需求主要表现在 3 个方面：一是智能装备，包括自动识别设备、人机交互系统、工业机器人以及数控机床等具体设备，涉及跨媒体分析推理、自然语言处理、虚拟现实智能建模及自主无人系统等关键技术；二是智能工厂，包括智能设计、智能生产、智能管理以及集成优化等具体内容，涉及跨媒体分析推理、大数据智能、机器学习等关键技术；三是智能服务，包括大规模个性化定制、远程运维以及预测性维护等具体服务模式，涉及跨媒体分析推理、自然语言处理、大数据智能、高级机器学习等关键技术。智能制造车间如图3-30所示。

图3-30　智能制造车间

2. 智能家居

智能家居通过物联网技术将家中的各种设备（如音视频设备、照明系统、窗帘控制系统、空调控制系统、安防系统、数字影院系统、影音服务器、影柜系统、网络家电等）连接到一起，提供家电控制、照明控制、电话远程控制、室内外遥控、防盗报警、环境监测、暖通控制、红外转发以及可编程定时控制等多种功能，如图3-31所示。与普通家居相比，智能家居不仅具有基本的居住功能，而且兼备网络、信息家电、自动化设备，可以提供全方位的信息交互功能，甚至能节省各种能源费用。例如，借助智能语音技术，用户可以利用自然语言实现对家居系统各设备的操控，如开关窗帘（窗户）、操控家用电器和照明系统、打扫卫生等；借助机器学习技术，智能电视可以从用户看电视的历史数据中分析其兴趣和爱好，并将相关的节目推荐给用户；借助声纹识别、人脸识别、指纹识别等技术，用户进行简单的身份认证即可开锁；借助大数据技术，智能家电可以感知自身状态及环境情况，具有故障诊断能力。

3. 智能金融

智能金融即人工智能与金融的全面融合，其以人工智能、大数据、云计算、区块链等高新科技为核心要素，全面赋能金融机构，提升金融机构的服务效率，拓展金融服务的广度和深度，使全社会都能获得平等、高效、专业的金融服务，实现金融服务的智能化、个性化、定制化。人工智能技术在金融行业可以用于服务用户，支持授信、各类金融交易和金融分析中的决策，并帮助风险防控和监督，将大幅改变金融行业现有格局，金融服务将会更加个性化与智能化。智能金融对金融机构的业务部门来说，可以帮助获客，精准服务客户，提高效率；对金融机构的风控部门来说，可以提高风险控制水平，增加安全性；对用户来说，可以实现资产优化配置，体验到金融机构更加完善的服务。人工智能在金融领域的应用主要如下。

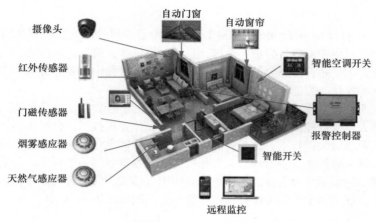

图 3-31　智能家居示意

（1）智能获客：依托大数据对金融用户进行画像，通过需求响应模型极大地提升获客效率。

（2）身份识别：以人工智能为内核，通过人脸识别、声纹识别、指静脉识别等生物特征识别手段，再加上各类证件票据的 OCR 识别等技术手段对用户身份进行验证，大幅降低核验成本，有助于提高安全性。

（3）大数据风控：结合大数据、算力、算法搭建反欺诈、信用风险等模型，多维度控制金融机构的信用风险和操作风险，同时避免资产损失。

（4）智能投资顾问：基于大数据和算法对用户与资产信息进行标签化，精准匹配用户与资产。

（5）智能客服：基于自然语言处理能力和语音识别能力拓展客服领域的深度和广度，大幅降低服务成本，提升服务体验。

（6）金融云：依托云计算能力的金融科技，为金融机构提供更安全、更高效的全套金融解决方案。

4. 智能交通

智能交通系统（Intelligent Transportation System，ITS）是交通系统的未来发展方向，它是为了将先进的信息技术、数据通信传输技术、电子传感技术、控制技术及计算机技术等有效地集成运用于整个地面交通管理系统而建立的一种在大范围内、全方位发挥作用的实时、准确、高效的综合交通运输管理系统。

例如，交通信息采集系统采集道路上的车辆流量、行车速度等信息（见图 3-32），经信息分析处理系统处理后形成实时路况信息，决策系统据此调整道路红绿灯时长，调整可变车道或潮汐车道的通行方向等，信息发布系统将实时路况信息推送到导航软件和广播中，让人们合理规划行驶路线。通过电子不停车收费（Electronic Toll Collection，ETC）系统可以实现对通过 ETC 入口的车辆进行信息自动采集、处理，有效提高通行能力、简化收费管理、降低环境污染。

人工智能在自动驾驶（无人驾驶）领域也得到了广泛应用，主要体现在以下几个方面。

（1）感知和理解：通过机器视觉技术和深度学习技术，自动驾驶车辆可以实现对周围环境的感知和理解，包括识别道路标记、交通信号、障碍物、行人等，以及理解道路的几何形状和交通规则。

（2）预测和决策：人工智能技术可以对车辆周围环境的未来状态进行预测，包括其他车辆的行驶轨迹、行人的行动意图等。这有助于自动驾驶车辆做出更准确的决策，提高行驶的安全性和效率。

（3）控制和执行：基于对环境的理解和预测，自动驾驶车辆可以生成控制指令，控制车辆的转向、加速、制动等，以实现安全、高效、舒适行驶。

在我国，新能源汽车领域的头部企业比亚迪在自动驾驶领域取得了重大突破，其"天神之眼"高阶智能驾驶辅助系统以卓越的路况感知和预测能力为驾驶者提供了安全、舒适的出行体验。华为公司在自动驾驶技术方面不断创新，其自动驾驶系统在赛力斯问界等车型上成功应用，展现了卓越的智能驾驶能力，该系统凭借高精度感知、智能决策与精准控制，为用户带来前所未有的安全、舒适驾驶体验。华为公司在自动驾驶领域的持续深耕与技术创新正引领行业向更高水平迈进，为全球智能驾驶技术的发展贡献中国力量。与此同时，自动驾驶技术开始广泛应用到日常生活中，对社会发展产生了颠覆性影响。2024年，百度公司无人驾驶出租车"萝卜快跑"（见图3-33）开始上路运行。

图3-32 智能采集道路上的车辆信息　　图3-33 百度公司无人驾驶出租车"萝卜快跑"

5. 智能安防

智能安防技术随着科学技术的发展和21世纪信息技术的腾飞迈入了一个全新的领域，其与计算机之间的界限正在逐步消失。没有安防技术，社会就会显得不安宁，世界科学技术的发展就会受到影响。

物联网技术的普及应用使城市的安防体系从单一化向综合化演变，城市的安防项目涵盖众多元素，包括街道社区、楼宇建筑、银行邮局、道路交通监控、机动车辆、警务人员、移动物体、船只监测等。特别是重要场所（如机场、码头、水电气厂、桥梁大坝、河道、地铁等），引入物联网技术后，可以通过无线移动、跟踪定位等手段建立全方位的立体防护。智能安防是融合了城市管理系统、环保监测系统、交通管理系统、应急指挥系统等应用的综合体系。特别是随着车联网的兴起，政府部门在公共交通管理、车辆事故处理、车辆偷盗防范方面可以更加快捷、准确地进行跟踪定位处理，还可以随时随地通过车辆获取更加精准的灾难事故信息、道路流量信息、车辆位置信息、公共设施安全信息、气象信息等。

6. 智慧医疗

智慧医疗是通过打造健康档案区域医疗信息平台，利用先进的物联网技术实现患者与医务人员、医疗机构、医疗设备之间的互动，逐步达到信息化。近几年，智慧医疗在辅助诊疗、疾病预测、医疗影像辅助诊断、药物开发等方面发挥了重要作用。在不久的将来，医疗行业将融入人工智能、传感技术等更多高科技技术，使医疗服务走向真正意义上的智能化，推动医疗事业的繁荣发展。在我国新医改的大背景下，智慧医疗正在走进寻常百姓的生活。

随着人均寿命的延长、出生率的下降和人们对健康的关注度不断提升，现代社会对医疗系统提出了更高的要求。在这样的背景下，远程医疗（见图3-34）、电子医疗就显得非常重要。借助物联网/云计算技术、人工智能的专家系统、嵌入式系统的智能化设备，政府部门可以构建起完善的物联网医疗体系，使全民平等地享受顶级的医疗服务，解决或减少医疗资源缺乏导致的看病难、医患关系紧张、事故频发等问题。

7. 智能物流

传统物流企业在利用条形码、射频识别技术、传感器、全球定位系统等手段优化改善运输、仓储、配送装卸等物流行业基本活动的同时，也在尝试使用智能搜索、推理规划、计算机视觉及智能机器人等技术实现货物运输过程的自动化运作和高效率优化管理，提高物流效率。例如，在仓储环节，人们利用大数据，通过智能分析大量历史库存数据建立相关预测模型，实现物流库存商品的动态调整。大数据智能也可以支撑商品配送规划，进而实现物流供给与需求匹配、物流资源优化与配置等。京东自主研发的无人仓（见图3-35）采用大量智能物流机器人进行协同与配合，通过人工智能、深度学习、图像智能识别、大数据应用等技术让工业机器人可以自主进行判断和行动，完成各种复杂的任务，在商品分拣、运输、出库等环节实现自动化，大大减少了订单出库时间，使物流仓库的存储密度、搬运速度、拣选精度均大幅度提升。

图3-34　远程医疗　　　　　　　　　　　图3-35　京东无人仓

8. 智能零售

人工智能在零售领域的应用已经十分广泛，无人超市（见图3-36）、智慧供应链、客流统计等都是其热门方向。例如，将人工智能技术应用于客流统计，通过人脸识别客流统计功能，门店可以从性别、年龄、表情、新老顾客、滞留时长等维度建立到店客流用户画像，为调整运营策略提供数据基础，从匹配真实到店客流的角度帮助门店提升转换率。

3.4.6 人工智能产业

人工智能包括智能基础设施建设、智能信息及数据、智能技术服务、智能产品4个核心业态。

1. 智能基础设施建设

智能基础设施为人工智能产业提供计算能力支撑，包括智能芯片、智能传感器、分布式计算框架等，是人工智能产业发展的重要保障。

（1）智能芯片。在大数据时代，数据规模急剧膨胀，人工智能发展对计算性能的要求急剧提高。同时，受限于技术，传统处理器性能的提升碰到了"天花板"，无法继续按照摩尔定律保持增长。因此，发展下一代智能芯片势在必行。未来的智能芯片主要朝两个方向发展：一是模仿人类大脑结构的芯片；二是量子芯片。

（2）智能传感器。智能传感器是具有信息处理功能的传感器。智能传感器带有微处理机，具有采集、处理、交换信息的能力，是传感器集成化与微处理机相结合的产物。与一般传感器相比，智能传感器具有3个优点：通过软件技术可实现高精度的信息采集，而且成本低；具有一定的编程自动化能力；功能多样化。随着人工智能应用领域不断拓展，市场对传感器的需求将持续增多，未来，高敏度、高精度、高可靠性、微型化、集成化将成为智能传感器发展的趋势。

（3）分布式计算框架。面对海量的数据处理、复杂的知识推理，常规的单机计算模式已经不能支持，分布式计算的兴起成为必然。目前流行的分布式计算框架包括Hadoop、Spark、Storm、Flink等。

2．智能信息及数据

信息、数据都是人工智能创造价值的关键要素。得益于庞大的人口和产业基数，我国在数据方面具有天然的优势，并且数据采集、存储、处理和分析等领域企业众多。目前，人工智能数据采集、存储、处理和分析方面的企业主要有两种：一种是数据集提供商，其主要业务是为不同领域的需求方提供机器学习等技术所需要的数据集；另一种是数据采集、存储、处理和分析综合型厂商，这类企业自身拥有获取数据的途径，可以对采集到的数据进行存储、处理和分析，并把分析结果提供给需求方使用。

图3-36　无人超市

3．智能技术服务

智能技术服务主要关注如何构建人工智能的技术平台，并对外提供与人工智能相关的服务。此类厂商在人工智能产业链中处于关键位置，它们依托基础设施和大量的数据，为各类人工智能应用提供关键性的技术平台、解决方案和服务。目前，从提供服务的类型来看，智能技术服务厂商包括以下几类。

（1）提供人工智能的技术平台和算法模型：为用户提供人工智能技术平台以及算法模型，用户可以在平台之上通过一系列的算法模型来进行应用开发。

（2）提供人工智能的整体解决方案：把多种人工智能算法模型以及软、硬件环境集成到解决方案中，从而帮助用户解决特定的行业问题。

（3）提供人工智能在线服务：依托其已有的云计算和大数据应用的用户资源，聚集用户的需求和行业属性，为用户提供多类型的人工智能服务。

4．智能产品

智能产品是指将人工智能领域的技术成果集成化、产品化，具体的分类如表3-8所示。

随着制造强国、网络强国、数字中国建设进程的加快，制造、家居、金融、教育、交通、安防、医疗、物流等领域对人工智能技术和产品的需求将进一步释放，相关智能产品的种类和形态也将越来越丰富。

表3-8　智能产品分类

分类		典型产品示例
智能机器人	工业机器人	焊接机器人、喷涂机器人、搬运机器人、加工机器人、装配机器人、清洁机器人以及其他工业机器人
	个人/家用服务机器人	家政服务机器人、教育娱乐服务机器人、养老助残服务机器人、个人运输服务机器人、安防监控服务机器人
	公共服务机器人	酒店服务机器人、银行服务机器人、场馆服务机器人、餐饮服务机器人
	特种机器人	特种极限机器人、康复辅助机器人、农业（包括农林牧副渔）机器人、水下机器人、军用和警用机器人、电力机器人、石油化工机器人、矿业机器人、建筑机器人、物流机器人、安防机器人、清洁机器人、医疗服务机器人及其他非结构和非家用机器人
智能运载工具		自动驾驶汽车
		轨道交通系统
	无人机	无人直升机、固定翼机、多旋翼飞行器、无人飞艇、无人伞翼机
		无人船
智能终端		智能手机
		车载智能终端
	可穿戴终端	智能手表、智能耳机、智能眼镜

续表

分类		典型产品示例
自然语言处理		机器翻译
		机器阅读理解
		问答系统
		智能搜索
计算机视觉		图像分析仪、视频监控系统
生物特征识别		指纹识别系统
		人脸识别系统
		虹膜识别系统
		指静脉识别系统
		DNA、步态、掌纹、声纹等其他生物特征识别系统
VR/AR		PC端VR、一体机VR、移动端头显
人机交互	语音交互	个人助理
		语音助手
		智能客服
	情感交互	
	体感交互	
	脑机交互	

3.4.7　智能体

　　智能体是指能够感知环境并采取行动以实现特定目标的实体，其运作机制包括理解、规划、反思和进化，其能像人一样思考和行动，自主调用工具完成复杂任务。智能体的最大特点是自主性，即在无须人类干预的情况下，根据外部传感器或数据输入自主做出决策并执行相应动作。这一特点使智能体能够适应多变的环境，高效、智能地执行任务。

　　在人工智能的发展历程中，从最初的规则系统到后来的机器学习模型，再到具备自主性的智能体，技术演进不断推动人工智能应用拓展边界。自主性智能体的出现，让人工智能从被动响应向主动决策转变，这是人工智能应用落地的重要一步。智能体将作为人工智能的重要应用形态，帮助生产制造和社会生活向更加智能、自动、高效的方向迈进。例如，在工业生产领域，智能体将改变传统生产模式，显著提升自动化生产水平。智能体能够自主监控生产线，实时调整生产参数，优化生产流程，甚至在检测到异常时自动停机进行故障诊断和修复。这种自主性不仅提高了生产效率和产品质量，还降低了人工成本和生产风险。在科技研发领域，智能体能够自主进行实验设计、数据分析和结果验证，甚至自主改进实验方案。这将极大缩短研发周期，降低研发成本，提高研发效率。在公共安全领域，智能体通过感知城市监控摄像头和传感器网络，实时监测安全状况，快速响应火灾等紧急情况，提高公共安全事件的响应速度和效率。在交通管理领域，智能体可以实时监控交通流量，自主分析交通数据、优化调控策略、减少拥堵，支持规划决策，提高城市交通整体效率和安全性。在环境监测领域，智能体可以收集和分析空气质量、水质等环境数据，自主判定污染情况、识别污染源，提出解决方案，快速应对突发污染事件。

3.5　区块链

　　技术发展日新月异，行业创新层出不穷。继云计算、物联网、大数据、人工智能等新兴数字技术之后，区块链技术在全球范围内掀起了新一轮的研究与应用热潮，它使传递信息的"信息互联网"向传递价值的"价值互联网"转变，同时提供了一种新的信用创造机制。区块链开创了一种在不可信的竞争环境中低成本建立信任的新型计算范式和协作模式，其凭借独有的信任建立机制实现穿透式监管和信任逐级传递。区块链的起源可追溯到虚拟数字货币，目前其正在向垂直领域延伸，且其蕴含巨大的变革潜力，有望成为数字经济基础设施的重要组件，改变诸多行业的发展图景。

本节将介绍区块链的原理、定义、分类、应用和发展阶段，以及基于区块链技术的虚拟数字货币和数字人民币。

3.5.1　区块链的原理

1．从记账开始讲起

区块链是如何运作的呢？这需要从记账开始讲起。

货币最重要的用途就是交易，交易会产生记录，这就需要记账。表3-9展示了一个账本，这个账本记录了很多条交易信息。例如，编号为501的记录表示王小明给陈云转了20元；编号为502的记录表示张三给刘大虎转了80元；编号为505的记录表示银行发行了1000元。

表3-9　一个账本

编号	转账人	收款人	金额/元
……	……	……	……
501	王小明	陈云	20
502	张三	刘大虎	80
503	林彤文	司马鹰松	500
504	李文全	赵明亮	180
505	银行	银行	1000
……	……	……	……

从数据结构的角度来说，每次转账就是一条数据记录，这种数据记录的方式叫作记账，即记录某人转给另一个人一笔钱的账。账本一般由某个机构负责维护，因此这种记账方式叫"中心化记账"。法币由我们信任的中心化机构（政府、银行）记账。几乎所有的银行都用中心化记账的方式维护巨大的数据库，这个数据库保留人们所有的钱的记录。

中心化记账有很多好处，比如，数据是唯一的，不容易出错。如果人们对其足够信任，则转账效率特别高，在同一个数据库里瞬间就可以完成转账。

2．虚拟数字货币要解决的第一个问题：防篡改

避免中心化机构记账带来的问题是区块链技术诞生的导火索。但是，不由传统的"可信"的中心化机构记账，那么由谁来记账呢？怎样保证新的记账者不会篡改交易记录呢？黑客攻击篡改交易记录怎么办？这就是虚拟数字货币要解决的第一个问题：防篡改。

为了实现"防篡改"，就需要引入哈希函数。哈希函数的作用是将任意长度的字符串转换成固定长度（如256位）的输出，输出的值就被称为"哈希值"。哈希函数有很多，如SHA-256。哈希函数必须满足一个要求，就是计算过程不能太复杂，用现代计算机去计算应该可以很快得到结果。

例如，字符串"把厦门大学建设成高水平研究型大学"经过哈希函数转换后为"EFC15…8FBF5"，字符串"把厦门大学建设成高水平研究型大学！"经过哈希函数转换后为"17846…6DC3A"，如图3-37所示。可以看出，只要输入字符串发生微小变化，哈希函数的输出就会大不同。

哈希函数有以下两个非常重要的特性。

第一个特性：很难找到两个不同的x和y，使$h(x)=h(y)$，也就是说，通过两个不同的输入，很难找到对应的、相同的输出。

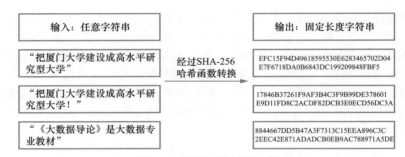

图 3-37   哈希函数转换示例

第二个特性：根据已知的输出，很难找到对应的输入。

这里重点讨论第一个特性。输入字符串是一个任意长度的字符串，是一个无限空间。而哈希函数的输出是固定长度的字符串，是一个有限的空间。从无限空间映射到有限空间肯定存在多对一的情况，所以肯定会存在两个不同的输入对应同一个输出的情况。也就是说，肯定存在两个不同的 x 和 y，使 $h(x)=h(y)$。虽然这种情况在理论上是存在的，但是，实际上不知道用什么方法可以找到它们。因为这里面没有任何规律可言，可能需要用计算机把所有可能的字符串都遍历一遍，但是，即使用目前最强大的超级计算机去遍历，也要花费无穷无尽的时间才能找到这样一个字符串。现在的计算机找不到，那么，将来计算机发展了，是不是可以很容易地找到呢？未必，因为虽然将来的计算机变得更强大了，但只要增加哈希函数输出值的长度，寻找可能的输入就依然很困难。

了解了哈希函数后，我们接下来看什么是区块链。

之前说过，所有的交易记录都被记录在一个账本中。这个账本非常大，人们可以将其切分成多个区块来进行存储，每个区块记录一段时间内（如 10min）的交易，区块与区块之间就会形成继承关系。以图 3-38 为例，区块 1 是区块 2 的父区块，区块 2 是区块 3 的父区块，区块 3 是区块 4 的父区块，以此类推。每个区块内交易记录的条数可能是不同的，如果在某个 10min 内发生的交易次数较多，则这个区块的交易记录条数就较多。

总账本

编号	转账人	收款人	金额/元
……	……	……	……
501	王小明	陈云	20
502	张三	刘大虎	80
503	林彤文	司马鹰松	500
504	李文全	赵明亮	180
505	央行	央行	1000
……	……	……	……

将总账本切分成区块

区块1

编号	转账人	收款人	金额/元
……	……	……	……
501	王小明	陈云	20
502	张三	刘大虎	80
503	林彤文	司马鹰松	500
504	李文全	赵明亮	180
505	央行	央行	1000

区块2

编号	转账人	收款人	金额/元
……	……	……	……
1001	章一飞	刘猛	20
1002	王飞虎	马良	80
1003	肖二	胡三	500
1004	孟小龙	赵四	180
1005	赵云	张飞	1000
1006	诸葛瑾	庞五	1000
……	……	……	……

区块3

编号	转账人	收款人	金额/元
……	……	……	……
2015	张子仪	刘敞亮	20
2016	王一员	郝龙成	80
2017	李子龙	胡一梦	500
2018	张晓飞	庞飞	180
2019	胡可佳	肖一飞	1000
2020	谢杰	常浩宇	1000
……	……	……	……

区块4

编号	转账人	收款人	金额/元
……	……	……	……
3378	常诗诗	张晓华	20
3379	马文龙	邱云	80
3380	韩国艺	谢智力	500
3381	马明	林语	180
3382	翁雪	张三	1000
3383	谭思龙	林秋茜	1000
……	……	……	……

……

图 3-38   把一个大账本切分成多个区块

接着，在每个区块上增加区块头，在区块头中记录父区块的哈希值。通过在每个区块存储父区块的哈希值，可以把所有区块按照顺序组织起来，形成区块链，如图 3-39 所示。区块 45 包含一个区块头和一些交易记录，它们实际上都是一些文本，将这些文本内容打包之后计算得到一个哈希值，这个哈希值就是区块45的哈希值，然后把这个哈希值记录在区块46的区块头里面。每个区块都如此操作在区块头中存储父区块的哈希值。这样就将所有区块按照顺序连接了起来，最终形成一条链，即"区块链"。

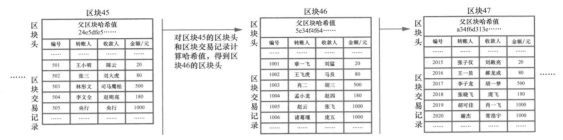

图 3-39　区块链

那么，区块链是如何防止交易记录被篡改的呢？

假设修改了区块45的内容，区块46中已经记录的关于区块45的哈希值就和最新计算得到的区块45的哈希值不一样了，由此，其他人检查时就可以知道区块45被篡改过。假设篡改区块45的人的权限很大，他不仅把区块45的内容篡改了，还同时把区块46的区块头的内容也篡改了，那么其他人还能发现交易记录被篡改了吗？答案是肯定的。因为区块46的区块头被篡改了以后，重新计算得到的区块46的哈希值就和保存在区块47的区块头中的哈希值不同了。如果这个篡改的人很厉害，不仅篡改了区块45，还篡改了区块46的区块头和区块47的区块头，甚至一直篡改下去呢？答案不会改变。因为要篡改到最后一个区块，即最新区块，需要获得最新区块的写入权，而要获得最新区块的写入权（也就是记账权），就必须控制网络中至少51%的算力。但是通过硬件和电力控制算力的成本十分高昂。据相关机构测算，对虚拟数字货币网络进行51%的算力攻击，每天要承担大约31.4亿美元的硬件成本和560万美元的电力成本。

因此，人们可以认为区块链能够保证记录的信息和信息诞生时一模一样，中间没有发生过篡改。

3．在虚拟数字货币的世界中如何进行交易

接下来介绍在虚拟数字货币的世界中如何进行交易。

进行交易需要账号和密码，它们分别对应地址和私钥。在虚拟数字货币中，私钥是一串256位的二进制数字。获取私钥不需要申请，甚至不需要计算机，可以由用户自己抛256次硬币来生成。地址由私钥转化而成，但是，根据地址不能反推出私钥。地址即身份，代表了在虚拟数字货币世界的ID。一个地址（私钥）产生以后，只有进入区块链账本才会被大家知道。

为了更好地帮助大家理解，这里将银行卡与虚拟数字货币做对比（见图3-40），虚拟数字货币世界中的地址就相当于现实世界中的银行卡号，虚拟数字货币世界中的私钥就相当于现实世界中的银行卡密码。但是，它们之间还是有区别的，具体如下。

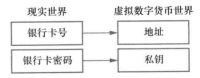

图 3-40　银行卡和虚拟数字货币的对比

（1）银行卡密码可以修改，而私钥一旦生成就无法修改。

（2）银行卡需要申请，而地址和私钥可以由用户生成。

（3）银行卡实名制，而地址和私钥是匿名的。

（4）个人申请银行卡有限制，但是地址和私钥可以无限生成。

这里需要重点强调的是，在虚拟数字货币世界中私钥就是一切。首先你的地址是由私钥转换而成的，你的地址上有多少钱别人都是知道的，因为这些账本都是公开的。只要别人知道你的私钥，他就可以发动一笔交易，把你的钱转到他自己的账户上去。所以，你一旦丢失了私钥，就丢失了一切。它与银行卡不同，对银行卡而言，别人只知道你的银行卡密码是没有用的，还要知道你的卡号，而且你还可以挂失银行卡。所以，保管私钥是很有讲究的，很多人都因为丢失了私钥而损失惨重。

假设张三已经有了地址和私钥，想要转给李四10元，如何将这条交易记录添加到区块链中呢？

在把一条交易记录添加到区块链之前，系统需要确认交易记录的真实性，这时就需要用到数字签名技术，如图3-41所示。张三调用签名函数Sign()对本次转账进行签名，然后，其他人通过验证函数Verify()来验证签名的真实性。也就是说，张三通过签名函数Sign()，使用自己的私钥对本次交易进行签名，任何人都可以通过验证函数Verify()来验证此次签名是否由张三本人（而不是其他冒用张三名义的人）完成，若是就返回True，否则返回False。Sign()和Verify()由密码学保证不被破解。

> 签名函数Sign(张三的私钥, 转账信息：张三转10元给李四)=本次转账签名
> 验证函数Verify(张三的地址, 转账信息：张三转10元给李四, 本次转账签名)=True

图3-41　签名函数和验证函数

签名函数的执行都是自动的，并不需要手动处理。例如，张三安装了虚拟数字货币钱包App，那么这个App就会帮张三执行签名函数。因为App知道张三的私钥，所以张三只要告诉这个App转10元给李四，它就会帮张三自动生成这次转账的信息和签名，然后向全网发布，等待其他人使用Verify()函数来验证。

4. 虚拟数字货币要解决的第二个问题：去中心化记账

交易记录的真实性得到确认以后，由谁负责记账呢？也就是说，由谁负责把这条交易记录添加到区块链中呢？

首先，我们会想到由银行、政府或支付宝这些机构负责记账，也就是采用"中心化记账"方式来记账。然而，历史上所有尝试由中心化机构记账的虚拟数字货币都失败了。因为中心化记账的缺点很多，主要如下。

（1）拒绝服务攻击。对于一些特定的地址，记账机构拒绝为之提供记录服务。

（2）厌倦后停止服务。如果记账机构没有从记账中获得收益，时间长了就会停止服务。

（3）中心化机构易被攻击。例如，服务器遭到破坏和网络攻击等。

因此，虚拟数字货币需要解决第二个问题：去中心化记账。

在区块链中，为了实现去中心化记账采用的方式是：人人都可以记账，每个人都可以保留完整账本。在这个方式下，任何人都可以下载开源程序，加入P2P（Peer to Peer，点对点）网络，监听全世界发送的交易，成为记账节点参与记账。当网络中的某个节点接收到交易记录时，它会将其传播给相邻的节点，相邻的节点再将其传播给其他相邻的节点，从而使交易记录传遍全球。

采用去中心化记账以后，具体的分布式记账流程如下。

（1）某人发起一笔交易后向全网广播。

（2）每个记账节点持续监听、传播全网的交易。节点收到一笔新交易，验证准确性后将其放入交易池，并继续向其他节点传播。由于采用网络传播，同一时间、不同记账节点的交易池不一定相同。

（3）每隔10min，从所有记账节点中按照某种方式抽取一个节点，将其交易池作为下一个区块，并向全网广播。

（4）其他节点根据最新的区块中的交易删除自己交易池中已经记录的交易，继续记账，等待下一次被选中。

在上述分布式记账流程中，一个很重要的问题是如何分配记账权。区块链采用工作量证明（Proof of Work，PoW）机制来分配记账权。记账节点通过求解不等式（见图3-42）来争夺记账权。

> 找到某随机数,使以下不等式成立
> SHA-256哈希函数(随机数,父区块哈希值,交易池中的交易)<某一指定值

图 3-42　PoW 机制的数学原理

　　要求解上面这个不等式,除了从零开始遍历随机数碰运气,没有其他办法。谁先解对,谁就获得记账权,并获得相应的奖励(如一定数量的虚拟数字货币)。某记账节点率先找到解,就向全网公布,其他节点验证无误之后,该区块就被列入区块链,然后重新开始下一轮计算。

　　总而言之,虚拟数字货币的全貌是,采用区块链(数据结构+哈希函数),保证账本不能被篡改;采用数字签名技术,保证只有自己才能够使用自己的账户;采用P2P和PoW共识机制,保证去中心化记账的运作。

3.5.2　区块链的定义

　　前面以虚拟数字货币为例对区块链的原理进行了基本介绍,接下来讲解区块链的定义。区块链是利用块链式数据结构来验证与存储数据、利用分布式节点共识算法来生成和更新数据、利用密码学的方式保证数据传输和访问安全的一种全新的分布式基础架构与计算范式。

　　区块链的三要素是交易、区块和链,具体如下。

　　(1)交易:一次操作,它会使账本状态发生一次改变,如添加一条记录。

　　(2)区块:一个区块记录了一段时间内发生的交易和状态结果,是对当前账本状态的一次共识。

　　(3)链:由一个个区块按照发生顺序串联而成,是整个状态变化的日志记录。

　　可以看出,区块链的本质就是分布式账本,是一种数据库。区块链用哈希算法实现信息不可篡改,用公钥、私钥来标识身份,以去中心化和去中介化的方式来集体维护一个可靠数据库。

　　区块链的主要特点包括去中心化、去信任、集体维护、可靠的数据库、匿名性,具体介绍如下。

　　(1)去中心化。区块链技术基于P2P去中心化网络,区块链网络上的节点都是平等的,没有中心服务器,故区块链是去中心化的。

　　(2)去信任。区块链中的数据都是公开透明的,交易数据通过加密技术进行验证和记录,无须第三方信任机构的参与,故有去信任的特点。

　　(3)集体维护。区块链由全网节点共同参与维护,某一节点上数据的更新需要其他节点进行计算和验证,不会受少数节点控制。

　　(4)可靠的数据库。区块链中的每一个节点上的数据都是全网数据,单个节点的退出或瘫痪不会影响整个系统。

　　(5)匿名性。在区块链上用一串唯一的数字代表一个身份,使用数字签名进行身份认证,具有匿名的特点,可以保护个人的隐私。

　　当然,区块链也存在缺点,主要表现在以下几个方面。

　　(1)安全性问题。个人在使用虚拟数字货币进行交易的过程中可能遭遇虚拟数字货币私钥、账号被窃取等问题,主要原因在于被钓鱼、被植入木马、私钥保管不善、被欺诈等。

　　(2)数据确认的延迟性。在金融区块链中,数据确认的时间较长。以虚拟数字货币为例,虚拟数字货币交易每次的确认时间大约为10min,进行6次确认就需要1h。

　　(3)监管滞后。区块链的去中心化、去信任的特点淡化了国家监管的概念。监管部门对于这项新技术,在法律和制度建设上存在滞后情况。

3.5.3　区块链的分类

　　随着区块链的快速发展,区块链的应用范围越来越广,不同的区块链应用之间也有了比较大

的差异。根据区块链开放程度的不同，区块链可以分为公有链、联盟链和私有链，具体介绍如下。

（1）公有链：对外公开、任何人都可以参与的区块链。公有链是真正意义上的完全去中心化的区块链，它通过加密技术保证交易不可篡改，在不可信的网络环境中建立共识，从而形成去中心化的信用机制。公有链适用于虚拟数字货币、电子商务、互联网金融、知识产权等应用场景。

（2）联盟链：仅限于联盟成员使用，因其只针对成员开放全部或部分功能，所以联盟链上的读写权限以及记账规则都遵循联盟规则。联盟链适用于机构之间的交易、结算、清算等B2B场景。超级账本（Hyperledger）项目就属于联盟链。

（3）私有链：对单独的个人或实体开放，仅供私有组织（如公司）使用。私有链上的读写权限、参与记账的权限都由私有组织来决定。私有链适用于企业、组织内部。

表3-10对比了这3种区块链。不同类型区块链在多个方面差异明显，开发者需要根据实际需要选择合适的区块链类型。

表3-10　不同区块链的对比

对比项	公有链	联盟链	私有链
参与者	自由进出	联盟成员	链的所有者
共识机制	PoW、PoS、DPoS	分布式一致性算法	SOLO、PBFT等
记账人	所有参与者	联盟成员协商确定	链的所有者
激励机制	需要	可选	无
中心化程度	去中心化	弱中心化	强中心化
特点	信用自创建	效率和成本得到优化	安全性高、效率高
承载能力	小于100笔/s	小于10万笔/s	视配置而定
典型场景	虚拟数字货币	金融、银行、物流、电商	大型组织、机构

3.5.4 区块链的应用

从知识层面来看，区块链涉及数学、密码学、互联网和计算机编程等许多学科知识。从应用视角来看，区块链是一个分布式的共享账本和数据库，具有去中心化、不可篡改、全程留痕、可以追溯、集体维护、公开透明等特点。这些特点保证了区块链的"诚实"与"透明"，为区块链创造信任奠定了坚实的基础。而区块链丰富的应用场景，基本上都基于区块链能够解决信息不对称的问题，实现多个主体之间的协作信任与一致行动。

总体而言，区块链在各个领域的主要应用如下。

（1）金融领域。区块链在国际汇兑、信用证明、股权登记和证券交易所等金融领域有潜在的巨大应用价值。将区块链技术应用在金融领域，能够省去第三方中介环节，实现"点对点"的直接对接，从而在大大降低成本的同时快速完成交易支付。以跨境支付为例，跨境支付涉及多个币种，存在汇率问题，流程烦琐，结算周期长。传统跨境支付基本都是非实时的，银行日终进行交易的批量处理，通常一笔交易需要超过24h才能完成。某些银行的跨境支付看起来是实时的，但实际上是收款银行基于汇款银行的信用进行了一定额度的垫付，日终再进行资金清算和对账，业务处理速度慢。接入区块链技术后，通过公钥、私钥技术，保证数据的可靠性，再通过加密技术和去中心化达到数据不可篡改的目的，最后通过P2P技术实现点对点的结算，去除传统中心转发，提高了效率，降低了成本。

（2）物流领域。区块链可以和物流领域实现天然的结合。通过区块链可以降低物流成本，追溯物品的生产和运送过程，并提高供应链管理的效率。区块链没有中心化节点，各节点是平等的，掌握单个节点无法篡改数据；区块链天生的开放、透明使任何人都可以公开查询，伪造数据被发现的概率大增。区块链数据的不可篡改性，也保证了已销售的产品信息永久记录，别有用心者无法通过简单复制防伪信息蒙混过关，实现二次销售。物流链的所有节点整合至区块链后，商品从生产商到消费者手里，全程可追溯，形成完整的链条；商品缺失的环节越多，暴露出其是伪劣产品的概率越大。

（3）物联网领域。当区块链技术被应用于物联网时，智能设备将以开放的方式接入物联网中，设备与设备之间以分布形式的网络相连。在这个组织中，不再需要一个集中的服务器充当消息中介的角色。具体来说，以区块链技术为基础的物联网组织架构的意义在于，物联网中数以亿计的智能设备之间可以建立低成本、点对点的直接沟通桥梁，整个沟通过程无须建立在设备之间相互信任的基础上。

（4）版权保护。传统的版权保护方式存在两个缺点：第一，流程复杂、登记时间长，且费用高；第二，个人或中心化的机构存在篡改数据的可能，公信力难以得到保证。采用区块链技术以后，可以大大简化流程，无论是登记还是查询都非常方便，而且区块链的去中心化存储可以保证没有一家机构可以任意篡改数据。

（5）教育行业。在教育行业，学生身份认证、学历认证、个人档案、学术经历和教育资源等都能够与区块链紧密结合。例如，将学生的个人档案、成绩、学历等重要信息放在区块链上可以防止信息丢失和他人恶意篡改，这样一来，招聘企业就能够得到应聘者真实的个人档案，有效避免应聘者学历造假等问题。

（6）数字政务。区块链可以让数据跑起来，大大精简办事流程。区块链的分布式技术可以让政府部门集中到一条链上，所有办事流程交给智能合约，办事人只要在一个部门使用身份认证和电子签章，智能合约就可以自动处理并流转，顺序完成后续所有审批和签章。

（7）公益和慈善。区块链上分布存储的数据的不可篡改性也使其适用于社会公益场景。公益流程中的相关信息（如捐赠项目、募集明细、资金流向、受助人反馈等）均可存放在一条特定的区块链上，透明、公开，并通过公示达成社会监督的目的。

（8）实体资产。实体资产往往难以分割，不便于流通。实体资产的流通难以监控，存在洗钱等风险。用区块链技术实现资产数字化后，所有资产交易记录公开、透明、永久存储、可追溯，完全符合监管需求。

（9）社交。区块链应用于社交领域的核心价值是让用户自己控制数据，杜绝隐私泄露。区块链技术在社交领域的应用目的是让社交网络的控制权从中心化的公司转向个人，实现"中心化"向"去中心化"转变，让数据的控制权牢牢掌握在用户自己手里。

3.5.5　区块链的发展阶段

按照区块链技术典型应用的不同，其发展主要分为 3 个阶段，依次是以虚拟数字货币为代表的区块链 1.0 阶段、虚拟数字货币和智能合约相结合的区块链 2.0 阶段、面向企业和组织的区块链 3.0 阶段。

1．区块链 1.0 阶段

区块链 1.0 阶段是区块链技术的开创阶段，以虚拟数字货币的出现为标志。随着虚拟数字货币的迅猛发展，区块链作为其底层技术慢慢受到了人们的关注。在这个阶段，区块链技术被用来构建去中心化的虚拟数字货币体系，使虚拟数字货币可以安全、透明和可追溯地交易。

在区块链 1.0 阶段，虚拟数字货币的出现打破了传统金融体系的中心化结构，实现了去中心化交易。通过区块链技术，虚拟数字货币的交易记录被保存在一个分布式账本上，每个参与者都可以查看和验证交易记录，确保了交易的安全性和透明性。

在这个阶段，区块链技术主要被用于虚拟数字货币的交易和流通，还没有涉及其他领域。

2．区块链 2.0 阶段

虚拟数字货币和智能合约相结合的区块链 2.0 阶段是区块链技术发展的一个重要阶段，它标志着区块链技术从单一的虚拟数字货币应用扩展到更广泛的应用领域。

在这个阶段，区块链技术不仅被用于虚拟数字货币的交易和流通，还被用于构建智能合约。智能合约是一种自动执行合约条款的程序，它基于区块链技术，可以在不需要第三方干预的情况下自动执行合约条款。

通过将虚拟数字货币和智能合约相结合，区块链可以实现更加复杂和灵活的应用。例如，智能合约可以用于实现供应链管理、金融交易、数字身份验证等应用场景。通过智能合约，区块链可以自动执行交易、验证身份、管理数据等操作，提高了交易的效率和安全性。

此外，区块链2.0阶段还引入了更多的技术创新和应用场景。一些区块链平台不仅支持虚拟数字货币的交易，还支持智能合约的开发和部署。这些平台提供了更加灵活和可扩展的区块链技术，为各种应用场景提供了更加广泛的支持。

总的来说，虚拟数字货币和智能合约相结合的区块链2.0阶段是区块链技术发展的重要阶段，它标志着区块链技术从单一的虚拟数字货币应用扩展到更广泛的应用领域，为数字经济时代的发展提供了更加全面和灵活的技术支持。

3．区块链3.0阶段

在区块链2.0阶段，智能合约的使用使区块链技术的功能更加强大，但其应用范围还比较有限，缺乏具有实用价值的落地项目。随着区块链技术的发展，区块链技术的应用领域不断增加，许多组织和企业也参与到区块链技术的开发与使用中来。这些组织和企业利用区块链技术着手解决多个行业的实际问题，满足复杂的商业应用，区块链进入3.0阶段。在这一阶段，区块链技术涉及智能化物联网、供应链、去中心化操作系统、底层公链等。

3.5.6　基于区块链技术的虚拟数字货币

虚拟数字货币是一种在互联网上以电子形式存在的货币。虚拟数字货币是基于密码学、区块链等技术的一种全新的、数字化的货币形态。它没有实体形态，仅存在于网络中，并基于密码学进行保护和验证。

虚拟数字货币具有以下特点。

（1）去中心化：虚拟数字货币的发行和管理不依赖于任何中央机构，而是通过分布式技术和去中心化的网络来实现。这使其交易过程不受单一机构控制，增强了系统的自主性和抗攻击能力。

（2）匿名性：使用虚拟数字货币进行交易时，可以在一定程度上保护用户的隐私，因为交易记录虽然公开，但通常使用假名或地址表示。

（3）安全性：采用密码学技术确保交易记录无法被篡改，同时区块链的分布式特性也使系统更加稳定和安全。

虚拟数字货币领域有众多代表性产品，这些产品各具特色，基于不同的技术和设计理念。国外存在一些虚拟数字货币交易平台（在线平台），其连接购买者和卖家，提供虚拟数字货币的买卖、交易及相关服务。需要注意的是，虚拟数字货币市场具有高度波动性和不确定性，投资者在参与市场时应充分了解各种虚拟数字货币的特点和风险，并根据自身的风险承受能力和投资目标做出明智的决策。

我国对虚拟数字货币的态度一直以来都是相对谨慎和严格的。虚拟数字货币在我国被明确界定为虚拟商品，而非法定货币。这意味着它们不能作为货币在市场上流通，也不具备与法定货币等同的法律地位。央行多次重申，虚拟数字货币不能且不应作为货币使用，也不得用于与法定货币进行兑换。我国政府对于虚拟数字货币的监管政策是明确且一贯的。央行等金融监管机构多次发布通知和文件，明确禁止金融机构和非银行支付机构开展与虚拟数字货币相关的业务，包括但不限于定价、交易、清算等。境外虚拟数字货币交易所通过互联网向我国境内居民提供服务同样被视为非法金融活动，一律严格禁止并坚决依法取缔。自2021年起，我国开始实施更为严格的虚拟数字货币监管政策，多个虚拟数字货币交易平台退出中国市场。这些平台因违反相关法律法规，被要求停止运营并关闭。国内大部分银行和支付宝等支付机构已经官宣不再接受虚拟数字货币交易。这一措施进一步切断了虚拟数字货币在我国的流通渠道。我国政府还通过媒体宣传、教育引导等方式，提高公众对虚拟数字货币风险的认识和防范意识，强调虚拟数字货币投资的高风险性和不确定性，提醒投资者理性对待。

3.5.7　基于区块链技术的数字人民币

1．什么是数字人民币

数字人民币（Digital Currency Electronic Payment，DCEP）是中国人民银行发行的数字形式的法定货币，具有与纸钞硬币同等的法律地位和价值。数字人民币是人民币的一种，具有交易支付的功能，二者主要的区别在于发行技术不同。传统纸钞和硬币分别由印钞厂和造币厂制作，数字人民币则通过数字技术进行发行，免去了实体印刷或铸造的过程。

数字人民币的特点主要如下。

（1）便捷性：数字人民币可以在手机等移动设备上使用，支持线上线下支付，无须携带现金，极大地便利了人们的日常生活和消费。

（2）安全性：采用先进的加密技术和防护措施，确保交易过程的安全性和可靠性，有效防止伪造和篡改。

（3）普惠性：降低了金融服务的门槛，使没有银行账户的人群也能享受到便捷的金融服务，促进了金融包容性的提升。

（4）离线支付：支持在没有网络的情况下完成交易，解决了网络信号不佳地区的支付难题。

（5）可控匿名：在保证交易真实性的同时保护用户的个人隐私，提高了支付的灵活性。

数字人民币的推广和应用不仅改变了人们的支付方式，也推动了金融科技的创新和发展，是我国金融科技发展史上的重要里程碑。

2．数字人民币和区块链的关系

区块链技术是数字人民币的底层技术之一。数字人民币作为一种基于区块链技术的全新货币形式，充分利用了区块链技术的特点（如去中心化、不可篡改、透明性等）来保障其交易的安全性和可信度。通过区块链技术，数字人民币可以被编码和追踪，每一笔交易都有唯一的数字签名和时间戳，这大大增强了其防伪效果，并确保了交易的真实性和可追溯性。区块链的分布式账本特性，使任何试图篡改交易记录的行为都变得极为困难，因此，区块链技术可以保证数字人民币的安全性，实现防篡改。

3．推行数字人民币的重大意义

推行数字人民币的重大意义体现在多个方面，主要如下。

（1）提升金融服务的普惠性和便捷性。一是降低门槛。数字人民币能够降低金融服务的门槛，使没有银行账户或难以获得传统金融服务的人群也能享受到便捷的支付和转账服务。这有助于推动普惠金融的发展，提高金融服务的覆盖面和可获得性。二是提高效率。数字人民币的交易速度快、效率高，能够极大地提升金融交易的便捷性。用户通过智能手机等移动设备即可完成支付和转账，无须携带现金或前往银行网点办理业务。

（2）促进数字经济发展。数字人民币的推广将进一步推动数字支付的发展，为数字经济提供更加便捷、高效、安全的支付解决方案。这有助于加速数字经济的转型和升级，推动相关产业链的发展。

（3）增强金融稳定性与安全性。一是防止造假。数字人民币可以有效地解决纸钞和硬币造假的问题。虽然数字货币也存在被攻击的风险，但相比于纸币，其防伪能力更强。二是降低风险。数字人民币的交易记录被保存在区块链等分布式账本上，具有不可篡改和可追溯的特点。这有助于降低金融交易的风险，提高金融系统的稳定性和安全性。

（4）助力人民币国际化。一是提升国际地位。数字人民币将为人民币国际化提供助力。随着数字人民币在国际市场上的认可度不断提高、使用范围不断扩大，人民币的国际地位将得到提升。二是促进跨境支付。数字人民币具有全球性的优势，能够解决跨境支付中的货币兑换和汇率波动等问题。这将为跨境贸易和投资提供更加便捷、高效的支付解决方案，促进全球经济的融合发展。

3.6 元宇宙

元宇宙（Metaverse）是人类运用数字技术构建的、由现实世界映射或超越现实世界、可与现实世界交互的虚拟世界，是一种具备新型社会体系的数字生活空间。近几年，元宇宙成为互联网界备受瞩目的概念。

本节首先介绍元宇宙的概念、发展历程、重要性、应用前景及其与数字中国的关系，然后介绍元宇宙的基本特征、核心技术、典型应用场景、风险与挑战，最后介绍元宇宙的重要组成部分——虚拟现实、虚拟数字人和数字孪生。

3.6.1 元宇宙概述

1. 元宇宙的概念

2021年被称为"元宇宙元年"。这一年3月，首个将元宇宙概念写进招股书的企业Roblox登录美国纽约证券交易所，上市首日市值突破400亿美元。随后，国内各大互联网公司（如腾讯公司、字节跳动公司）争相布局元宇宙业务，元宇宙概念一片火热。

元宇宙这个概念最早出自美国科幻小说家尼尔·斯蒂芬森（Neal Stephenson）在1992年出版的科幻小说《雪崩》。在该科幻小说中，尼尔·斯蒂芬森创造了一个和社会紧密联系的三维数字空间，这个空间和现实世界平行。后来的电影《黑客帝国》《头号玩家》也体现了元宇宙的概念。

元宇宙是一个映射现实世界的虚拟平行世界，通过具象化的3D表现方式给人们提供一种沉浸式、具有真实感的数字虚拟世界体验；同时，元宇宙通过传感器、VR、5G等革命性技术最大化网络的价值，实现虚拟平行世界和物理真实世界的交叉与互补，从而形成交叉世界，以此从不同层面提升人们的生活、商业、娱乐的质量和体验。

在元宇宙这个虚拟的世界中，用户可以感受不一样的人生，体验和现实世界完全不同的生活；元宇宙能够带给用户更加真实的感受，就好像置身于虚拟的世界中，甚至于无法区分真实的世界和虚拟的世界。元宇宙以AR为驱动力，每位用户控制一个角色或虚拟化身。例如，用户可以在虚拟办公室中使用Oculus VR耳机参加混合现实会议，完成工作后，畅玩基于区块链的游戏来放松身心，然后在元宇宙中全面管理加密货币的投资情况。

元宇宙不同于虚拟空间和虚拟经济。元宇宙是一个始终在线的实时世界，允许无限量的人们同时参与其中。它跨越实体和数字世界。元宇宙将创造一个虚拟的平行世界，就像手机的延伸，所有的内容都可以虚拟3D化，例如，人们可以买衣服（皮肤）、建"房子"、旅游……艺术家更是可以解放大脑，随心所欲地创造。

元宇宙是数字社会发展的必然。从数字世界发展的维度看，元宇宙并非一蹴而就，过去智能终端的普及，电商、短视频、游戏等应用的兴起，5G基础设施的完善，共享经济的萌芽，都是元宇宙到来的前奏。严格来说，"元宇宙"这个词更多只是一个商业符号，它本身并没有什么新的技术，而是集成了一大批现有技术，其中包括5G、云计算、大数据、人工智能、虚拟现实、区块链、数字货币、物联网、人机交互等。元宇宙已经崭露头角，正在推进数字世界的演进。虽然元宇宙的发展还面临许多问题，但这些问题也孕育颠覆性创新的机遇。企业、高校、科研机构都应当共同努力、协同创新，推动数字世界的演进。

2. 元宇宙的发展历程

元宇宙的历史可以追溯到20世纪末期。1990年，随着互联网的普及，虚拟现实技术开始引起人们的注意。1995年，世界上第一个大规模多人在线游戏《瑞奇与老虎》发布，这是一个由基于文本的游戏逐渐发展为具有图形界面的游戏。2003年，虚拟社交网络游戏《Second Life》推出，它是虚拟现实和社交网络的结合体。《Second Life》让用户可以创建自己的虚拟人物，参加各种社交活动，以及创造和出售虚拟商品。《Second Life》的发布成为元宇宙发展的一个重要里程碑。这款游戏拥有强大的世界编辑功能与发达的虚拟经济系统，吸引了大量企业与教育机构。开发团队称它不是一个游戏，这里没有可以制造的冲突，也没有人为设定的目标，人们可以在其中社交、购物、建造、经商。

随着技术的不断进步，元宇宙的规模逐渐扩大，各大科技公司也开始投入巨资进行研发。2016年，谷歌公司推出Daydream View，这是一款虚拟现实头戴设备，可以让用户沉浸在虚拟世界中。2018年，亚马逊公司推出Sumerian，这是一个用于构建AR和VR应用程序的工具。

除了科技领域，许多其他领域也开始关注元宇宙的发展。2018年，时尚品牌Gucci推出了一款名为"Gucci Garden"的虚拟体验，让用户可以在其中探索虚拟花园和展览。同年，NBA球员肯巴·沃克（Kemba Walker）成为第一个在虚拟世界中签订合同的人，他在虚拟世界中与球队签约。

2021年，元宇宙进入一个新的阶段，这一年也被称为"元宇宙元年"。2021年3月，元宇宙第一股Roblox在美国纽约证券交易所上市；8月，芯片巨头英伟达公司花费数亿美元，推出了为元宇宙打造的模拟平台Omniverse；11月，微软公司宣布将打造一个更加企业化的"元宇宙"，用户可在虚拟世界分享办公文件。同时，一些新兴企业也开始进军元宇宙市场。2021年11月，名为"The Sandbox"的游戏推出了第一轮元宇宙地块拍卖，一些地块的价格高达数百万美元。

3．元宇宙的重要性

元宇宙的重要性主要体现在以下几个方面。

（1）扩展现实空间：元宇宙通过虚拟现实技术将现实世界与虚拟世界相结合，为用户提供更广阔的虚拟空间和更丰富的娱乐体验。这不仅扩展了人们的娱乐空间，还为人们提供了更多的社交机会。

（2）促进经济发展：元宇宙中的虚拟货币、虚拟商品等经济体系可以促进虚拟经济的发展。同时，元宇宙也为传统经济提供了新的商业模式和机会，如虚拟房地产、虚拟旅游等。

（3）提高社会互动：元宇宙中的社交功能可以促进人们的互动和交流。在元宇宙中，人们可以更加自由地表达自己，与他人建立联系，从而增强社会互动和社区意识。

（4）创新教育方式：元宇宙中的虚拟现实技术可以为教育提供更加直观、生动的学习体验。通过元宇宙，学生可以在虚拟环境中进行学习。

（5）推动科技创新：元宇宙的发展需要不断的技术创新和突破，这可以推动相关领域的技术进步和创新。同时，元宇宙也为科技创新提供了更多的应用场景和商业模式。

4．元宇宙的应用前景

元宇宙的应用前景非常广阔，主要体现在以下几个方面。

（1）社交娱乐：元宇宙可以为用户提供沉浸式的社交体验，用户可以在元宇宙中与他人进行互动、交流、游戏等，增加社交的趣味性和深度。

（2）虚拟旅游：元宇宙可以为用户提供更加真实、生动的旅游体验，用户可以在元宇宙中游览世界各地的名胜古迹、自然风光等。

（3）虚拟教育：元宇宙可以为用户提供更加直观、生动的学习体验，用户可以在元宇宙中进行实验、探索和模拟，从而提高学习效果和兴趣。

（4）虚拟商业：元宇宙中的虚拟现实技术可以为用户提供更加真实、生动的购物体验，用户可以在元宇宙中购买虚拟商品、虚拟房地产等。

（5）虚拟办公：元宇宙中的虚拟现实技术可以为用户提供更加真实、生动的办公体验，用户可以在元宇宙中进行会议、协作等办公活动。

5．元宇宙与数字中国的关系

元宇宙是数字中国发展的重要组成部分，它是互联网的升级版，代表互联网的未来发展方向。元宇宙的发展将推动数字中国向更高层次、更广领域、更深程度迈进，为数字中国建设注入新的动力和活力。

首先，元宇宙的发展将促进数字经济的快速发展。元宇宙将虚拟现实、增强现实、区块链等先进技术融合在一起，构建了一个全新的虚拟世界，为数字经济提供了新的发展空间和机遇。在元宇宙中，人们可以进行各种商业活动，如虚拟购物、虚拟展览等，这将促进数字经济的发展。

其次，元宇宙的发展将推动数字政府的建设。元宇宙中的虚拟现实、增强现实等技术可以为政府提供更加高效、便捷的服务和治理方式，如虚拟政务大厅、数字化城市管理、智能化监管等。这将有助于提高政府治理能力和公共服务水平，推动数字政府的建设。

最后，元宇宙的发展将促进数字文化的繁荣。元宇宙中的虚拟现实、增强现实等技术可以为文化创意产业提供更加广阔的发展空间和机遇，如虚拟博物馆、数字化艺术、虚拟演出等。这将有助于推动数字文化的繁荣发展，促进中华优秀传统文化的传承和创新。

元宇宙是数字经济的新高地，是数字中国和网络强国的新前沿，是数字经济和实体经济深度融合的新领域、新赛道，是高质量发展的新动能、新优势。能够支撑元宇宙全感官体验、全场景互动、随时随地接入、实时创造诉求的基础设施和能力平台，也必将成为数字中国建设的关键底座。

3.6.2 元宇宙的基本特征

元宇宙至少需要具有以下8个基本特征。

（1）自主管理身份。身份是交互中识别不同个体差异的标识。个体的身份决定了他可以与其他对象完成什么样的交互，同时也决定了他不能完成其他的交互。物理世界中如此，数字世界也是如此。在物理世界中，如果一个人的身份可以被随意更改甚至删除，那么他的生活可能会遇到很多困难。而在数字世界中，个体的数字身份一旦被删除，那么这个个体在数字世界中就不复存在了。

（2）数字资产产权。个体一旦在数字世界有了可以自己掌控的数字身份，那么一个随之而来的需求就是对自己所拥有的数字资产进行保护。随着数字资产产权的明确，每个人基于自己的数字身份拥有自己的数字资产，数字经济的活力会被进一步激发，实现跨越式发展。但是，由于数据本身的特性，数字世界中产权的实现相较物理世界更为困难。

（3）元宇宙管控权。元宇宙的管控权对于元宇宙建设也至关重要，它在一定程度上决定数字资产的产权能否被有效保护。元宇宙不应该被少部分人的意愿左右，更应该代表广大参与者的集体利益，元宇宙的管控权应是元宇宙所有参与者所共有的。建设者、创作者、投资者、使用者等都是元宇宙的主人翁，所有参与者的合理权益都应该被尊重。理想状态是采用全过程人民民主形态，逐渐形成完整的元宇宙制度程序和参与实践，保证人们在元宇宙中广泛深入参与的权利。

（4）去中心化。上述3个元宇宙的基本特征有一个共同的逻辑基础——去中心化，即不由单个实体拥有或运营。根据Web 2.0的经验，中心化的平台往往一开始通过开放、友好、包容的态度吸引使用者、创作者，但随着发展的持续，平台往往会逐渐在用户的信任和既得利益中迷失，展现出封闭、狭隘、苛刻。中心化的平台也更有可能被小部分人的个人利益所挟持，逐渐成为巨型的中间商，主动构建"数据孤岛"，形成数据寡头。去中心化的系统可以为元宇宙参与者提供更公平、更多样化的交互场景。

（5）开放和开源。元宇宙中的开放性应当体现为所有组件灵活的相互适配性。每个特定功能的组件只需要编写一次，之后就可以像积木一样简单地重复使用，组合搭建作品或开发更复杂的功能模块。这种相互之间的适配性可以充分利用数据要素的可复制性，减少重复劳动，解放生产力。为了互联互通、相互适配，元宇宙必须具备体系化、高质量的开放技术架构和完备的交互标准。开源就是开放代码且允许用户自由修改，无论开放程度和种类如何，开源对元宇宙而言都是至关重要的。

（6）社会沉浸。元宇宙真正需要的是更广泛意义上的沉浸感，即让参与者享受到基于元宇宙构筑的虚拟空间的独特魅力。对于这种沉浸感，人们已有所体验：孩子线上学习、在线沟通、知识工作者线上办公、音视频开会、远程协作……虽然目前这些交互普遍是物理世界在数字世界的映射，但它们仍将是人们在元宇宙中交互的有效手段。同时，随着自主管理身份、数字资产产权、元宇宙管控权等特征的发展，元宇宙中将会出现其所特有的行为与活动，形成创新的相互关系与业务逻辑，丰富数字世界的内涵。人们将以更新颖的方式在元宇宙中学习、工作、休闲，如同今天人们上网课、开网络会议、网购一样。

（7）与现实世界同步互通。元宇宙不但要有完善的社会经济系统，还要与现实世界互通。例如，在元宇宙当中通过劳动或者投资挣到的钱，要能在现实世界中花才行，或者说在元宇宙当中挣到的钱就是现实世界当中的钱；反之亦然，现实世界当中的支付手段（如微信、支付宝、数字人民币等）都可以在元宇宙当中直接使用。同样，在元宇宙中，对于领导开视频会议布置的任务，人们在回到现实世界后也必须认真去完成。元宇宙的目标是给人类一个平行于现有世界的数字化生存空间，而不是一个完全虚幻的世界，虚拟并不等于虚幻，否则它就真成游戏了。

（8）精神满足功能。元宇宙是人类为了满足自身在现实社会不能满足的欲望和想象，运用现代技术手段所构建的一个智能虚拟世界。因此，满足人类的精神需求是元宇宙构建和存在的根本目的。当前，元宇宙对人们想象的满足主要是通过网络游戏来实现。例如，Unity 既是游戏引擎，又是虚拟创作平台。游戏爱好者可以在 Unity 构建的智能虚拟世界里扮演《王者荣耀》里的李白，与《龙猫》里的龙猫对话交流等；也可以自行对感兴趣的游戏进行开发，在元宇宙里建构自己的游戏天地，实现自己在现实中不能实现的游戏梦想。在不久的将来，元宇宙对于人类需求的满足不会局限于游戏、社交、娱乐等，而会超越现实世界，实现更多的可能和人类的想象。例如，在后工业化社会，由于人们过分看重物质方面的需求，精神世界日益空虚，心理需求成为人类的最大需求之一。元宇宙能够根据一定的生成逻辑创设不同的智能虚拟场景，让人们沉浸其中，满足人们逝去的童年、少年时代的幸福感，从而实现心理上的满足。此外，元宇宙还可以在社会生产、学习工作等多个领域自动生成人们需要的各种智能虚拟场景，满足人们在现实世界中不能满足的精神诉求。由此可见，在元宇宙这样一个智能虚拟世界里，人们将从现实世界的病痛、工作压力、生活烦恼中解脱，根据自己的意愿和理想去充分享受学习、生活和工作。

3.6.3 元宇宙的核心技术

元宇宙包括以下七大核心技术。

（1）区块链技术。区块链技术极其重要，是元宇宙的重要底层技术和元宇宙的最基础保障。对于同样的两个文件，人们很难区分谁是复制品，区块链技术则完美地解决了这个问题，区块链具有防篡改和可追溯的特性，天生具备"防复制"的特点。区块链还为元宇宙带来去中心化的支撑，为元宇宙提供数据去中心化、存储-计算-网络传输去中心化、规则公开、资产等支持。

（2）人机交互技术。人机交互技术为元宇宙提供了沉浸式虚拟现实体验，包括 VR、AR、MR（Mixed Reality，混合现实）、全息影像技术、脑机交互技术及传感技术等。

（3）网络通信及算力技术。元宇宙会产生巨大的数据吞吐，为了同时满足高吞吐和低延时的要求，就必须使用高性能通信技术。5G 具有高网速、低延迟、高可靠、低功率、海量连接等特性。5G 时代的到来将为元宇宙提供通信技术支撑。此外，正处于起步阶段的元宇宙若想实现沉浸式、低延迟、高分辨率，提供易于访问、零宕机的良好用户体验，离不开现实世界中算力基础设施的支撑，因此，云计算是元宇宙的重要支撑技术之一。元宇宙的发展需要大规模的计算和存储，需要大量的数据交互。真实世界的计算、存储能力直接决定了元宇宙的规模和完整性。

（4）物联网技术。物联网是新一代信息技术的重要组成部分，是物物相连的互联网。物联网是真实世界与元宇宙的链接，是元宇宙提升沉浸感的关键所在。物联网的首要条件是设备能够接入互联网实现信息的交互，无线模组是实现设备联网的关键。

（5）数字孪生技术。数字孪生充分利用物理模型、传感器更新、运行历史等数据，集成多学科、多物理量、多尺度、多概率的仿真过程，在虚拟空间中完成映射，从而反映对应实体装备的全生命周期。数字孪生是一种超越现实的概念，可以被视为一个或多个重要的、彼此依赖的装备系统的数字映射系统。

（6）人工智能技术。人工智能技术是使用计算机来模拟人的某些思维过程和智能行为（如学习、推理、思考、规划等）。元宇宙主要用到人工智能技术中的计算机视觉、机器学习、自然语音学习、自然语音处理、智能语音等技术。

（7）大数据技术。元宇宙一旦开发应用将产生海量数据，给现实世界带来巨大的数据处理压力。因此，大数据技术是顺利实现元宇宙的关键技术之一。

总体而言，元宇宙与各种技术之间的关系是：元宇宙基于区块链技术构建经济体系，基于人机交互技术实现沉浸式体验，基于网络和云计算技术构建"智能连接""深度连接""全息连接""泛在连接""计算力即服务"等基础设施，基于物联网建立起真实世界与元宇宙的连接，基于数字孪生技术生成真实世界镜像，基于人工智能技术进行多场景深度学习，基于大数据技术完成海量数据处理。

3.6.4　元宇宙的典型应用场景

本小节介绍元宇宙的典型应用场景，涉及数字货币与金融领域、供应链管理与物流领域、社交娱乐与游戏领域、教育培训领域、医疗领域、环保领域、公共服务领域和城市管理领域等。

1. 数字货币与金融领域

元宇宙在数字货币与金融领域的应用主要体现在以下几个方面。

（1）数字货币交易：元宇宙中的数字货币交易平台可以为数字货币的交易提供更加安全、便捷、高效的交易环境。通过元宇宙的虚拟现实技术，用户可以更加直观地查看数字货币的价格、交易历史等信息，从而更好地做出投资决策。

（2）数字资产确权与认证：元宇宙中的数字资产确权与认证机制可以为数字资产的交易提供更加可靠、可信的保障。通过元宇宙中的区块链技术，可以确保数字资产的唯一性和不可篡改性，从而保障数字资产的安全和价值。

（3）金融创新与合作：元宇宙可以为金融领域带来更多的创新和合作机会。通过元宇宙中的虚拟现实技术，金融机构可以为用户提供更加直观、生动的金融产品和服务，从而提高用户的参与度和满意度。同时，元宇宙也可以为金融机构提供更加广阔的市场和机会，促进金融行业的创新和发展。

2. 供应链管理与物流领域

元宇宙在供应链管理与物流领域的应用主要体现在以下几个方面。

（1）供应链可视化：元宇宙可以通过虚拟现实技术将供应链的各个环节（包括生产、运输、仓储、销售等）进行可视化展示。这可以帮助企业更好地了解供应链的运行情况，及时发现和解决问题，提高供应链的效率和透明度。

（2）物流优化：元宇宙可以通过大数据分析和人工智能技术对物流过程进行优化。例如，通过分析历史数据和实时数据，可以预测货物的运输时间和路线，从而优化物流计划，减少运输成本和时间。

（3）智能仓储管理：元宇宙可以通过虚拟现实技术对仓库进行数字化建模和管理。这可以帮助企业更好地管理库存，提高仓储效率，降低库存成本。

（4）供应链协同：元宇宙可以促进供应链各环节之间的协同合作。通过元宇宙平台，供应链上的各个环节可以实时共享信息，协调工作，从而提高整个供应链的效率和响应速度。

3. 社交娱乐与游戏领域

元宇宙在社交娱乐与游戏领域的应用主要体现在以下几个方面。

（1）虚拟社交：元宇宙可以为用户提供沉浸式的社交体验。在元宇宙中，用户可以创建自己的虚拟形象，与他人进行互动、交流、游戏等，增加社交的趣味性和深度。这种虚拟社交方式可以打破地域限制，让人们在全球范围内进行社交活动。

（2）虚拟游戏：元宇宙中的虚拟现实技术可以为用户提供更加真实、生动的游戏体验。在元宇宙中，用户可以进入虚拟的游戏世界，与其他玩家进行竞技、探险等游戏活动。这种虚拟游戏方式可以提供沉浸式的游戏体验，提高游戏的趣味性和吸引力。

（3）虚拟演出：元宇宙中的虚拟现实技术可以为用户提供更加真实、生动的演出体验。在元宇宙中，用户可以观看虚拟的演唱会、戏剧表演等，享受更加真实、生动的演出体验。这种虚拟演出方式可以提供更加便捷、灵活的演出观看方式，满足用户的多样化需求。

4．教育培训领域

元宇宙在教育培训领域的应用主要体现在以下几个方面。

（1）虚拟实验室：在元宇宙中，学生可以通过虚拟现实技术进行各种实验，如化学实验、物理实验、生物实验等，从而更加深入地了解科学知识和实验技巧。

（2）虚拟教室：在元宇宙中，学生可以在虚拟教室中上课、学习、讨论等，与老师、同学进行互动和交流，提高学习效果和兴趣。

（3）虚拟实习：在元宇宙中，学生可以通过虚拟现实技术进行各种实习，如医生实习、工程师实习、教师实习等，从而更加深入地了解职业知识和技能。

（4）虚拟培训：在元宇宙中，培训人员可以通过虚拟现实技术进行各种培训，如安全培训、技能培训、管理培训等，从而提高培训效果和质量。

（5）虚拟竞赛：在元宇宙中，学生和培训人员可以通过虚拟现实技术进行各种竞赛，如知识竞赛、技能竞赛、创新竞赛等，从而激发他们的学习兴趣和动力。

5．医疗领域

元宇宙在医疗领域的应用主要体现在以下几个方面。

（1）虚拟医疗咨询：元宇宙可以提供一种虚拟的医疗咨询环境，患者可以在这个环境中与医生进行交流。这种虚拟医疗咨询方式可以打破地域限制，让患者和医生跨越地理距离进行沟通，提高医疗服务的可及性和便利性。

（2）虚拟手术模拟：元宇宙可以提供一种虚拟的手术模拟环境，医生可以在这个环境中进行手术模拟和训练。这种虚拟手术模拟方式可以提供更加真实、沉浸式的手术体验，帮助医生提高手术技能和水平。

（3）虚拟康复训练：元宇宙可以提供一种虚拟的康复训练环境，患者可以在这个环境中进行康复训练。元宇宙为患者提供个性化、精准化的康复方案，帮助患者更快地恢复健康。

（4）虚拟药物研发：元宇宙可以提供一种虚拟的药物研发环境，研究人员可以在这个环境中进行药物研发和实验，从而降低实验成本和风险，提高药物研发的效率和成功率。

（5）虚拟医学教育：元宇宙可以提供一种虚拟的医学教育环境，医学生可以在这个环境中进行学习和实践。这种虚拟医学教育方式可以提供更加直观、生动的教学内容，帮助医学生更好地理解和掌握医学知识。

6．环保领域

元宇宙在环保领域的应用主要体现在以下几个方面。

（1）环保科普教育：元宇宙可以通过虚拟现实技术创建出逼真的模拟环境，让公众可以直观地了解环境污染和生态破坏的后果。同时，元宇宙还可以将环保知识融入游戏设计中，使人们在娱乐中学习环保知识，从而提高环保意识。

（2）环保行动模拟：元宇宙可以模拟各种环保行动（如垃圾分类、节能减排等），让用户在虚拟环境中体验这些行动，并了解这些行动对环境的影响。这种方式可以激发人们对环保行动的热情，并提高他们的行动力。

（3）生态保护与修复：元宇宙可以模拟生态系统的运行，帮助人们了解生态系统的运作机制，从而更好地进行生态保护和修复工作。同时，元宇宙还可以模拟生态修复的过程，为实际的生态修复工作提供参考。

（4）环保决策支持：元宇宙可以通过大数据和人工智能技术对环境数据进行实时监测与分析，为环保决策提供科学依据。例如，元宇宙可以预测污染物的扩散趋势，帮助政府部门和企业制定有效的污染控制策略。

（5）绿色城市建设：元宇宙可以模拟城市的发展过程，帮助城市规划者更好地理解城市发展对环境的影响。同时，元宇宙还可以模拟绿色城市的建设过程，为政府部门进行绿色城市建设提供参考。

7．公共服务领域

元宇宙在公共服务领域的应用主要体现在以下几个方面。

（1）虚拟政务服务：元宇宙可以提供一种虚拟的政务服务环境，公众可以在这个环境中与政府部门进行沟通与交流。这种虚拟政务服务方式可以打破地域限制，让公众和政府机构跨越地理距离进行沟通，从而提高了政务服务的效率和便利性。

（2）虚拟公共交通：元宇宙可以提供一种虚拟的公共交通环境，公众可以在这个环境中进行公共交通规划，从而获得更加个性化、精准化的交通服务。

（3）虚拟社区服务：元宇宙可以提供一种虚拟的社区服务环境，公众可以在这个环境中进行社区管理和服务，更好地了解和管理自己的社区。

（4）虚拟文化服务：元宇宙可以提供一种虚拟的文化服务环境，公众可以在这个环境中进行文化交流和体验。这种虚拟文化服务方式可以提供更加多元化、个性化的文化服务，帮助公众更好地了解和体验不同的文化。

（5）虚拟教育服务：元宇宙可以提供一种虚拟的教育服务环境，学生可以在这个环境中进行学习和实践，获得更加个性化、互动化的教学内容。

8．城市管理领域

元宇宙在城市管理领域的应用主要体现在以下几个方面。

（1）城市规划与设计：元宇宙可以模拟城市的规划与设计过程，通过虚拟现实技术让城市规划师和设计师能够直观地看到城市规划方案的实际效果，从而更好地进行城市规划和设计，提高城市规划的效率和准确性，减少规划过程中的错误和浪费。

（2）城市交通管理：元宇宙可以模拟城市的交通状况，帮助交通管理部门更好地了解交通流量、拥堵情况等，从而制定更加有效的交通管理策略。同时，元宇宙还可以模拟交通事故和交通管制等场景，为交通管理部门提供更加全面的交通管理方案。

（3）城市安全监控：元宇宙可以结合物联网、人工智能等技术实现城市的安全监控。元宇宙通过虚拟现实技术，可以实时监测城市的安全状况，及时发现和处理安全隐患。同时，元宇宙还可以模拟各种安全事故场景，为城市安全管理部门提供更加全面的安全防范方案。

（4）城市应急管理：元宇宙可以模拟城市的应急管理过程，帮助应急管理部门更好地进行应急预案的制定和演练。元宇宙通过虚拟现实技术，可以模拟各种突发事件场景（如地震、火灾等），为应急管理部门提供更加全面和准确的应急管理方案。

（5）城市公共服务：元宇宙可以结合物联网、大数据等技术为市民提供更加便捷、高效、个性化的公共服务。例如，元宇宙通过虚拟现实技术，可以提供虚拟导游、虚拟导购等服务，为市民提供更加丰富的旅游体验。

3.6.5　元宇宙的风险与挑战

元宇宙的风险与挑战主要包括技术风险与挑战、法律与监管风险、社会风险与挑战、经济风险与挑战等。

1．技术风险与挑战

元宇宙的技术风险与挑战主要来自以下几个方面。

（1）技术成熟度：元宇宙的开发需要多种技术的支持，包括虚拟现实、增强现实、区块链、人工智能等。然而，这些技术目前仍处于不断发展和完善的过程中，尚未达到成熟阶段，因此存在一定的技术风险和挑战。

（2）技术成本：元宇宙的开发需要大量的技术资源和资金投入，包括硬件设备、软件开发、人才引进等方面。因此，元宇宙的普及和应用需要考虑成本问题，这也是一项技术和经济上的挑战。

（3）技术融合问题：元宇宙的开发需要多种技术的融合，包括虚拟现实、增强现实、区块链、人工智能等。然而，这些技术之间存在一定的差异和冲突，人们需要解决技术融合和协调问题，以确保元宇宙的顺利开发和运行。

（4）技术安全性：元宇宙的开发和应用涉及大量数据和信息，因此，人们需要确保技术的安全性，包括数据加密、网络安全、用户隐私保护等方面。然而，由于技术的复杂性和开放性，元宇宙面临一定的安全风险和挑战。

（5）技术法规和伦理问题：元宇宙的开发和应用涉及一系列法规和伦理问题，如虚拟财产权、虚拟交易的合法性、数字身份认证等。这些问题需要人们制定相应的法规和规范来解决。同时，人们也需要探讨元宇宙对人类社会的影响和挑战。

2．法律与监管风险

元宇宙的法律与监管风险主要涉及以下几个方面。

（1）法律框架的不确定性：元宇宙是一个新兴领域，其法律框架尚未完全建立。这可能导致在元宇宙中的行为和交易缺乏明确的法律规范，增加了法律风险。

（2）知识产权保护问题：元宇宙中的内容（如虚拟商品、数字资产等）可能涉及知识产权问题，如果缺乏有效的知识产权保护机制，可能会滋生盗版、侵权等行为，从而损害创作者和开发者的利益。

（3）数据隐私和安全问题：元宇宙中的数据隐私和安全是一个重要的风险存在点。如果元宇宙平台和服务提供商未能采取适当的安全措施保护用户数据，可能会导致数据泄露、身份盗窃等问题，对用户隐私权构成侵犯。

（4）跨境监管问题：元宇宙具有全球性，其行为和交易可能涉及跨境问题。各国对元宇宙的监管政策和法规可能存在差异，从而导致跨境监管的复杂性和不确定性。

3．社会风险与挑战

元宇宙的社会风险与挑战主要表现在以下几个方面。

（1）社会接受度的风险与挑战：元宇宙作为新兴的概念和技术，其社会接受度面临一定的挑战。一些人对元宇宙持怀疑态度，认为它只是虚拟世界的延伸，无法替代现实生活。此外，由于元宇宙的技术和规则仍在不断发展与完善，一些人可能对其稳定性和可靠性持怀疑态度。为了提高元宇宙的社会接受度，人们需要加强对其技术、规则和应用的宣传与推广，让更多人了解元宇宙的潜力和价值。同时，人们需要不断完善元宇宙的技术和规则，提高其稳定性和可靠性，增强用户对元宇宙的信任感。

（2）社会伦理道德的风险与挑战：元宇宙中的行为和交易可能涉及伦理道德问题。例如，在元宇宙中，人们可能会进行虚拟商品或数字资产的交易，而这些交易可能涉及欺诈、盗窃等行为。此外，元宇宙中的行为也可能涉及个人隐私和数据安全问题，如数据泄露、身份盗窃等。为了应对社会伦理道德的挑战，人们需要加强对元宇宙中行为的监管和规范，确保其符合伦理道德标准。同时，社会需要加强对元宇宙用户的教育和引导，提高其道德意识和法律意识，避免不良行为发生。

4．经济风险与挑战

元宇宙的经济风险与挑战主要来自以下几个方面。

（1）经济波动和不确定性：元宇宙是一个新兴的经济领域，其发展受到多种因素影响，包括技术进步、市场需求、政策法规等。这些因素的变化可能导致元宇宙经济的波动和不确定性，给企业和投资者带来经济风险。

（2）市场竞争和商业竞争：随着元宇宙的快速发展，市场竞争将变得更加激烈。各大企业和机构都在积极布局元宇宙领域，争夺市场份额和资源。商业竞争可能导致价格战、营销战等行为出现，增加企业的运营成本和市场风险。

（3）技术和成本问题：元宇宙的发展需要大量的技术资源和资金投入。技术和成本的挑战可能导致一些企业在元宇宙领域的投资回报不足，甚至面临亏损的风险。同时，技术的不断更新和迭代也可能给企业带来技术更新与经济转型的压力。

3.6.6 虚拟现实

本小节介绍虚拟现实的概念、虚拟现实与元宇宙的关系、虚拟现实硬件设备和软件技术。

1．虚拟现实的概念

虚拟现实（VR）是一种可以用来创建和体验虚拟世界的计算机仿真系统。它利用计算机生成一种模拟环境，使用户沉浸到该环境中。虚拟现实技术就是利用现实生活中的数据，通过计算机技术产生电子信号，将其与各种输出设备结合，使其转化为人们能够感受到的现象，这些现象可以是现实中真真切切的物体，也可以是眼睛看不到的物质，但通过三维模型表现出来。因为这些现象是通过计算机技术模拟出来的、与现实有所结合的，故称为虚拟现实。

2．虚拟现实与元宇宙的关系

从范围的层面来看，元宇宙是一个更广泛、更综合的概念，它包括虚拟现实技术，但不仅限于此。元宇宙强调的是多个用户在同一个虚拟空间内共同构建、交互和创造，它旨在构建一个全面的、互联互通的数字世界。而虚拟现实主要关注单个用户在虚拟环境中的体验，旨在创造一种完全虚拟的感官体验。

从技术的层面来看，虚拟现实主要使用头戴式显示器等设备来实现，元宇宙则需要更多的技术支持，如人工智能、区块链和云计算等。

从目标的层面来看，虚拟现实技术的主要目标是提供沉浸式体验，让用户可以更好地融入虚拟世界中。元宇宙则更注重社交性和商业性，它的目标是为用户提供更多的社交和商业机会，使用户能够在其中进行各种互动和创造。

总的来说，虚拟现实是元宇宙构建的一部分，元宇宙是一个更全面、更综合的概念，旨在构建一个更大、更全面的虚拟世界。

3．虚拟现实硬件设备

虚拟现实硬件设备主要如下。

（1）头戴式显示器。头戴式显示器是一种虚拟现实硬件设备，它通过头戴的方式将虚拟现实内容直接呈现在用户的眼前，使用户能够沉浸在虚拟世界中。头戴式显示器通常采用高清晰度的屏幕，以提供更加逼真的视觉体验。同时，它还配备有头部追踪系统，能够实时跟踪用户的头部运动，确保虚拟现实内容的准确呈现。此外，头戴式显示器还具有舒适性和便携性，用户可以随时随地使用它来体验虚拟现实内容。它还可以与各种虚拟现实软件和游戏进行连接，使用户能够更加深入地探索虚拟世界。

（2）运动追踪系统。运动追踪系统是虚拟现实硬件设备的重要组成部分，它能够实时跟踪用户的身体运动，并将其转化为虚拟现实中的相应动作。运动追踪系统通常采用传感器和摄像头等设备，能够识别用户的身体姿势、手势和动作，并将其转化为计算机可识别的数据。这些数据被用于生成虚拟现实中的相应动作，使用户能够更加自然地与虚拟现实内容进行交互。运动追踪系统的准确性和实时性对于虚拟现实体验至关重要。它能够确保虚拟现实内容与用户的身体运动保持一致，使用户能够更加真实地感受到虚拟现实中的互动和反馈。

（3）触觉反馈设备。触觉反馈设备是虚拟现实硬件设备中的一种，它能够模拟用户在真实世界中的触觉感受，使用户能够更加真实地感受到虚拟现实的互动和反馈。触觉反馈设备通常采用振动器、压力传感器等设备，能够根据虚拟现实的不同情况产生相应的触觉反馈。例如，当用户在虚拟世界中触摸到某个物体时，触觉反馈设备会模拟该物体的质地、形状等特性，给用户接近真实的触觉感受。触觉反馈设备的使用能够增加虚拟现实体验的真实感和沉浸感，使用户更加身临其境。同时，触觉反馈设备还可以用于游戏娱乐、医疗康复等领域，为用户提供更加丰富、真实的体验。

4．虚拟现实软件技术

虚拟现实软件技术主要如下。

（1）三维建模和场景渲染。三维建模和场景渲染是虚拟现实软件技术中的重要组成部分，它能够将现实世界中的物体和场景转化为虚拟现实中的三维模型，并对其进行渲染，使用户能够更加真实地感受到虚拟现实中的场景和物体。三维建模通常采用专业的三维建模软件（如3ds Max、Maya等），通过建模工具创建出虚拟现实中的三维模型。场景渲染则是将三维模型与光照、材质等元素相结合，生成逼真的虚拟现实场景。三维建模和场景渲染技术的运用能够提高虚拟现实体验的真实感和沉浸感，使用户能够更加深入地感受到虚拟现实中的场景与物体。同时，三维建模和场景渲染还可以用于游戏娱乐、影视制作等领域，为用户提供更加丰富、真实的体验。

（2）用户界面设计。用户界面设计能够提供用户与虚拟现实环境之间的交互界面，使用户能够更加自然、便捷地与虚拟现实环境进行交互。用户界面设计通常采用图形化界面设计方式，通过简单的图形元素和操作方式，使用户能够快速地完成各种任务和操作。同时，用户界面设计还需要考虑用户的使用习惯和需求，以提供更加人性化、个性化的交互体验。用户界面设计在虚拟现实软件技术中扮演重要的角色，它能够提高用户与虚拟现实环境之间的交互体验，使用户能够更加深入地探索虚拟世界。同时，用户界面设计还可以用于各种领域（如游戏娱乐、教育培训等），为用户提供更加丰富、真实的体验。

（3）物理引擎技术。这种技术能够模拟物体在虚拟世界中的运动和碰撞，以及重力、摩擦等物理效应，增加虚拟现实体验的真实感。

（4）人工智能技术。人工智能技术可以用于虚拟现实中的角色行为模拟以及环境感知和交互等方面，增加虚拟现实的智能性和沉浸感。

3.6.7　虚拟数字人

虚拟数字人是以计算机图形学、人工智能、模式识别、深度学习等技术为基础，通过模仿或超越现实世界中的人类行为或功能而创建的数字化人，是元宇宙的重要组成部分。

1．虚拟数字人的概念

虚拟数字人（Digital Human / Meta Human）是运用数字技术（包括计算机图形学、语音合成技术、深度学习、类脑科学、计算机科学等）创造出来的、与人类形象接近的数字化人物形象。它是由一台或多台计算机生成，融合了真人形象的数据和特征的人类活动过程与信息的综合表现形式。虚拟数字人使人们可通过数字形象进行交流沟通，也可通过其互动形式完成数字形象与现实世界之间的互动。随着虚拟现实技术的逐渐成熟与应用，虚拟数字人正在慢慢走进人们的生活。

虚拟数字人具有3个重要特征：一是具有人的虚拟形象，其需要借助物理设备呈现，但不是物理实物，这是虚拟数字人与机器人的核心区别；二是具备独特的人设，有自己的性格特征和行为特征；三是具备互动的能力，未来虚拟数字人将能够自如地交流、行动和表达情绪。

2．虚拟数字人的分类

虚拟数字人的商业化已经走上快车道，在现实实践中按照技术、应用、呈现方式可以分为不同的类型（见图3-43）。

从技术层面来看，虚拟数字人可以分为真人驱动型、智能驱动型两大类。真人驱动型强调"人机耦合"，是目前相对成熟的一个领域，实现完全的智能驱动需要经历一个长期发展过程。

真人驱动型虚拟数字人是一种基于真实人类驱动的虚拟数字人物。这种虚拟数字人使用真实人类的动作、表情和声音等数据来驱动虚拟模型，因此与真实人类非常相似。真人驱动型虚拟数字人通常被用于电影、游戏、广告和其他娱乐领域，以提供更加真实和引人入胜的视觉体验。同时，它们也可以用于虚拟现实和增强现实等交互式应用中，以提供更加自然和真实的交互体验。创建真人驱动型虚拟数字人需要使用先进的动作捕捉技术、面部捕捉技术和语音合成技术等，以获取真实人类的数据，并将其应用于虚拟模型中。随着技术的不断发展，真人驱动型虚拟数字人的逼真度和可用性也在不断提高。

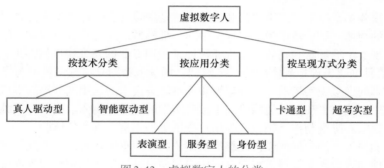

图 3-43　虚拟数字人的分类

　　智能驱动型虚拟数字人是一种基于人工智能技术驱动的虚拟数字人物。这种虚拟数字人使用 AI 算法和模型来生成动作、表情、语音等，从而具有自主行为和智能交互能力。智能驱动型虚拟数字人的最大特点是其自主性和智能性。与真人驱动型虚拟数字人相比，智能驱动型虚拟数字人不需要依赖真实人类的数据或预设动作库，而是可以通过学习和自适应算法来自主生成行为与响应。智能驱动型虚拟数字人的创建需要使用深度学习、强化学习等 AI 技术，以及自然语言处理、计算机视觉等相关技术。通过这些技术，虚拟数字人可以学习人类的行为模式、语言习惯和情感表达等，从而实现更加自然和智能的交互。智能驱动型虚拟数字人在娱乐、教育、客户服务等领域具有广泛的应用前景。例如，它们可以作为智能助手、智能导游、智能教师等，为用户提供个性化的服务和指导。同时，随着技术的不断发展，智能驱动型虚拟数字人的智能水平和应用范围也在不断扩大。

　　从应用层面来看，虚拟数字人主要分为服务型、表演型和身份型三大类。服务型虚拟数字人在企业中的使用较广泛，表演型虚拟数字人具有流量吸引力和商业想象空间，身份型虚拟数字人最具市场想象力，因为未来元宇宙可以使每个人都拥有自己的虚拟分身。

　　服务型虚拟数字人强调功能属性，包括虚拟主播、虚拟教师、虚拟客服、虚拟导游等，也包括具有陪伴、关怀价值的虚拟助手、虚拟关怀师等，主要为物理世界提供各种服务，在经济生活中具有创新、降本增效的特征。

　　表演型虚拟数字人强调偶像属性，虚拟偶像属于此类型，当前主要应用在娱乐、社交、办公场景中，如虚拟偶像演唱会、虚拟直播等。

　　身份型虚拟数字人强调身份属性，是物理世界的"真人"进入虚拟世界、元宇宙中的 ID，也被称为数字分身或虚拟分身。在元宇宙中，身份型虚拟数字人具有广阔的应用场景，当前主要应用在娱乐、社交、办公场景中，如虚拟社区、虚拟会议等。

　　从呈现方式层面来看，虚拟数字人主要分为卡通型和超写实型两大类。卡通型虚拟数字人的身份皆为虚构，它们在现实世界中并不存在，但其语言、动作、表情等都具有人的行为模式。目前，卡通型虚拟数字人在二次元、游戏、卡通动画中应用较多，具有制作、运营成本低以及量多的优势。

　　超写实型虚拟数字人是一种具有极高逼真度的虚拟数字人物，通常使用高级的图形技术和人工智能技术来创建。这种虚拟数字人的外观、动作和表情都非常逼真，几乎可以与真实人类相媲美。它们通常被用于电影、游戏、广告和其他娱乐领域，以提供真实和引人入胜的视觉体验。超写实型虚拟数字人的创建需要大量的计算资源和时间，因此通常需要使用高性能计算机和专业的图形软件来创建。同时，为了使虚拟数字人更加逼真，还需要使用人工智能技术来模拟人类的动作和表情。超写实型虚拟数字人是当前主流的发展方向，从诞生之日起，其就绕开了"二维""卡通"等特点，其高清人物建模、服装及专属饰品设计、专属场景设计等均具数字资产属性。其具有"超写实"的特点，可与物理世界中的人物身份——对应，在当前较具代表性，有可能成为未来人群与元宇宙场景连接的新工具。

3．虚拟数字人制作流程

虚拟数字人制作流程包括4个主要阶段。

（1）建模阶段：核心技术主要为CG（Computer Graphics，计算机图形学）建模、静态扫描建模和动态光场重建。目前，建模存在精度低、成本高和耗时长的问题，数据采集与光影呈现效果之间存在冲突。

（2）动作捕捉阶段：核心技术主要有光学动作捕捉、惯性动作捕捉和视觉动作捕捉。三者在精度、成本和效率方面都难以实现平衡，基于计算机视觉的动作捕捉受到外界环境影响较大。

（3）驱动阶段：主要有真人驱动和AI驱动两种方案，目前市面上的虚拟数字人以真人驱动为主。AI驱动的成本和耗时都低于真人驱动，但目前在口型适配和自然语言理解方面还存在较大不足。

（4）渲染阶段：主要有实时和离线渲染两种方案，现有技术难以兼顾时效性与精度；当前各模块技术方案难以兼顾精度、成本与耗时3个方面，发展智能技术是破局之道。

4．虚拟数字人的商业模式

虚拟数字人经过这些年的发展，形成了成熟的商业模式，这里以身份型虚拟数字人为例进行介绍。身份型虚拟数字人主要通过以下几个方面实现商业价值（见图3-44）。

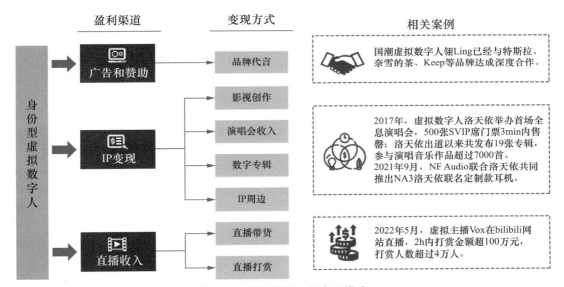

图3-44　虚拟数字人的商业模式

（1）广告和赞助：身份型虚拟数字人可以通过广告和赞助的方式实现商业价值。例如，与品牌合作推出联名款产品、代言广告等。

（2）IP变现：身份型虚拟数字人的IP变现模式是，将数字人的形象、故事等元素进行创意开发，形成具有吸引力的作品或产品，从而实现商业价值。这种模式主要包括4个方面。①影视创作：将数字人的形象和故事改编为电影、电视剧、动画等，通过影视作品的播出和发行，提高数字人的知名度和影响力，同时获取版权收益。②演唱会收入：数字人可以举办线上或线下的演唱会，吸引粉丝和观众前来观看，从而获取门票、赞助、周边产品等收益。③数字专辑：数字人可以发行数字专辑，通过在线销售和下载获取收益，同时还可以通过版权授权等方式获取版权收益。④IP周边：将数字人的形象和故事授权给其他商家，生产相关的周边产品（如玩具、服装、饰品等），从而获取授权费用和销售分成。

（3）直播收入：身份型虚拟数字人通过在直播平台上进行直播活动，吸引观众观看并获得收入。身份型虚拟数字人可以在直播平台上展示自己的才艺、分享生活、与观众互动等，吸引大量粉丝和观众。观众可以通过购买虚拟礼物、打赏等方式支持身份型虚拟数字人，身份型虚拟数字人可以将这些虚拟礼物和打赏兑换成现金收入。此外，身份型虚拟数字人还可以与品牌合作进行直播推广、销售商品，获取额外的直播收入。

5．虚拟数字人和元宇宙的关系

虚拟数字人和元宇宙之间存在紧密相连且互相依存的关系，具体如下。

（1）虚拟数字人是元宇宙中的重要组成部分。元宇宙是一个由无数个3D建模构成的虚拟世界，虚拟数字人则是这个虚拟世界中的居民。它们可以在元宇宙中扮演各种角色，如导游、教师、医生等，为元宇宙中的用户提供真实和便捷的服务，帮助用户更好地融入虚拟世界。

（2）元宇宙为虚拟数字人提供了更加广阔和丰富的发展空间。在元宇宙中，虚拟数字人可以拥有自己的虚拟身份和虚拟生活，与其他虚拟数字人进行互动和交流。它们可以在虚拟世界中学习、工作、娱乐，甚至可以拥有自己的虚拟家庭和社交圈。元宇宙为虚拟数字人提供了一个全新的发展平台，使虚拟数字人可以在虚拟世界中实现自己的梦想和追求。

（3）虚拟数字人和元宇宙之间的联系对于未来世界的发展具有重要意义。随着技术的不断进步，虚拟数字人和元宇宙的应用范围将会越来越广泛，会对人们的生活和工作产生深远的影响。虚拟数字人和元宇宙的发展不仅需要技术的支持，还需要人们的智慧和创新。只有在虚拟数字人和元宇宙之间建立起更加紧密的联系，才能够实现虚拟世界和现实世界的良性互动，为人类的未来带来更多的机遇。

6．虚拟数字人与真人主播的区别

真人主播是指利用真人的面部表情、肢体动作以及声音来进行直播带货的一种形式。真人主播在直播带货中具有很强的互动性，能够将消费者带入直播场景中，并营造出强烈的真实感。真人主播在直播带货过程中通常采用真实的肢体动作以及丰富的面部表情，利用自身优势形成极强的视觉冲击力和情绪感染力。

虚拟数字人是通过计算机技术构建的，具有特定角色形象、语言表达能力、行为表现方式以及情感交互能力。虚拟数字人可以通过语音识别、面部捕捉、语音合成等技术在虚拟场景中与用户进行交互。与真人主播相比，虚拟数字人具有的特点：一是不受时间和空间限制，可以全天不间断工作；二是不需要真人进行示范，降低了真人主播在直播过程中出现失误的可能性；三是成本和人力投入低，运营和维护成本低。

虚拟数字人通过对真人主播进行数字化、智能化改造，实现了虚拟数字人从"数据"到"智能"的转变。从技术实现上来看，真人主播需要专业的运营团队、丰富的经验、大量的人力投入以及高额的人力成本；虚拟数字人只需要计算机图形学技术和人工智能技术就可以实现，成本低、见效快。同时，真人主播还需要根据不同场景对表演进行设计与规划，在直播中不断调整状态、调整语气，从而达到更好的效果；虚拟数字人则可以通过数据驱动和算法构建，实现"千人千面"的个性化直播带货场景。

7．具有代表性的虚拟数字人产品

目前具有代表性的虚拟数字人产品如下。

（1）翎Ling：虚拟数字人翎Ling是由魔珐科技公司和次世文化公司共同打造的。作为首个登上央视舞台的虚拟数字人和首个国风超写实虚拟关键意见领袖（Key Opinion Leader，KOL），翎Ling以京剧梅派第三代传人的声音为基础，结合具有中国特色的虚拟形象，通过人工智能3D虚拟数字人技术及智能化虚拟内容打造，旨在演绎与传承国风文化，引领中国"正能量、底蕴、传承"的新风潮。翎Ling的打造及内容呈现运用了魔珐科技公司原创的人工智能技术及智能化虚拟内容制作管线，包括3D虚拟数字人智能建模与绑定、AI表演动画技术、虚拟直播、实时渲染等，并结合其领先的美术功底，最终输出系列内容。在央视舞台上，翎Ling的演出与互动内容的精细程度达到真人效果，虚拟数字人的五官与表情细节非常细腻，动作自然流畅，实时的渲染效果让她在舞动过程中头发与衣服随风而动，效果逼真。

（2）关小芳：快手公司推出的虚拟数字人，由快手Y-tech技术团队和用户体验设计中心共同打造。关小芳的形象设计时尚可爱，拥有独特的服装和配饰，并且具有与观众互动的能力。在直播中，关小芳能够回答观众的问题，与观众进行互动，并且能够根据观众的反馈进行相应的调整。此外，关小芳还具有一些特殊技能（如变魔术、唱歌跳舞等），能够为观众带来更多的娱乐体验。关小芳的推出是快手公司在虚拟人领域的一次尝试，旨在为用户提供更加丰富多样的直播内容。通过与观众的互动和娱乐表演，关小芳能够吸引更多的关注和粉丝，同时也为快手平台带来了更多的流量和商业价值。

（3）阿喜：活跃在短视频平台和直播中的虚拟数字人，以简单的形象和独特的互动方式赢得了大量粉丝的喜爱。

（4）A-SOUL：虚拟女团，由5个虚拟数字人组成，她们与用户进行互动，吸引了大量粉丝的关注和喜爱。

（5）洛天依：虚拟人物，拥有自己的音乐作品并举办了演唱会，吸引了大量粉丝的喜爱和支持。

（6）嗨氏：虎牙直播的一名虚拟主播，形象可爱，拥有甜美的声音和活泼可爱的性格。在虎牙直播平台上，嗨氏以游戏直播为主，经常和观众互动，分享游戏心得，受到了广大玩家的喜爱。

（7）嘉然：bilibili平台上的一名虚拟主播，拥有清新可人的形象、甜美的嗓音和活泼可爱的性格。在bilibili平台上，嘉然以生活分享、美食制作等内容为主，受到广大网友的追捧。

以上只是部分代表产品，除此之外还有许多优秀的虚拟数字人产品在为人们提供丰富多彩的虚拟世界体验。

3.6.8 数字孪生

本小节首先介绍数字孪生的概念、发展历程和系统架构，然后介绍数字孪生与元宇宙的关系，最后介绍数字孪生的行业应用和数字孪生行业面临的挑战。

1. 数字孪生的概念

数字孪生（Digital Twin）指将物理实体镜像映射到虚拟空间，生成一个"数字双胞胎"，在虚拟空间中的克隆体可以通过物联网实现数据实时双向互联互通，反映对应物理实体的全生命周期过程，在整合底层数据信息的基础上进行仿真预测，为优化决策赋能。根据复杂程度，数字孪生可以分成5级（见图3-45），级别越高，数字孪生越强大。受益于数字经济、工业互联网发展、政策落地、技术突破、下游需求增长，当前行业步入快速增长期；数字孪生关键技术包括建模、渲染、仿真及物联网。

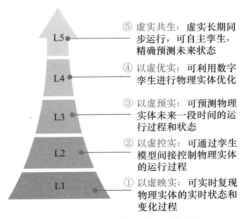

图 3-45　数字孪生的5个级别

根据信通院数据，数字孪生市场增长潜力大，具备广阔的发展空间。2022年，全球数字孪生市场规模达到77亿美元，同比增长57.1%，我国数字孪生市场规模超100亿元。当前全球学术领域数字孪生研究热度高涨，我国论文发布数量领先。

2．数字孪生的发展历程

数字孪生的发展历程如图3-46所示。数字孪生概念起源于美国，最初用于解决航天意外事件和空军战斗机维护等高风险问题。随着时间的推移，美国通用电气公司发现了数字孪生技术在生产制造领域的巨大价值，并将其推广到工业领域。随后，西门子（Siemens）公司、达索系统（Dassault Systems）公司等纷纷投身于数字孪生技术领域。随着人工智能、物联网、虚拟现实等技术的不断发展以及元宇宙概念的兴起，数字孪生概念得到进一步完善，其适用范围也在不断拓宽。在工业和城市领域，数字孪生技术拥有巨大的应用潜力和想象空间。

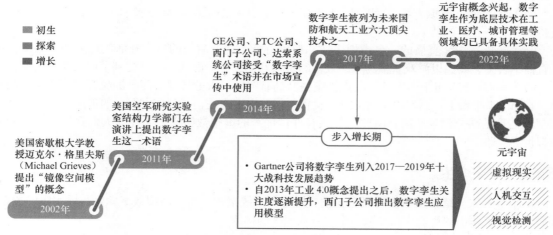

图3-46　数字孪生的发展历程

3．数字孪生系统架构

数字孪生通过构建"数字孪生体"并对其全生命周期进行模拟分析，为决策优化提供依据。这一过程需要强大的数据能力和建模能力作为底层支持。数字孪生通过传感器等媒介，采集人、物等物理实体的数据，通过物联网技术传输实时状态数据，最终在内部进行数据标记与管理，构成底层数据池。在具备了底层数据支持后，数字孪生将基于现实世界进行建模，构建一个与现实世界基本一致的数字世界。通过仿真等技术，数字孪生能够模拟物理世界的规律，实现状态预测、问题诊断等功能，从而为现实世界的决策提供反馈。数字孪生系统架构如图3-47所示。

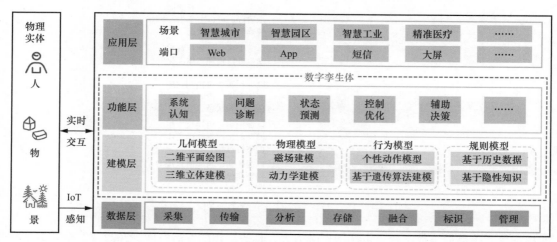

图3-47　数字孪生系统架构

4．数字孪生与元宇宙的关系

元宇宙和数字孪生是两个相关但不同的概念。数字孪生是通过数字化技术创建出来的虚拟对象，它可以精确地模拟现实世界中的物体、场景和过程。它与现实世界中的实体有极高的相似度，可以模拟、预测和优化实体的运行状态。元宇宙则是指一个虚拟的世界，它是由一系列数字孪生构成的，在元宇宙中，数字孪生可以被用来创建具有真实感的虚拟环境，这个环境可以让用户像在现实世界中一样进行交互、探索和体验。数字孪生还可以用来模拟现实世界中的各种场景和过程（如城市规划、交通流量、地震模拟等），这些模拟可以帮助人们更好地理解和解决现实世界中的问题。

数字孪生可以作为元宇宙的基础设施，是元宇宙的重要技术基础之一，为元宇宙提供精确的现实世界数据。元宇宙中的虚拟环境可以基于数字孪生技术进行建模和仿真，从而实现更加真实的交互和体验。数字孪生还可以为元宇宙提供更多的数据和分析，帮助用户更好地了解和掌握元宇宙中的各种信息与资源。

同时，元宇宙也可以为数字孪生提供更广阔的应用空间。通过元宇宙的沉浸式体验，用户可以更直观地了解数字孪生所表示的现实世界信息，从而更好地进行决策和规划。元宇宙还可以为数字孪生提供更多的交互和社交场景，让用户更好地分享和协作。

数字孪生和元宇宙是相互依存、相辅相成的，它们一起构成了未来数字化世界的重要基础设施。它们还可以互相促进，共同推动数字化技术的发展和应用。

5．数字孪生的行业应用

在数字经济的推动下，数字孪生与社会的融合日益加深，并逐渐渗透到各个行业的全生命周期中。目前，数字孪生技术已经在工业、城市管理、能源电力、医疗和水利行业得到广泛应用，助力智慧工业、智慧城市管理、新型电力系统、数字医疗和数字流域的建设。未来，数字孪生在上述行业的应用场景将不断拓宽，并逐渐扩展到更多行业。同时，各行业用户对数字孪生的需求也将不断增长，进一步推动数字孪生技术的发展，具体如下。

（1）智慧工业：数字孪生贯穿工业制造全生命周期各阶段，对产品研发设计生产进行验证，缩短周期，提升效率；解决工业制造中设计、制造、运行、维护等问题，提升智慧工业水平。

（2）智慧城市管理：构建数字孪生城市，实现对现实世界的监测、诊断、回溯、预测和决策控制，用于实体城市的规划、建设、治理和优化等全生命周期管理，提高城市运行效率。

（3）新型电力系统：利用电网运行中的信息数据流、虚拟电网构建数字孪生体，感知和监测物理实体电网运行状态，预测电网发展趋势、优化电网运营策略。

（4）数字医疗：监测、处理、整合影像信息及电子病历等医用数据，生成患者、医院数字孪生模型，协助医疗资源管理优化，确定用药方案、验证手术方案可行性等。

（5）数字流域：采集流域地理环境、自然资源、生态环境等信息，通过构建影像模型，便于各级部门对整个流域进行有效管理，提升资源利用率和决策效率。

6．数字孪生行业面临的挑战

目前我国数字孪生行业主要面临以下挑战。

（1）技术成熟度不高：数字孪生涉及多个领域的技术，包括建模、仿真、虚拟现实、物联网等，目前这些技术的成熟度还有待提高。

（2）数据采集与处理难：数字孪生需要大量的数据支持，包括实时的传感器数据、历史数据等，高效地采集和处理这些数据是一个不小的挑战。

（3）应用场景的复杂性：数字孪生需要应用于复杂的场景（如城市、工厂、设备等），这些场景的复杂性给数字孪生的应用带来了挑战。

（4）投资成本高：数字孪生的建设需要大量的投资，包括人力、物力和财力等方面的投入，这使一些企业难以承受。数字孪生对高性能计算、显示技术等基础支撑技术要求较高，且基础软件和渲染引擎仍依赖国外厂商。

（5）缺乏标准规范：目前数字孪生还处于探索阶段，缺乏统一的标准规范，这使不同厂商的数字孪生产品难以互联互通，给行业的发展带来一定的阻碍。

（6）厂商商业模式不成熟：主要体现在客户需求端较低迷，产品高定制化需求导致供给厂商盈利困难。

3.7　新兴数字技术之间的关系

云计算、物联网、大数据、人工智能、区块链、元宇宙这些新兴数字技术紧密相关，共同推动数字经济发展。物联网连接万物，产生大数据；云计算提供存储与计算能力；大数据支撑分析与决策；人工智能赋予机器智能；区块链确保数据可信与安全；元宇宙则是这些技术融合创造的虚拟世界。它们相互依存，共同推动科技进步与产业升级。

3.7.1　大数据与云计算、物联网的关系

云计算、大数据和物联网代表了IT领域最前沿的技术发展趋势，三者既有区别又有联系。云计算最初主要包含两类含义：一类是以谷歌公司的GFS和MapReduce为代表的大规模分布式并行计算技术；另一类是以亚马逊公司的虚拟机和对象存储为代表的"按需租用"商业模式。但是，随着大数据概念的提出，云计算中的分布式计算技术开始被列入大数据技术，而人们提到云计算时，更多指的是底层基础IT资源的整合优化以及以服务的方式提供IT资源的商业模式（如IaaS、PaaS、SaaS）。云计算和大数据概念从诞生到现在，二者之间的关系非常微妙，既密不可分，又千差万别。因此，我们不能把云计算和大数据割裂开来作为截然不同的两类技术来看待。此外，物联网也是和云计算、大数据相伴相生的技术。下面总结三者的区别与联系（见图3-48）。

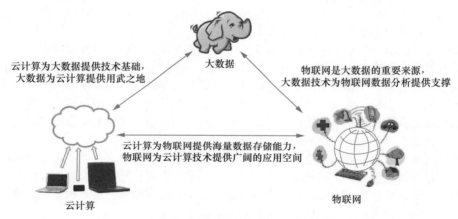

图3-48　大数据、云计算和物联网三者之间的关系

（1）大数据、云计算和物联网的区别。大数据侧重于对海量数据的存储、处理与分析，从海量数据中发现价值，服务于生产和生活；云计算本质上指整合和优化各种IT资源，并通过网络以服务的方式廉价地提供给用户；物联网的发展目标是实现物物相连，应用创新是物联网发展的核心。

（2）大数据、云计算和物联网的联系。从整体上看，大数据、云计算和物联网这三者是相辅相成的。大数据根植于云计算，大数据分析的很多技术都来自云计算，云计算的分布式数据存储和管理系统（包括分布式文件系统和分布式数据库系统）提供了海量数据的存储与管理能力，分布式并行处理框架MapReduce提供了海量数据分析能力，没有这些云计算技术做支撑，大数据分析将无从谈起。反之，大数据为云计算提供了用武之地，没有大数据这个"练兵场"，云计算技术再先进，也不能发挥它的应用价值。物联网的传感器源源不断产生的大量数据构成了大数据的重要数据来源，没有物联网的飞速发展，就不会带来数据产生方式的变革，即由人工产生阶段转向自动产生阶段，大数据时代也不会这么快到来。同时，物联网需要借助云计算和大数据技术来实现物联网大数

据的存储、分析和处理。

可以说，云计算、大数据和物联网三者已经彼此渗透、相互融合，在很多应用场合都可以同时看到三者的身影。未来，三者会继续相互促进、相互影响，更好地服务于社会生产和生活的各个领域。

3.7.2　大数据与人工智能的关系

人工智能和大数据都是当前的热门技术，人工智能的发展要早于大数据，人工智能在20世纪50年代就已经开始发展，而大数据的概念直到2010年左右才形成。人工智能受到国人关注要远早于大数据，且受到长期、广泛的关注，2016年AlphaGo的发布和2022年ChatGPT的发布一次又一次地把人工智能推向新的巅峰。

人工智能的影响力要大于大数据。人工智能和大数据是紧密相关的两种技术，二者既有联系，又有区别。

1．人工智能与大数据的联系

一方面，人工智能（特别是机器学习）需要通过数据来建立其智能。例如，机器学习图像识别应用程序可以查看数以万计的飞机图像，了解飞机的构成，以便将来能够识别出它们。人工智能应用的数据越多，其获得的结果就越准确。过去，人工智能由于处理器速度慢、数据量小而不能很好地工作。今天，大数据为人工智能提供了海量的数据，使人工智能技术有了长足的发展，甚至可以说，没有大数据就没有人工智能。

另一方面，大数据技术为人工智能提供了强大的存储能力和计算能力。过去，人工智能算法依赖于单机的存储和单机的算法，而在大数据时代，面对海量的数据，传统的单机存储和单机算法都已经无能为力，建立在集群技术之上的大数据技术（主要是分布式存储和分布式计算）可以为人工智能提供强大的存储能力和计算能力。

2．人工智能与大数据的区别

人工智能与大数据之间也存在明显的区别，人工智能是一种计算形式，它允许机器执行认知功能，如对输入起作用或做出反应，类似于人类的做法；而大数据属于传统计算，它不会根据结果采取行动，只是寻找结果。

另外，二者要达成的目标和实现目标的手段不同。大数据的主要目标是通过数据的对比分析来掌握和推演出更优的方案。以视频推送为例，我们之所以会接收到不同的推送内容，是因为大数据综合考虑了我们的观看习惯和日常的观看内容，推断出哪些内容更可能让我们感兴趣，并将其推送给我们。而人工智能的开发，则是为了辅助和代替我们更快、更好地完成某些任务或做出某些决定。不管是汽车自动驾驶、自我软件调整还是医学样本检查工作，人工智能都能先于人类完成相同的任务，而且错误更少，它能通过机器学习的方法掌握我们日常进行的重复性事项，并以其计算机处理的优势来高效地达成目标。

3.7.3　大数据与区块链的关系

大数据和区块链都是新一代信息技术，二者既有区别，又存在紧密的联系。

1．大数据与区块链的区别

大数据与区块链的区别主要表现在以下几个方面。

（1）数据量。区块链技术是分布式数据存储、点对点传输、共识机制、加密算法等计算机技术的新型应用模式。区块链处理的数据量小，具有细致的处理方式。而大数据管理的是海量数据，要求广度和数量，处理方式上更粗糙。

（2）结构化和非结构化。区块链是结构定义严谨的块通过指针组成的链，是典型的结构化数据，而大数据需要处理的更多是非结构化数据。

（3）独立和整合。区块链系统为保证安全性，信息是相对独立的，而大数据的重点是信息的整合分析。

（4）直接和间接。区块链是一个分布式账本，本质上就是一个数据库，而大数据强调对数据的深度分析和挖掘，它包含间接数据。

（5）CAP理论。C（Consistency）是一致性，它是指任何一个读操作总是能够读到之前完成的写操作的结果，也就是在分布式环境中，多点的数据是一致的。A（Availability）是可用性，它是指快速获取数据，可以在确定的时间内返回操作结果。P（Partition Tolerance）是分区容忍性，它是指当出现网络分区的情况时（即系统中的一部分节点无法和其他节点进行通信），分离的系统也能够正常运行。CAP理论告诉我们，一个分布式系统不可能同时满足一致性、可用性和分区容忍性这3个需求，最多只能同时满足其中两个，正所谓"鱼和熊掌不可兼得"。大数据通常选择实现AP，区块链则选择实现CP。

（6）基础网络。大数据底层的基础设施通常是计算机集群，而区块链的基础设施通常是P2P。

（7）价值来源。对大数据而言，数据是信息，需要从数据中提炼价值。而对区块链而言，数据是资产，是价值的传承。

（8）计算模式。在大数据的场景中，一件事情被分给多个节点做，比如，在MapReduce计算框架中，一个大型任务会被分解成很多个子任务，分配给很多个节点同时去计算。而在区块链的场景中，多个节点重复做一件事情，比如，P2P中的很多个节点同时记录一笔交易。

2．大数据与区块链的联系

区块链的可信任性、安全性和不可篡改性让更多数据被释放出来。区块链会对大数据产生深远的影响。

（1）区块链使大数据的信用成本大幅降低。人类社会未来的信用资源从何而来？其实迅速发展的互联网和金融行业已经告诉了我们答案，信用资源会在很大程度上来自大数据。理论上通过大数据挖掘建立每个人的信用资源是很容易的事，但是现实并非如此。关键问题就在于，现在的大数据并没有基于区块链存在，大的互联网公司各自为营，导致了"数据孤岛"现象。在经济全球化、数据全球化的时代，如果大数据仅由互联网公司掌握，全球的市场信用体系是不能去中心化的。如果使用区块链技术对数据文件加密，直接在区块链上做交易，那么我们的交易数据可以完全存储在区块链上，成为我们个人的"信用之云"，所有的大数据将成为每个人产权清晰的信用资源，这也是未来全球信用体系构建的基础。

（2）区块链是构建大数据时代的信任基石。区块链"去中心化""不可篡改"的特性可以极大地降低信用成本，实现大数据的安全存储。将数据放在区块链上，可以"解放"出更多数据，使数据真正"流通"起来。基于区块链技术的数据库应用平台可以保障数据的真实、安全、可信，而且，如果数据遭到破坏，可以通过区块链技术的数据库应用平台灾备中间件进行迅速恢复。

（3）区块链是促进大数据价值流通的管道。"流通"使大数据发挥出更大的价值。类似于资产交易管理系统的区块链应用可以将大数据作为数字资产进行流通，实现大数据在更加广泛领域的应用及变现，充分发挥大数据的经济价值。数据的"看过、复制即被拥有"等特征曾经严重阻碍数据流通。但是，基于去中心化的区块链能够规避数据被任意复制的风险，保障数据拥有者的合法权益。区块链还提供了可追溯路径，能有效破解数据确权难题。有了区块链提供安全保障，大数据将更加活跃。

3.7.4　大数据与元宇宙的关系

大数据与元宇宙之间关系紧密，主要体现在以下几个方面。

（1）元宇宙实质上是以数据形式存在的。在元宇宙中，数据必不可少。元宇宙作为一个虚拟世界，其数字化程度远远高于现实世界，由数字化技术勾勒出来的空间结构、场景、主体等实质上是以数据形式存在的。在技术层面上，可以将元宇宙视为大数据和信息技术的集成机制或融合载体，不同技术与硬件在元宇宙的"境界"中组合、自循环、不断迭代。

（2）大数据技术为元宇宙提供数据存储支撑。元宇宙是一个需要大量数据和服务器容量的虚拟

3D环境。但是，通过中央服务器进行控制会产生极高的成本，目前最适合元宇宙的数据存储技术无疑是分布式存储。所有数据由各个节点维护和管理，这样可以降低集中存储带来的数据丢失、篡改或数据泄露的风险，且可以满足元宇宙对海量数据存储的高要求。

（3）大数据技术为元宇宙提供数据处理支撑。元宇宙的"沉浸感""随时随地"特性对实时数据处理提出了很高的要求，以支撑逼真的感官体验，满足大规模用户同时在线的需求，提升元宇宙的可进入性和沉浸感。大数据技术中的分布式计算技术可以为元宇宙提供实时数据处理的强力支撑。

3.8　基于新兴数字技术的工业4.0

近些年发展起来的云计算、物联网、大数据、人工智能等新兴数字技术为全球工业制造领域带来了深远的变革和影响，引领工业生产进入4.0时代。

本节首先介绍工业4.0的概念，然后介绍工业4.0的关键技术支柱和实际应用。

3.8.1　工业4.0的概念

人类社会发展到今天，已经经历了4次工业革命，具体如下。

（1）第一次工业革命：18世纪60年代至19世纪40年代，以蒸汽机广泛应用为标志，推动工厂制代替手工工场，人类进入"蒸汽时代"。

（2）第二次工业革命：19世纪60年代后期至20世纪初，以电力的广泛应用和电气技术的快速发展为特征，人类进入"电气时代"。

（3）第三次工业革命：20世纪四五十年代起，以电子计算机、互联网和通信技术为核心，推动信息化和自动化，人类进入"信息技术时代"。

（4）第四次工业革命：21世纪发起，以云计算、物联网、大数据、人工智能等技术融合应用为特点，旨在实现生产的智能化、个性化和定制化，称为"智能智造时代"或"工业4.0"。

工业4.0的概念于2011年由德国政府首次提出，旨在通过信息技术与制造业的深度融合实现生产过程的智能化和自动化，提高制造业的竞争力。这一概念在随后的几年里逐渐发展为全球性的工业转型趋势，标志着制造业进入一个全新的智能化时代。

总体而言，工业4.0具有以下核心特点。

（1）互联：工业4.0的核心是连接，它将设备、生产线、工厂、供应商、产品和客户紧密地联系在一起，通过物联网和云计算等技术，实现生产过程中数据的实时收集、分析和共享，从而优化生产流程。

（2）数据：数据是工业4.0的重要资源。通过对生产过程中的大量数据进行分析和挖掘，企业可以更好地了解市场需求、优化生产流程、降低能耗以及提高产品质量。

（3）集成：多种先进技术（如人工智能、机器学习、大数据、物联网等）相互融合，形成一个智能网络，实现人与人、人与机器、机器与机器以及服务与服务之间的互联，从而实现高度集成。

（4）创新：工业4.0的实施过程是制造业创新发展的过程，包括制造技术、产品、模式、业态、组织等方面的创新。

（5）转型：对于传统制造业，工业4.0意味着从大规模生产向个性化定制转变，生产过程更加柔性化、个性化。

3.8.2　工业4.0的关键技术支柱

工业4.0需要以下关键技术保驾护航。

（1）大数据和AI分析：运用大数据和人工智能技术实时处理和分析生产数据，提升决策和自动化水平。

（2）横向和纵向集成：横向集成是指现场（包括生产车间、各种生产设施以及整个供应链）的各种流程紧密集成，纵向集成则是指组织的所有层级都能串联起来，数据可以自由流动。

（3）云计算：为工业4.0和数字化转型提供基础，支持实时通信和协调。

（4）增强现实：将数字内容叠加到现实环境中，用于维护、服务、质量保证以及技术人员培训和安全监测。

（5）工业物联网：通过物联网技术实现供应链的顺畅运营、产品设计的快速修改、设备停机的预防等。

（6）3D打印：3D打印又被称为增材制造，是一种将数字模型转化为三维实体的先进制造技术。它基于数字模型文件，通过逐层堆积的方式，使用粉末状金属、塑料等可粘合材料打印出三维物体。3D打印技术推动了制造业向大规模定制和分布式制造方向发展。

（7）自主机器人：搭载先进软件、AI、传感器和机器视觉的自主机器人，能够执行高难度和精细的任务。

（8）数字孪生：基于IoT传感器数据对现实世界中的机器、产品、流程或系统所做的虚拟化模拟，帮助优化工业系统及产品性能。

（9）网络安全：通过实施零信任架构以及机器学习和区块链等技术确保数据安全。

3.8.3　工业4.0的实际应用

工业4.0的全面实施可以实现工业制造的全面换代升级，具体而言，可以实现以下应用。

（1）智能工厂：通过引入先进的自动化和数据交换技术，实现生产过程的实时监控和优化。

（2）自动化生产：工业机器人和自动化设备在生产线上扮演重要角色，提高生产效率和降低劳动力成本。

（3）个性化定制：消费者可以根据自己的需求和喜好定制产品，企业实现小批量、多样化生产。

（4）远程监控和维护：通过物联网和远程诊断技术实时监控设备状态，及时发现和解决问题。

（5）供应链优化：引入大数据和云计算技术实现供应链的可视化、智能化和协同化。

3.9　本章小结

云计算、物联网、大数据、人工智能、智能体、区块链和元宇宙代表了人类IT技术的最新发展趋势，它们深刻影响人们的生产和生活。其中，人工智能具有较长的发展历史，在20世纪50年代就已经被提出，并在2016年前后迎来了发展高潮。云计算、物联网和大数据在2010年前后迎来大发展，目前正在各大领域不断深化应用。区块链在2019年步入高速发展期，元宇宙在2021年迅速升温。本章对云计算、物联网、大数据、人工智能、智能体、区块链和元宇宙做了详细介绍，并且梳理了这几种技术的关系。几种技术的融合发展、相互助力，将给人类社会的未来发展带来更多新的变化。

3.10　习题

1. 云计算的概念是什么？
2. 云计算有哪几种服务模式？有哪几种类型？
3. 什么是数据中心？数据中心在云计算中的作用是什么？
4. 云计算有哪些典型应用？
5. 物联网的概念以及物联网各个层次的功能是什么？
6. 物联网有哪些关键技术？
7. 数商的概念以及数商的十大原则是什么？

8. 人类IT发展史上3次信息化浪潮的发生时间、标志及其解决的问题分别是什么？

9. 信息科技是如何为大数据时代的到来提供技术支撑的？

10. 人类社会的数据产生方式大致经历了哪3个阶段？

11. 大数据发展的3个重要阶段是什么？

12. 大数据的"4V"特性是什么？

13. 大数据对科学研究有什么影响？

14. 大数据的应用有哪些？

15. 大数据应用的3个层次是什么？

16. 数字经济的概念以及大数据与数字经济的关系是什么？

17. 大数据与5G有什么关系？

18. 大数据与新质生产力有什么关系？

19. 大数据与云计算、物联网有什么关系？

20. 什么是智能？

21. 什么是人工智能？

22. 请对强人工智能和弱人工智能进行比较分析。

23. 什么是图灵测试？

24. 人工智能的6个发展阶段是什么？

25. 人工智能的4个要素是什么？

26. 区块链的概念是什么？

27. 区块链是如何解决防篡改问题的？

28. 区块链如何实现去中心化记账？

29. 区块链可分为哪几类？

30. 区块链的具体应用有哪些？

31. 区块链和大数据有什么关系？

32. 区块链技术的现状是什么？

33. 虚拟数字货币有什么特点？

34. 我国政府对虚拟数字货币持什么态度？

35. 数字人民币主要有哪些特点？

36. 数字人民币和区块链有什么关系？

37. 推行数字人民币有怎样的重大意义？

38. 数字人民币和虚拟数字货币有什么关系？

39. 元宇宙的概念是什么？

40. 元宇宙的发展历程是怎样的？

41. 元宇宙的重要性体现在哪几个方面？

42. 元宇宙的应用前景体现在哪几个方面？

43. 元宇宙与大数据的关系是什么？

44. 元宇宙的基本特征有哪些？

45. 元宇宙有哪些核心技术？

46. 元宇宙的典型应用场景有哪些？

47. 元宇宙面临哪些风险与挑战？

48. 虚拟数字人是什么？

49. 虚拟数字人可以分为哪几类？

50. 虚拟数字人与元宇宙的关系是什么？

51. 虚拟数字人与真人主播的区别是什么？

52. 数字孪生是什么？

53. 数字孪生的发展历程是怎样的？

54. 数字孪生与元宇宙的关系是怎样的？

55. 数字孪生的行业应用有哪些？

56. 我国数字孪生行业面临的挑战有哪些？

57. 什么是工业4.0？

58. 工业4.0的关键技术支柱有哪些？

第 4 章

深入了解大数据

　　要进一步提升数字素养，需要系统了解大数据思维、数据共享、数据开放、大数据交易、大数据安全、大数据应用等方面的知识，这些知识可以帮助我们理解并应对数据爆炸的时代挑战，强化我们运用数据解决问题的能力，提高自身综合素质，更好地适应未来的社会变革。

　　本章将介绍与培养数字素养息息相关的一系列大数据知识，包括大数据思维、数据共享、数据开放、大数据交易、大数据安全和大数据应用等。

4.1　大数据思维

　　在大数据时代，数据就是一座"金矿"，而思维是打开矿山大门的钥匙，只有建立符合大数据时代发展的思维，才能最大限度地挖掘大数据的潜在价值。所以，大数据的良好发展不仅取决于大数据资源的扩展，还取决于大数据技术的应用，更取决于大数据思维的形成。只有具备大数据思维，才能更好地运用大数据资源和大数据技术。也就是说，大数据发展是数据、技术、思维三大要素联动的结果。

　　本节首先介绍传统的思维方式，并指出大数据时代需要新的思维方式，然后介绍大数据思维方式。

4.1.1　传统的思维方式

　　传统的机械思维可以追溯到古希腊思辨的思想和逻辑推理能力，最有代表性的是欧几里得的几何学和托勒密的地心说。

　　不论是经济学家，还是历史上的托勒密、牛顿等杰出人物，都深受机械思维的影响。如果把他们的方法论进行简单的概括，可以得到其核心思想：首先，需要有一个简单的元模型，这个元模型可以是假设出来的，然后用这个元模型构建复杂的模型；其次，整个模型要和历史数据相吻合。这个核心思想在今天的动态规划管理学上还被广泛地使用。

　　后来人们将牛顿的方法论概括为机械思维，机械思维的主要观点可以概括如下。

　　第一，世界变化的规律是确定的。

　　第二，因为有确定性做保障，所以规律不仅可以被认识，而且可以用简单的公式或者语言描述清楚。

　　第三，这些规律应该是放之四海而皆准的，可以应用到各种未知领域指导实践。

　　机械思维更广泛的影响是作为一种准则指导人们的行为，其主要特点可以概括成确定性（或者可预测性）和因果关系。在牛顿经典力学体系中，所有天体运动的规律可以用几个定律讲清楚，并且它们应用到任何场合都是正确的，这就是确定性。类似地，当我们给物体施加一个外力时，它获得加速度，而加速度的大小取决于外力和物体本身的质量，这是一种因果关系。没有这些确定性和因果关系，我们就无法认识世界。

4.1.2　大数据时代需要新的思维方式

　　人类社会的进步在很大程度上得益于机械思维，但是到了信息时代，它的局限性越来越明显。首先，并非所有的规律都可以用简单的原理来描述；其次，像过去那样找到因果关系已经变得非常困难，因为简单的因果关系都已经被发现了，剩下那些没有被发现的因果关系具有很强的隐蔽性，发现的难度很高；最后，随着对世界的认知不断深化，人们发现世界本身存在很大的不确定性，并非如过去想象的那样一切都是可以确定的。因此，在现代社会，人们开始考虑如何在承认不确定性的情况下取得科学上的突破，或者把事情做得更好，一种新的方法论由此诞生。

　　不确定性在我们生活的世界里无处不在。我们经常可以看到这样一种怪现象，即很多时候专家们对未来各种趋势的预测是错误的，这在金融领域尤其常见。如果读者有心统计一些经济学家对未来的看法，就会发现它们基本上对错参半。这并不是因为他们缺乏专业知识，而是由于不确定性是这个世界的重要特征，以至于用按照传统的方法——机械论的方法，很难做出准确的预测。

世界的不确定性来自两方面。一方面，当我们对这个世界的方方面面了解得越来越细致之后，会发现影响世界的变量其实非常多，已经无法通过简单的办法或者公式求解，因此我们倾向于采用一些针对随机事件的方法来处理这些变量，人为地把它们归为不确定的一类。另一方面，不确定性是宇宙的一个特性。在宏观世界里，行星围绕恒星运动的速度和位置是可以精确计算的，从而可以画出它的运动轨迹。可是在微观世界里，电子在围绕原子核做高速运动时，我们不可能同时准确地测出它在某一时刻的位置和运动速度，当然也就不能描绘它的运动轨迹了。科学家只能用一种密度模型来描述电子的运动，在这个模型里，密度大的区域表明电子在该处出现的概率大，反之则表明电子出现的概率小。

世界的不确定性映射出信息时代的方法论：获得更多的信息有助于消除不确定性。因此，谁掌握了信息，谁就能获取财富，这就如同在工业时代，谁掌握了资本谁就能获取财富一样。

当然，用不确定性这种眼光看待世界，再用信息消除不确定性，不仅能够赚钱，而且能够把很多智能型的问题转化成信息处理的问题，具体而言，就是利用信息来消除不确定性问题。例如下象棋，每一步棋都有多种走法，令人难以抉择，这就是不确定性的体现；又如要识别一个人脸的图像，实际上可以看成从有限种可能性中挑出一种，因为全世界的人数是有限的，这也就把识别问题变成了消除不确定性问题。

数据学家认为，世界的本质是数据，万事万物都可以看作可以理解的数据流，这为我们认识和改造世界提供了一个前所未有的视角与世界观。人类正在不断地通过采集、量化、计算、分析各种事物来重新解释与定义这个世界，并通过数据来消除不确定性，对未来加以预测。在现实生活中，为了适应大数据时代的需要，我们不得不转变思维方式，努力把身边的事物量化，以数据的形式对待，这是实现大数据时代思维方式转变的"核心"。

现在的数据量相比过去大了很多，量变带来了质变，人们的思维方式、做事情的方法就应该和以往有所不同。这其实是帮助我们理解大数据概念的一把钥匙。在有大数据之前，计算机并不擅长解决需要人类智能来解决的问题，但是今天这些问题换个思路就可以解决了，其核心就是变智能问题为数据问题。由此，全世界开始了新一轮的技术革命——智能革命。

在方法论的层面，大数据是一种全新的思维方式。按照大数据的思维方式，我们做事情的方式与方法需要从根本上改变。

4.1.3　大数据思维方式

大数据不仅是一次技术革命，也是一次思维革命。从理论上说，相对于人类有限的数据采集和分析能力，自然界和人类社会存在的数据是无限的。以有限对无限，如何才能"慧眼识珠"，找到我们所需的数据？这无疑需要思维的指引。因此，就像经典力学和相对论的诞生改变了人们的思维方式一样，大数据也在潜移默化地改变人们的思想。

维克托·迈尔-舍恩伯格在《大数据时代：生活、工作与思维的大变革》一书中明确指出，大数据时代最大的转变就是思维方式的转变：全样而非抽样、效率而非精确、相关而非因果。此外，人类研究和解决问题的思维方式正在朝"以数据为中心"和"我为人人，人人为我"的方向迈进。

1. 全样而非抽样

过去，由于数据采集、数据存储和处理能力的限制，在科学分析中通常采用抽样的方法，即从全集数据中抽取一部分样本数据，通过对样本数据的分析来推断全集数据的总体特征。抽样的基本要求是要保证所抽取的样品单位对全部样品具有充分的代表性。抽样的目的是从被抽取样品单位的分析、研究结果来估计与推断全部样品特性，这是科学实验、质量检验、社会调查普遍采用的一种经济有效的工作和研究方法。通常，样本数据规模要比全集数据小很多，因此，人们可以在可控的代价内实现数据分析的目的。例如，要计算洞庭湖银鱼的数量，可以事先对10000条银鱼打上特定记号，并将这些银鱼均匀地投放到洞庭湖中。过一段时间进行捕捞，在捕捞上来的10000条银鱼中，发现其中4条银鱼有特定记号，那么可以得出结论，洞庭湖大概有2500万条银鱼。

但是，抽样分析方法有优点也有缺点。抽样保证了在客观条件达不到的情况下，可以得出一个相对靠谱的结论，让研究有的放矢。但是，抽样分析的结果具有不稳定性，例如，在上面的洞庭湖银鱼的数量分析中，有可能今天捕捞到的银鱼中存在4条打了特定记号的银鱼，明天去捕捞有可能存在400条打了特定记号的银鱼，这给分析结果带来了很大的不稳定性。

现在，我们已经迎来大数据时代，大数据技术的核心就是海量数据的实时采集、存储和处理。感应器、手机导航、网站和微博等能够收集大量数据，分布式文件系统和分布式数据库技术提供了理论上近乎无限的数据存储空间，分布式并行编程框架MapReduce提供了强大的海量数据并行处理能力。因此，有了大数据技术的支持，科学分析完全可以直接针对全集数据而不是抽样数据，并且可以在短时间内得到分析结果，速度之快，超乎我们的想象。例如，谷歌公司的Dremel可以在2～3s内完成PB级别数据的查询。

2. 效率而非精确

过去，我们在科学分析中采用抽样分析方法，就必须追求分析方法的精确性，因为抽样分析只是针对部分样本的分析，其分析结果被应用到全集数据以后，误差会被放大。这就意味着，抽样分析的微小误差被放大到全集数据以后，可能会变成一个很大的误差，导致出现"失之毫厘，谬以千里"的现象。因此，为了保证误差被放大到全集数据时仍然处于可以接受的范围，就必须确保抽样分析结果的精确性。正是由于这个原因，传统的数据分析方法往往更加注重提高算法的精确性，其次才是提高算法效率。现在，大数据时代采用全样分析而不是抽样分析，全样分析结果就不存在误差被放大的问题，因此，追求高精确性已经不再是首要目标。大数据时代数据分析具有"秒级响应"的特征，要求在几秒内就给出针对海量数据的实时分析结果，否则就会丧失数据的价值，因此，数据分析的效率成为关注的核心。

例如，用户在天猫或京东等电子商务网站进行网购时，其点击流数据会被实时发送到后端的大数据分析平台进行处理，平台会根据该用户的特征找到与其购物兴趣匹配的用户群体，然后把用户群体曾经买过的、而该用户还未买过的相关商品推荐给该用户。很显然，这个过程的时效性很强，需要"秒级响应"，如果要过一段时间才给出推荐结果，很可能用户已经离开网站了，这就使推荐结果没有意义。所以，在这种应用场景当中，效率是被关注的重点，分析结果的精确性达到一定程度即可，不需要一味苛求更高的精确性。

此外，在大数据时代，我们更能容忍不精确的数据。传统的样本分析师很难容忍错误数据的存在，因为他们一生都在研究如何避免错误数据出现。在收集样本的时候，统计学家会用一整套的策略来降低错误发生的概率。在结果公布之前，他们也会测试样本是否存在潜在的系统性偏差。这些策略包括根据协议或通过受过专门训练的专家来采集样本。但是，即使只是少量的数据，这些规避错误的策略实施起来还是耗费巨大。尤其在收集所有数据的时候，这种策略就更行不通了——不仅因为耗费巨大，还因为在大规模数据的基础上保持数据收集标准的一致性不太现实。我们现在拥有各种各样、参差不齐的海量数据，很少有数据完全符合预先设定的数据条件，因此，我们必须能够容忍不精确数据的存在。

因此，大数据时代要求我们重新审视精确性的优劣。如果将传统的思维方式运用于数字化、网络化的21世纪，就会错过重要的信息。执着于精确性是信息缺乏时代和模拟时代的产物。在那个信息贫乏的时代，任意一个数据点的测量情况都对结果至关重要，只有确保每个数据的精确性才不会导致分析结果出现偏差。而在今天的大数据时代，在数据量足够多的情况下，这些不精确数据会被淹没在大数据的海洋里，它们的存在一般不会影响数据分析的结果和其价值。

3. 相关而非因果

过去，数据分析的目的有两方面，一方面是解释事物的发展机理，例如，一家大型超市在某个地区的连锁店在某个时期内净利润下降很多，这就需要IT部门对相关销售数据进行详细分析，找出产生该问题的原因；另一方面是预测未来可能发生的事件，例如实时分析微博数据，当发现人们对雾霾的讨论明显增加时，就可以建议销售部门增加口罩的进货量，因为人们关注雾霾的一个直接结果是购买口罩来保护自己的健康。不管是哪个目的，其实都反映了一种因果关系。但是，在大数据时代，因果关系不再那么重要，人们转而追求相关性。例如，在淘宝购买了一个汽车防盗锁后，淘宝会自动提示购买相同物品的其他客户还购买了汽车坐垫。也就是说，淘宝只会告诉我们"购买汽车防盗锁"和"购买汽车坐垫"之间存在相关性，并不会告诉我们为什么其他客户购买了汽车防盗锁后还会购买汽车坐垫。

在无法确定因果关系时，数据为我们提供了解决问题的新方法。数据中包含的信息帮助我们消除不确定性，而数据之间的相关性在某种程度上可以取代原来的因果关系，帮助我们得到想要的答案，这就是大数据思维的核心。从因果关系到相关性，这个过程并不是抽象的，而是已经有了一整套的方法能够让人们从数据中寻找相关性，最后去解决各种各样的难题。

4．以数据为中心

在科学研究领域，在很长一段时期内，无论是研究语音识别、机器翻译、图像识别的学者，还是研究自然语言理解的学者，都分成了界限明确的两派，一派坚持采用传统的人工智能方法解决问题，简单来讲就是模仿人，而另一派倡导采用数据驱动方法。这两派在不同的领域影响不一样，在语音识别和自然语言理解领域，提倡采用数据驱动的这一派较快地占了上风；而在图像识别和机器翻译领域，在较长时间里，提倡采用数据驱动这一派处于下风。其中主要的原因是，在图像识别和机器翻译领域，过去的数据量非常少，而这种数据的积累非常困难。图像识别领域以前一直非常缺乏数据，在互联网出现之前，一个实验室很难有上百万张图像。在机器翻译领域，除了需要一般的文本数据，还需要大量的双语（甚至是多语种）对照数据，而在互联网出现之前，难以找到类似的数据。

在最初的机器翻译领域，由于数据量有限，较多的学者采用人工智能的方法。计算机研发人员将语法规则和双语词典结合在一起。1954 年，IBM 公司以计算机中的 250 个词语和 6 条语法规则为基础，将 60 个俄语词组翻译成了英语，结果振奋人心。事实证明，机器翻译最初的成功误导了人们。1966 年，一群机器翻译的研究人员意识到，翻译比他们想象的更困难，他们不得不承认失败。机器翻译不能只是让计算机熟悉常用规则，还必须教会计算机处理特殊的语言情况。毕竟，翻译不仅是记忆和复述，还涉及选词，而明确地教会计算机这些是非常不现实的。在 20 世纪 80 年代后期，IBM 公司的研发人员提出了一个新的想法。与单纯教给计算机语言规则和词汇相比，他们试图让计算机自己估算一个词/词组适合用来翻译另一种语言中一个词/词组的可能性，然后决定某个词/词组在另一种语言中的对等词/词组。20 世纪 90 年代，IBM 公司的 Candide 项目花费了大概 10 年的时间，将大约有 300 万句的加拿大议会资料译成了英语和法语并出版。由于是官方文件，翻译的标准非常高。用那个时候的标准来看，数据量非常庞大。统计机器学习从诞生之日起，就巧妙地把翻译的挑战变成了一个数学问题，而这似乎很有效！机器翻译在短时间内就有了很大的突破。

在 20 世纪 90 年代互联网兴起之后，由于数据的获取变得非常容易，可用的数据量愈加庞大，因此，从 1994 年到 2004 年的 10 年里，机器翻译的准确性提高了一倍。其中 20% 左右的贡献来自方法的改进，80% 左右的贡献来自数据量的增加。虽然每一年计算机在解决各种智能问题上的进步幅度并不大，但是十几年量的积累，最终促成了质变。

数据驱动方法从 20 世纪 70 年代开始起步，在 20 世纪八九十年代得到缓慢但稳定的发展。进入 21 世纪后，互联网的出现使可用的数据量剧增，数据驱动方法的优势越来越明显，最终完成了从量变到质变的飞跃。如今很多看似需要人类智能才能做的事情，计算机已经可以胜任了，这得益于数据量的增加。

全世界各个领域数据不断向外扩展，渐渐形成了另外一个特点，那就是很多数据开始出现交叉，各个维度的数据从点和线渐渐连成了网，或者说，数据之间的关联性极大地增强。在这样的背景下，大数据出现了，这使"以数据为中心"的优势逐渐显现。

5．我为人人，人人为我

"我为人人，人人为我"是大数据思维的又一体现，城市的智能交通管理便是体现该思维的一个例子。在智能手机和智能汽车（特斯拉等）出现之前，世界上的很多大城市虽然都有交通管理

（或控制）中心，但是它们能够得到的交通路况信息最快也有20min的滞后。如果没有能够跟踪足够多的人出行情况的实时信息的工具，一个城市即使部署再多的采样观察点，再频繁地报告各种交通事故和拥堵的情况，整体交通路况信息的实时性也不会有很大提升。

但是，在能够定位的智能手机出现后，这种情况得到了根本的改变。由于智能手机足够普及并且大部分用户共享了他们的实时位置信息（符合大数据的完备性），提供地图服务的公司（如高德公司和百度公司）有可能实时获取到任何一个人口密度较大的城市的人员流动信息，并且根据流动速度和位置区分步行的人群与行进的汽车。

由于收集信息的公司和提供地图服务的公司是一家，因此从数据采集、数据处理到信息发布，中间的延时微乎其微，所提供的交通路况信息实时性较强。使用过高德地图服务或者百度地图服务的人，对比智能手机和智能汽车出现前后的变化，都能很明显地感受到其中的差别。当然，更及时的信息可以通过分析历史数据来预测。一些科研小组和公司的研发部门已经开始利用一个城市交通状况的历史数据，结合实时数据，预测一段时间内（如1h）该城市各条道路可能出现的交通状况，并且帮助出行者规划最好的出行路线。

上面的实例很好地阐释了大数据时代"我为人人，人人为我"的全新理念和思维。每个使用导航软件的智能手机用户，一方面共享自己的实时位置信息给导航软件公司（如百度公司），使导航软件公司可以从大量用户那里获得实时的交通路况大数据；另一方面又在享受导航软件公司提供的基于交通路况大数据的实时导航服务。

4.2　数据共享

大数据犹如观察人类社会的"显微镜""透视镜""望远镜"，可以跟踪处理社会发展中不易被察觉的细节信息，可以通过数据融合拷问数据背后的本质信息，更可以为科学决策提供参考信息，而大数据发挥这些功能的前提是有大量的数据。大海之浩瀚，在于汇集了千万条江河，大数据之"大"，在于众多"小数据"的汇聚。但是，出于各种各样的原因，政府和企业中存在大量的"数据孤岛"，不同部门之间数据无法共通，形成了数据"断头路"，导致数据无法汇聚，最终无法形成大数据的合力。

本节首先介绍"数据孤岛"问题；然后给出"数据孤岛"问题产生的原因，介绍消除"数据孤岛"的重要意义；最后介绍实现数据共享所面临的挑战和推进数据共享的举措。

4.2.1　"数据孤岛"问题

随着大数据产业的发展，政府、企业和其他主体掌握大量的数据资源，然而由于缺乏数据共享交换协同机制，"数据孤岛"问题逐渐显现。所谓"数据孤岛"，简单来说，就是政府和企业的各个部门各自存储数据，部门之间的数据无法共通，导致这些数据像一个个孤岛一样缺乏关联性，没有办法被充分利用，发挥价值。

1. 政府的"数据孤岛"问题

政府掌握大量的数据资源，拥有其他社会主体不可比拟的数据资源优势。然而，目前一些地方数据共通、共享与共用还存在较大的障碍，"数据孤岛"现象较为普遍。由于各政府部门建设数据库所采用的技术、平台及网络标准不统一，导致数据难以对接与共享。有些地方政府部门的大量数据资源毫无关联地沉淀在信息系统中，未进行统一开发利用，难以发挥利民惠民、支撑政府决策的作用，成为政府治理能力现代化建设中的短板。政府部门的数据平台建设存在各类系统条块分割，纵向、横向重复建设的问题。纵向上各级垂直管理部门建设的政府信息系统形成"数据烟囱"，横向上部门间各业务条块自建系统形成"数据孤岛"，政府公共信息资源的存储彼此独立、管理分散。由此可以看出，作为政府重要资产之一的政务数据，因为数据量太大、太散、难以有效融合等问题，难以发挥其价值，大大浪费了各地政府部门在信息化系统建设方面的大量投入。

2．企业的"数据孤岛"问题

随着企业信息化建设突飞猛进、管理职能被精细划分，服务于不同管理阶段和管理职能的信息系统应运而生，包括客户管理系统、生产系统、销售系统、采购系统、订单系统、仓储系统和财务系统等。然而，所有数据被封存在各系统中，使完整的业务链上孤岛林立，信息的共享、反馈受阻，"数据孤岛"问题成为企业信息化建设中的最大难题。如果企业内部数据不能互通共享，就会出现销售部门制订销售计划不考虑车间的生产能力、车间生产不考虑市场的消化能力、采购部门不依据车间的计划而自作主张盲目采购、市场部门不根据市场趋势盲目制订营销计划、研发部门不根据用户需求盲目设计产品等问题。这一系列问题会导致库存大量积压或者造成严重的断货事故。在这种情况下，企业的各个部门就是一个个"数据孤岛"。

4.2.2　"数据孤岛"问题产生的原因

1．政府"数据孤岛"问题产生的原因

政府数据无法共通、不能共享的原因是多方面的。有些政府部门认为数据资源是特殊资源，应谨慎对待，收集后不愿共享；有些政府部门只关注自己的数据服务系统，但由于数据标准、系统接口等技术原因无法与外单位、外部门共通数据；还有些政府部门对大数据缺乏顶层设计，导致各条线、各部门数据无法流动；当然，还有的政府部门出于对工作机密、商业机密的保护，其数据不得共享。

2．企业"数据孤岛"问题产生的原因

企业"数据孤岛"包括两种类型，即企业之间的"数据孤岛"和企业内部的"数据孤岛"。不同企业属于不同的经营主体，有各自的利益，彼此之间数据不共享，从而产生企业之间的"数据孤岛"，这种是比较普遍的情况。而企业内部往往存在大量"数据孤岛"，这些"数据孤岛"的形成主要有两个方面的原因。

（1）以功能为标准的部门划分导致"数据孤岛"。企业各部门之间相对独立，数据各自保管存储，各部门对数据的认知角度也截然不同，最终导致数据难以共通，形成孤岛。因此，集团化的企业更容易产生"数据孤岛"问题。面对这种情况，企业需要采用制订数据规范、定义数据标准的方式规范不同部门对数据的认知。

（2）不同类型、不同版本的信息化管理系统导致"数据孤岛"。例如，在企业内部，人事部门用OA系统，生产部门用ERP系统，销售部门用CRM系统，甚至人事部门在使用一家公司的考勤软件的同时使用另一家公司的报销软件，后果就是企业的数据互通越来越难，如图4-1所示。

图4-1　企业内部的"数据孤岛"

4.2.3　消除"数据孤岛"的重要意义

1．对政府的意义

加强政府数据共享开放和大数据服务能力，促进跨领域、跨部门合作，推进数据信息交换，打破部门壁垒，遏制"数据孤岛"和重复建设，有助于提高行政效率、转变思维观念，推动传统的职能型政府转型为服务型智慧政府。政府数据共享的重要意义体现在以下两个方面。

（1）有助于提升资源利用率。共享开放政府部门内部数据可以解决传统信息化平台建设中的"数据孤岛"问题。通过共享开放平台整合人口基础信息资源库、法人基础信息资源库、地理空间信息资源库、电子证照信息资源库等基础库，以及整合产业经济、平台等主题库，为平台的各类应用及各委办局的应用提供基础数据资源，可以实现资源整合，提升数据资源利用率。

（2）有助于推动政府转型。政府数字化转型的本质是基于数据共享的业务再造，没有数据共享，就没有数字政府。美国政府的共享平台原则是降低成本、共享数据；英国政府提倡更好地利用数据，开放共享数据；澳大利亚政府提出基于共享线上服务设计方法和线上服务系统的数据共享方案；我国政府发布了《政务信息系统整合共享实施方案》等政策文件，大力推动政务数据共享。综上可知，数据共享是各国政府都极其重视的事情，是数字化转型的核心，我国政府数字化转型应当坚持全局数据共享原则，充分发挥政府数据价值。

2．对企业的意义

首先，打通企业内部的"数据孤岛"、实现所有系统数据互通共享，对建立企业自身的大数据平台和企业信息化建设都有重大意义。在数据量急剧增长的进程当中，企业信息化将企业的生产、销售、客户、订单等业务过程数字化并实现彼此互联互通，通过各种信息系统网络加工生成新的信息资源，提供给企业管理者和决策者进行分析，以便做出有利于生产要素组合优化的决策，使企业能够合理配置资源，实现企业利益最大化。

其次，打通企业之间的"数据孤岛"、实现不同企业的数据共享，有利于企业获得更好的经营发展能力。信息经济学认为，信息的增多可以增强做出正确选择的能力，从而提高经济效率，更好体现信息的价值。但是，每个企业自身的数据资源是有限的，在行为理性的假设前提下，企业要追求效用最大化，就需要考虑扩充自己的数据资源。企业有两种方式可以获得企业外部的数据资源一是收集互联网数据；二是与其他企业共享数据。

4.2.4 实现数据共享所面临的挑战

1．政府层面的挑战

政府作为政务信息的采集者、管理者和拥有者，与其他社会组织相比具有不可比拟的信息优势。我国政府掌握国内绝大多数的数据，但由于信息技术、条块分割的体制等限制，政府部门之间的"数据孤岛"问题长期存在，数据难以实现互通共享，导致目前政府掌握的数据大都处于割裂和休眠状态，政府数据共享始终处于较低的水平。我国政府数据共享开放现在主要面临以下4个方面的挑战。

（1）一些政府部门在数据开放和共享方面动力不足，对于数据的共享和开放是被动的。另外，我国在数据共享开放方面的法律法规、制度标准建设尚不完善，没有形成数据共享开放的刚性约束，市场不健全也导致了数据共享开放动力不足。

（2）由于相关制度、法律法规以及标准的缺失，有些政府部门不清楚哪些数据可以跨部门共享和向公众开放，相关人员担心政务数据共享开放会引起信息安全问题，担心数据泄密和失控。政府数据不该共享开放的而共享开放，或者不该大范围共享开放的而大范围共享开放，可能会造成巨大的损失，甚至危及国家安全，这导致政府部门对共享开放数据是敏感和谨慎的。

（3）目前我国法律对数据共享开放原则、数据格式、质量标准、可用性、互操作性等尚未做出规范要求，这导致政府部门和公共机构数据共享开放能力受限。此外，各政府部门数据开放共享在技术层面也存在问题。由于缺乏公共平台，政府数据开放共享往往依赖于各部门主导的信息系统，而这些信息系统在前期设计时往往对开放共享考虑不足，因此，实现信息开放共享的技术难度较高。

2．企业层面的挑战

在企业层面，消除"数据孤岛"、实现数据整合的挑战主要来自以下3个方面。

（1）系统孤岛挑战。企业内部系统多，并且各系统间数据没有打通，导致消费者信息存储碎片化、没有完整的消费者视图，很难做跨渠道消费者洞察和管理。

（2）组织架构挑战。不同业务部门负责不同的系统，要在一致的利益下搭建统一的消费者数据管理平台，无疑是一个巨大的挑战。另外，不同的部门在自己掌控的渠道与消费者互动时，通常只考虑自己的需求，而不会站在全盘触点的角度去考虑进行何种互动最合适。

（3）数据合作挑战。在国内，消费者数据都在互联网"巨头"企业手里，且数据交易市场尚不规范，企业缺少外部数据补充。企业联合外部各类数据拥有者、结合内部数据以拼接完整的消费者画像是必经之路。

4.2.5 推进数据共享的举措

1．政府层面的举措

首先积极共享政府数据资源，提高政府职能部门之间和具有不同创新资源的主体之间的数据共享广度，促进区域内形成"数据共享池"。要改变政府职能部门的"数据孤岛"现象，需要立足于数据资源的共享互换，设定相对明确的数据标准，实现部门之间的数据对接与共享，推进在制度创新方面的系统集成化，为科技创新提供必要条件。同时，要促进准确及时的数据信息传递，提高部门条线管理，实现"一站式"企业网上办事和政府服务项目"一网通办"的网络信息功能，提高数据质量的可靠性、稳定性与权威性，扩大相关信息平台的使用覆盖面，让现存数据"连起来""用起来"。

具体而言，政府要进一步加强不同政府信息平台的部门连接性和数据反映能力的全面性，要使不同省区市之间的数据实现对接与共享，解决数据"画地为牢"的问题，实现数据共享共用。政府应通过数据共享共用，打破地区、行业、部门和区域条块分割状况，提高数据资源利用率，提高生产效率，更好地推进制度创新与科技创新。同时，政府应通过政府数据的跨部门流动和互通，促进政府数据关联分析能力有效发挥，建立"用数据说话、用数据决策、用数据管理、用数据创新"的政府管理机制，实现基于数据的科学分析和科学决策，构建适应信息时代的国家治理体系，推进国家治理能力现代化。

目前，各地政府在不同程度上制定了数据共享交换办法，明确了政府数据共享的类型、范围、共享义务主体、共享权利主体、共享责任和共享绩效考核评估办法。各级政府部门依据政府数据共享办法制定了本部门政府数据共享的具体目录，依据政府数据共享目录向其他政府部门提供政府数据共享服务；同时明确了政府数据共享使用的方式，按照全公开使用、半公开使用、不公开使用等不同等级界定对政府数据共享使用的范围，并规定了政府数据共享使用人的义务和责任。

各级政府在地方大数据规划中也对数据共享交换计划进行了明确规定，如明确了政府数据共享的年度目标、双年度目标和中长期目标，确定了为实现政府数据共享目标所应采取的具体措施和工作安排，明确了政府数据共享的具体程序和工作流程，以及政府数据共享的负责人员、责任部门和责任追究办法。

为落实政府信息共享交换工作，多数地方政府制定了政府数据共享绩效考核管理办法，建立了政府数据共享评估指标体系，对各级政府部门提供政府数据共享服务的情况进行评估考核；同时依托政府数据共享平台的统计和反馈功能，自动、逐项评价共享数据的数量、质量、类型和使用程序等情况。此外，许多地方政府还引入了第三方等级评估机构，对各级政府部门的政府数据共享计划及其执行情况进行评估评级，将评估评级结果纳入政府部门信息化工作考核报告，与电子政府项目立项申报关联起来，严格执行激励约束措施，推动共享数据滚动更新，提高共享数据质量，确保政府数据共享取得实效。

2．企业层面的举措

（1）在企业内部破除"数据孤岛"，推进数据融合。对企业而言，信息系统的实施建立在完善的基础数据之上，信息系统的成功运行则基于对基础数据的科学管理。要想打破"数据孤岛"，必须对现有系统进行全面的升级和改造。而企业数据处理的准确性、及时性和可靠性是以各业务环节数据的完整和准确为基础的，所以必须选择一个系统化的、严密的集成系统，能够将企业各渠道的数据信息综合到一个平台上，供企业管理者和决策者分析利用，为企业创造价值效益。

（2）不同企业之间建立企业数据共享联盟。不同企业之间可以建立企业数据共享联盟，建立联盟大数据信息数据库，汇集来自各方面的数据资源，促进碎片数据资源进行有效融合，并指导和带动联盟对跨界数据资源的合理、有序分享和开发利用。

4.3 数据开放

数据开放是指将数据公开提供给社会各界使用，通常以机器可读的形式发布，并允许任何人自由使用、重用和分享。数据开放的主要目的是促进数据的流通和价值的释放，推动社会创新和经济发展。

数据开放和数据共享是两个紧密相关的概念，二者都涉及数据的提供和利用，都要求数据的可访问性、可获取性和可重用性，在一定程度上，可以将数据共享视为数据开放的一种形式，即通过特定方式将数据提供给需要的人或组织。然而，数据开放和数据共享在某些方面也存在一定的差异。数据共享主要关注的是在组织或个人之间的数据传输和提供，而数据开放更强调将数据（尤其是政府数据）广泛地提供给社会公众使用。此外，数据共享更多地涉及数据的整合、交换和共享平台的建设，而数据开放更强调数据的透明度和开放性，要求数据的准确性和完整性。

数据开放涉及的数据范围包括政府数据、企业数据、科研数据等，其中政府数据开放是核心，因此，这里只讨论政府数据开放。随着大数据时代的发展和智慧服务型政府的创建，数据作为最重要的基石和原料，受到各利益相关者的普遍重视，政府数据的资源优势和应用市场优势日益凸显，政府数据资源的共享与开放已成为世界各国政府的共识。政府数据是指由政府或政府所属机构产生的或委托产生的数据与信息，政府数据开放强调政府原始数据的开放。与传统的政府信息公开相比，政府数据开放更利于公众监督政府决策的合理性与决策依据，提升政府的管理水平和透明度，也有利于政府积累的大量数据资源被更好地再利用，以促进经济、社会的发展。

本节首先介绍政府开放数据的理论基础，然后指出政府信息公开与政府数据开放的联系与区别，以及政府数据开放的重要意义，最后介绍我国政府数据开放的相关情况。

4.3.1 政府开放数据的理论基础

政府开放数据的理论基础主要包括数据资产理论、数据权理论和开放政府理论。

1. 数据资产理论

在我们身处的大数据时代，数据被当作一种重要的战略资源，甚至是一种资产。2002年由英国标准协会制定的国际信息安全管理体系标准BS7799指出，"数据是一种资产，像其他重要的业务资产一样，对组织具有价值，因此需要妥善保护"。2012年，世界经济论坛的一份报告指出，"数据已经成为一种同货币和黄金一样的新型经济资产类别"。2013年发布的《英国数据能力发展战略规划》和2014年5月美国发布的《大数据：抓住机遇，保存价值》均使用了"数据资产"的表述。

数据资产是无形资产的延伸，是主要以知识形态存在的重要经济资源，是为其所有者或合法使用者提供某种权利、优势和效益的固定资产。数据资产的通用属性：（1）数据资产是供不同用户使用的资源，不具有实物形态，不能脱离物质载体但独立于物质载体；（2）数据资产具有归属权和责任；（3）数据资产具有共享性，可由多个主体共同拥有；（4）数据资产在可确认的时间内作为可确认事件的结果而产生或存在，同时也应该在可确认的时间内作为可确认事件的结果而被破坏或终止；（5）数据资产有效期不确定，会受技术和市场的影响；（6）数据资产具有价值和使用价值，通过数据资产产生的价值应大于其生产、维护的成本，且具有外部性，不仅给直接消费者和生产者带来收益与成本，还给其他人带来收益和成本；（7）数据资产是有生命周期的。

　　数据资产的类型有很多，常见的数据资产包括书面技术新材料、数据与文档、技术软件、物理资产（主要指通信协议类）、员工与客户（包括竞争对手信息）、企业形象和声誉以及服务信息等。同其他资产一样，数据资产也是企业价值创造的工具和资本。随着网络技术的发展以及信息的广泛传播和使用，人们渐渐认识到数据的重要性和巨大价值。尤其在大数据环境下，数据已经渗透到各个行业，成为政府和企业的重要资产。作为现代企业和政府，其核心竞争力取决于所拥有数据的规模、活性，以及收集、运用数据的能力。

　　政府数据资产是数据资产的一个重要类别。在全球范围内，政府数据资产的管理和价值发挥开始受到广泛重视。2013 年，美国行政管理和预算局发布的备忘录《开放数据政策——将信息作为资产管理》指出，"信息是国家的宝贵资源，也是联邦政府及其合作伙伴、公众的战略资产"。这份备忘录成为美国政府数据资产管理的纲领性文件。随着大数据价值的逐步显现，越来越多的国家把大数据当作重要的资本看待，如美国联邦政府就认为"数据是一项有价值的国家资本，应对公众开放，而不是把其禁锢在政府体制内"。在我国，最早开始使用"政府数据资产"这一表述的是于 2017 年 7 月 10 日正式实施的《贵州省政府数据资产管理登记暂行办法》，其中提到，政府数据资产是指由政务服务实施机构建设、管理、使用的各类业务应用系统，以及利用业务应用系统依法依规直接或间接采集、使用、产生、管理的，具有经济、社会等方面价值，权属明晰、可量化、可控制、可交换的非涉密政府数据。

　　从政府数据资产的领域特征来看，其具有与政府职能相结合后的突出特征：（1）具有经济效益和社会效益的双重价值；（2）权属更为明晰，主要涉及政府机构自身、法人和个人的各类数据；（3）可根据应用需求对各种格式和类型的政府数据资产进行量化处理；（4）政府机构依其职能可通过多种有效手段和机制，对其加以合理、及时的管控；（5）可在全社会领域范围内进行跨行业、跨组织、跨系统的数据交换和传输。另外，成为政府数据资产的数据，涉及国家机密、商业机密和个人隐私的内容需要加强审核和脱敏处理，以确保在充分发挥政府数据资产社会公益价值的同时，不损害国家安全、企业利益和个人的合法权益。

　　政府数据资产包含多种类型，依据政府数据资产的产生方式，可将其划分为 5 个类别：（1）政府才有权利采集的政府数据资产，如资源类、税收类和财政类的政府数据资产；（2）政府才有可能汇总或获取的数据资产，如农业总产值、工业总产值等政府数据资产；（3）由政府管理或主导的活动产生的数据资产，如城市基建、交通基建、医院、教育师资等领域的数据资产；（4）政府监管职责所拥有的数据资产，如人口普查、金融监管、食品药品管理等领域的数据资产；（5）由政府提供服务所产生的消费和档案数据，如社保、水电和公安等领域的数据资产。

　　2．数据权理论

　　数据权的概念起源于英国，被视为信息社会公民的一项基本权利，这一权利意味着政府所拥有的数据集能够被公众申请和使用，并且政府需要按照一定的标准公布数据。因此，早期的数据权强调的是公民利用信息的权利。数据开放运动的兴起推动了世界各国建设数据网、保障公民充分享有数据权的数据民主浪潮。

　　但是，随着数据的进一步开放，大型网络公司对历史文献资料的数据化、商业集团对客户资料的收集、政府部门对个人信息的调查与掌握、社会化媒体对社会交往的渗透与呈现，使国家和政府加强了对数据主权的关注，并将其纳入数据权的范畴。数据主权源于信息主权。信息主权是国家主权在信息活动中的体现，国家对政权管辖地域内任何信息的制造、传播和交易活动，以及相关的组织和制度拥有最高权力。因为数据主权中的数据指的是原始数据，所以数据的外延大于信息主权的概念。鉴于数据的重要性，各国都在积极加强对数据安全和隐私的保护。

　　数据权包括两个方面：数据主权和数据权利。数据主权的主体是国家，是一个国家独立自主对本国数据进行管理和利用的权利。目前，大数据已经成为全球高科技竞争的前沿领域，以美国、日本等国为代表的全球发达国家已经制定了以大数据为核心的新一轮信息战略。一国所拥有数据的规模、活性以及解释、运用的能力，从大型复杂的数据集中提取知识和观点的能力，将成为国家的核心竞争力。国家数据主权，即对数据的占有和控制，将成为继边防、海防、空防之后另一个大国博弈的空间。数据权利的主体是公民，数据权利是与公民数据采集义务相对的对数据进行利用的权利，这种对数据的利用是建立在数据主权之下的。只有在数据主权法定框架下，公民才可自由行使数据权利。数据权利是一项新兴的基本人权，它是信息时代的产物，是公民的基本权利。公民数据权利的保护不仅具有正当合理性，而且将其作为一种人权来保障已经成为世界性趋势。2010年5月，戴维·卡梅伦（David Cameron）领导的保守党在英国大选中获胜，他在出任首相后，提出了"数据权"这一概念，戴维·卡梅伦认为"数据权"是信息时代每一个公民拥有的一项基本权利，并郑重承诺要在全社会普及"数据权"。不久，英国女王在议会发表演讲，强调政府要全面保障公众的"数据权"。2011年4月，英国劳工部、商业部宣布了一个旨在推动全民"数据权"的新项目——"我的数据"，提出一个响亮的口号——"你的数据，你可以做主！"。近年来，我国企业逐渐重视对数据所有权的保护。2015年7月22日，阿里云公司发起"数据保护倡议"：数据是客户资产，云计算平台不得移作他用。这份公开倡议书明确指出，运行在云计算平台上的开发者、公司、政府、社会机构的数据，其所有权绝对属于客户，云计算平台不得将这些数据移作他用。平台方有责任和义务帮助客户保障其数据的私密性、完整性和可用性。这是我国云计算服务商首次定义行业标准，针对用户普遍关注的数据安全问题进行清晰的界定。

3．开放政府理论

20世纪70年代，西方世界掀起了新公共管理运动，这场世界性的运动涉及政府的各个方面，包括政府的管理、技术、程序和过程等。学者们也从不同的角度反思政府，提出了多种政府理论，如有限政府理论、无缝隙政府理论、责任政府理论、服务型政府理论等。随着政府改革实践的不断深入，越来越多的学者和政府深刻意识到，要实现政府的各种改革目标，首先要实现开放政府。

"开放政府"一词最早出现在20世纪50年代信息自由立法的介绍当中。1957年，帕克（Park）发表的论文《开放政府原则：依据宪法的知情权》首次提出开放政府理论，其核心内容是信息自由。帕克认为，公众使用政府信息应该是常态，在非特殊情况下都应该被允许。在当时的背景下，帕克的观点引起了一场关于是否需要政府将信息的提供作为默认状态的辩论，尤其是关于问责的划分。在1966年美国政府通过了《信息自由法》之后，开放政府理论就很少有人问津了。

随着很多国家对信息法案的修订，尤其在2009年美国政府公布了《开放政府指令》后，开放政府理论又重新被提起。2009年1月21日，美国总统签署《透明和开放政府备忘录》，开放政府由此提出。当时美国政府认为，开放政府是前所未有的透明政府，是能被公众信任、使公众积极参与和协作的开放系统，其中开放是民主的良药，能提高政府的效率并保障决策的有效性。开放政府的提出得到了很多国家学者的认同。国内有学者认为，美国的开放政府案例启示我国在电子政府发展过程中，要强化政府服务意识，以公众为中心，关注公众体验，围绕政府职责与任务，形成与企业、公众良好的互动，促进数据开发与应用共享，同时需要重视资源整合，提供整体解决方案，开展一站式服务。

当然，2009年美国政府所指出的开放政府和帕克所指出的开放政府有很大的差别。美国政府所提出的开放政府是在大数据环境下将政府的开放与信息技术结合起来，并且在原有"透明政府"的基础上增加促进政府创新、合作、参与、有效率和灵活性等因素，这进一步丰富了开放政府的内涵。

自2009年开放政府理论被重新提起后，世界各国都在努力使用信息技术革新政府，并在2011年建立了"开放政府联盟"。开放政府联盟的主要目标是：联盟的国家和政府要为促进透明、赋权公民、反腐败和利用新的技术加强治理付诸行动与努力。在其纲领性文件《开放政府宣言》中，该联盟的第一承诺就是：向本国社会公开更多的信息。宣言中还特别强调："要用系统的方法来收集、公开关于各种公共服务、公共活动的数据，这种公开不仅要及时主动，还要使用可供重复使用的格式。"随着政府开放数据运动的不断发展，越来越多的国家加入开放政府联盟中。

近年来，随着大数据时代的发展和智慧服务型政府的创建，数据作为最重要的基石和原料受到各利益相关者的普遍重视，政府数据的资源优势和应用市场优势日益凸显，政府数据资源的共享与开放已成为世界各国政府的共识。自2009年开始，以美国、英国、加拿大、法国等为代表的发达国家相继加入政府开放数据运动并积极推动政府数据开放，2011 年以来，以巴西、印度、中国等为代表的发展中国家也陆续加入，2012 年 6 月，以"上海市政府数据服务网"的上线为标志，我国也开始了政府数据开放的实践。

4.3.2　政府信息公开和政府数据开放的联系与区别

政府信息公开和政府数据开放是一对既相互区别又相互联系的概念。数据是没有经过任何加工与解读的原始记录，没有明确的含义，而信息是经过加工处理，被赋予一定含义的数据。政府信息公开主要是实现公众对政府信息的查阅和理解，从而监督政府和参与决策。政府数据开放是以"开放型政府""服务型政府""智慧型政府"为目标的政府开放数据运动的必然产物。2009 年，美国总统签署的《透明和开放政府备忘录》确定了"透明""参与""协作"三大原则，这就决定了美国政府数据开放超越了对公众知情权的满足而上升至鼓励社会力量的参与和协作，推进政府数据的增值开发与协作创新。政府信息公开主要是为满足公众的知情权而出现的，信息公开既可以理解为一项制度，又可以理解为一种行为。作为一项制度时，信息公开主要是指由国家和地方制定并用于规范与调整信息公开活动的法规规定；作为一种行为时，信息公开主要是指掌握信息的主体，即行政机关、单位向不特定的社会对象发布信息，或者向特定的对象提供所掌握的信息的活动。政府数据开放是政府信息公开的自然延伸，它将开放对象延伸至原始数据的粒度。政府数据开放强调的是数据的再利用，公众可以分享数据、利用数据创造经济和社会价值，并且可以根据对数据的分析判断政府的决策是否合理。政府信息公开更侧重通过报纸、互联网、电视等媒体发布与公众相关的信息，更强调程序公开，如对数据的可视化处理、简单的归纳统计，以及某些信息产品和服务无法再利用等。政府数据开放更侧重数据的利用层面和公有属性，更强调数据开放的格式、数据更新的频率、数据的全面性、API 调用次数、数据下载次数、数据目录总量、数据集总量等指标，当然也包含政府在透明性、公众参与性方面的价值追求。

4.3.3　政府数据开放的重要意义

生产资料是劳动者进行生产时所需要使用的资源或工具。如果说土地是农业生产中最重要的生产资料、机器是工业社会最重要的生产资料，那么信息社会最重要的生产资料就是数据。因此，数据已经成为当今社会一种独立的生产要素。2012 年世界经济论坛指出，大数据是新财富，价值堪比石油。麦肯锡公司提出，大数据是创新、竞争和生产力的下一个前沿，数据就是生产资料。

作为无形的生产资料，大数据的合理共享和利用将会创造出巨大的财富。但是，大数据的一个显著特征就是价值密度很低，也就是说，在大量的数据里面，真正有价值的数据可能只是很少的一部分。要充分发挥大数据的价值，就需要更多的参与方从这些"垃圾"里找出有价值的东西。所以，政府开放数据可以让社会中更多的人及企业从大数据中"挖掘金矿"。

世界银行在 2012 年发表的《如何认识开放政府数据提高政府的责任感》中指出：政府开放数据是开放数据的一部分，是指政府所产生、收集和拥有的数据，在知识共享许可下发布，允许共享、分发、修改，甚至对其进行商业使用的具有正当归属的数据。政府开放数据不仅有利于促进透明政府的建设，而且在经济发展、社会治理等方面同样具有重要的意义。

1．政府开放数据有利于促进开放透明政府的形成

政府开放数据是更高层次的政府信息公开，而政府信息公开也将推动政府民主法治进程。知情权是公民的基本权利之一，也是民主政府建设的前提。1789 年，法国政府颁布了《人权宣言》，其中就提到了公众有权知晓政府工作。随着政府民主进程的推进，政府事务不断增加，涉及民生的公共活动也不断增多。随着互联网的快速发展，一方面政府能方便快捷地了解、掌握各种公共信息和个人信息，另一方面公众提出了更多了解、监督政府公共活动的新需求，政府信息公开的程度也成了判断政府法治程度的依据。很多国家出台了信息公开制度并实施，如美国出台了《信息自由法》。我国也越来越重视政府信息公开，早在 2007 年我国颁布了《中华人民共和国政府信息公开条

例》（以下简称《政府信息公开条例》），确立了对公民知情权的法律保障。

如果说政府信息公开还处于起步阶段，那么政府开放数据则是更高层次的政务公开。原始数据的开放是政府信息资源开放和利用的本质要求，因为原始数据经不同的分析处理可得到不同的价值，在大数据时代，原始数据的价值更加丰富。

数据是政府手中的重要资源，政府开放数据的范围、程度、速度都代表政府开放的程度。一般来说，政府开放数据的范围越广、程度越深、速度越快，就越有助于提高政府的公信力，从而增加政府的权威，以及提高公众参与公共事务的程度。政府开放数据在政治上最大的意义就是促进政府开放透明。因此，在大数据的环境下，政府有必要通过完善政府信息公开制度来进一步扩大数据开放的范围，从而保障公民的知情权。

2．政府开放数据有利于创新创业和经济增长

政府开放数据对经济的促进作用明显。近年来，我国多个地方政府积极响应国家号召，推进数据开放工作，浙江省政府是其中的佼佼者。浙江省政府通过建设完善的数据开放平台，积极向社会公众和企业开放政府数据资源，涵盖交通、教育、医疗、环境等多个领域。这些数据开放平台为创新创业者提供了丰富的数据资源，降低了数据获取成本，激发了市场活力。以杭州市为例，该市通过数据开放平台向公众开放了公共交通、环境气象、社会民生等领域的大量数据。这些数据的开放不仅提升了政府决策的透明度和科学性，更为创新创业者提供了宝贵的资源。许多初创企业和团队利用这些数据开发出了具有市场竞争力的产品与服务（如智能交通系统、环境监测应用等），推动了相关产业的发展和经济增长。此外，浙江省还通过举办数据开放创新应用大赛等活动鼓励社会各界积极参与数据开发利用，进一步激发了创新创业的热情。这些举措不仅促进了数据资源的有效利用，还为经济增长注入新的动力。

3．政府开放数据有利于社会治理创新

在传统的以政府为中心的社会管理体制下，政府数据的流通渠道并不畅通，民众与政府之间存在信息壁垒，导致民众不了解行政程序，无法监督行政行为，利益诉求也无法表达，更谈不上参与社会治理。

政府数据的开放打破了政府部门对数据的垄断，促进了数据价值的最大发挥，同时构建起了政府同市场、社会、公众之间互动的平台。数据共享和大数据技术应用不仅可以有效推动政府各部门在公共活动中实现协同治理，提高政府决策的水平，而且能够充分调动各方的积极性来完成社会事务，实现社会治理机制的创新，给公众的生活带来便利，如缓解交通压力、保障食品安全、解决环境污染等。

在社会治理创新方面，我国很多城市已经从政府数据开放中受益。例如，我国交通主管部门向社会开放交通红绿灯数据（包括红绿灯的开关时间、信号周期等关键信息），百度地图、高德地图等导航软件接入这些数据以后，就可以实时显示每个路口红绿灯的倒计时时间，这大大提升了用户体验；我国航空主管部门向社会开放全国航班数据，航班管家、飞常准、航旅纵横等软件利用这些数据实现了丰富的航班信息服务功能，并向全社会免费开放，任何人都可以通过手机App进行在线值机，并且可以实时查询全国各次航班的值机时间、起飞时间、在途飞行实时位置、到达时间、延误率和机场等候时间等，这为人们出行节省了时间，创造了极大的社会效益。

4.3.4 我国政府数据开放

政府数据资源是体量大、集中度高、辐射范围广、与社会公众关联紧密、开发利用价值高、集聚带动效应明显的大数据资源。推进落实政府数据开放建设工程，逐步实现政府数据向社会开放，是建立健全数据驱动型增长新模式，推动经济社会全面发展，促进治理能力现代化的重要抓手。在我国政府职能转变和产业转型发展的背景下，在《政府信息公开条例》的基础上，面对大数据时代社会公众对政府数据的强烈需求，我国政府正在逐步从日趋成熟的"政府信息公开"向蹒跚起步的"政府数据开放"探索前进。

1．概述

2015年两会上指出"政府掌握的数据要公开，除依法涉密的之外，数据要尽最大可能地公开，以便于云计算企业为社会服务，也为政府决策、监管服务"。随后，国务院办公厅印发《2015年政府信息公开工作要点》，要求政府数据全面公开。这些都表明，大数据时代政府数据开放是时代发展的新要求。

大数据被看作信息化时代的"石油"。政府是数据最大的生产者和拥有者，政府数据约占整个社会数据的80%以上，通过开放数据来挖掘数据价值的思维和应用已经渗透到国家治理的范畴内。

过去很长一段时期内，我国政府数据开放十分有限，部门之间的"数据保密"与"数据隔阂"不仅制约了政府协同治理水平的提升，也限制了公众参与国家治理的程度。对我国而言，政府开放数据具有重要意义。通过开放决策过程数据，可以提高政府的公信力；通过开放商业数据，可以驱动经济转型；通过开放各类奖惩信息，可以提高社会信用；通过开放社会统计基础数据，可以促进社会发展科学化。政府开放数据对国家治理理念、治理范式、治理内容、治理手段等都能产生积极的影响。

近几年，我国政府开放数据步伐明显加快。截至2023年8月，我国已有226个省级和城市的地方政府上线了数据开放平台，其中省级平台22个（不含直辖市和港澳台），城市平台204个（含直辖市、副省级与地级行政区）。这一数据表明，我国地方政府数据开放平台的建设速度之快、数量之多，有蔚然成林之势。在数据集数量方面，2023年数据集已增长到34万多个，相较于2017年的8000多个增长了40多倍。数据容量方面，各地平台无条件开放的可下载数据集容量从2019年的15亿到2023年超过480亿，5年间增长了30多倍。

2．我国政府数据开放制度体系

我国的政府数据开放制度建设起步相对较晚。2015年，《促进大数据发展行动纲要》颁布实施，政府数据开放上升为国家战略。地方立法层面，贵州作为地方政府数据开放重镇先行先试，《贵州省大数据发展应用促进条例》《贵阳市政府数据共享开放条例》《贵阳市大数据安全管理条例》已先后实施，为国家层面的修法立法提供了重要参考。

法规条例是制度的重要反映和体现。目前，我国以《政府信息公开条例》和《促进大数据发展行动纲要》等一系列国家政策文件为核心，围绕建设政府数据开放监督制度、行为制度、保障制度和内容制度，构建并形成了我国政府数据开放制度体系（见图4-2）。

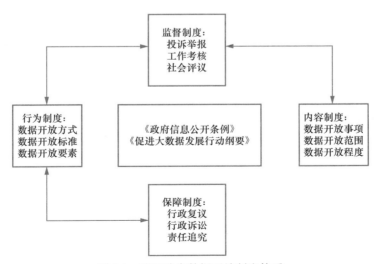

图4-2　我国政府数据开放制度体系

由图4-2可知，我国政府数据开放监督制度包括投诉举报、工作考核和社会评议等内容，行为制度由数据开放方式、标准及要素等内容构成，保障制度含行政复议、行政诉讼和责任追究等措施，内容制度涵盖数据开放事项、范围及程度等各个方面。我国开放政府数据的主题思想是，政府机关在政府数据开放的过程中必须依法严格按照条例规定对需要开放的信息进行开放，不得编造政府数据，不得以各种理由拒绝、拖延政府数据开放，对于不开放政府数据或违法违规开放政府数据的单位，一经查实，其必将受到司法部门的追责与制裁。《政府信息公开条例》第二十条详细界定了政府数据开放的范围；第二十三条"行政机关应当建立健全政府信息发布机制，将主动公开的政府信息通过政府公报、政府网站或者其他互联网政务媒体、新闻发布会以及报刊、广播、电视等途径予以公开"，详细界定了政府数据开放的方式；第四十六条"各级人民政府应当建立健全政府信息公开工作考核制度、社会评议制度和责任追究制度，定期对政府信息公开工作进行考核、评议"，详细界定了政府数据开放的监督和保障机制。

3．公共数据授权运营

公共数据是指政府和公共部门持有的数据，包括职能履行受公共财政保障的机关单位在依法履行公共管理职责或提供公共服务过程中收集、产生的数据（即来自政务体系的公共数据），受公共财政支持、无行政职能的非营利事业单位或社会组织在公共利益领域内收集、产生的数据（即来自科教文卫等公共事业的公共数据），以及公共服务运营单位在提供水、电、气、公共交通等公共服务的过程中收集、产生的数据。

国际数据公司（International Data Corporation，IDC）预测，到2025年，我国将成为世界上最大的数据圈，数据要素市场化潜力巨大。其中，公共数据至关重要。相比于其他数据，政府和公共部门持有的公共数据主题明确、规模大、价值高，具有很强的公共属性，是数据资源供给体系的重要力量。公共数据既是一座价值不可低估的金矿，又是一块难啃的硬骨头，涉及制度、模式、技术等诸多方面的突破。强化公共数据开发利用、促进公共数据价值的释放，已经成为当前我国数据要素发展的布局重点。

2023年9月20日，国家工业信息安全发展研究中心发布《公共数据授权运营平台技术要求（征求意见稿）》，面向全社会公开征求意见，引起了业界的关注。"公共数据授权运营"是一个广泛的概念，通常涉及政府或组织将公共数据授权给第三方实体或运营者，以便更广泛地利用这些数据，从而促进创新、经济增长和社会福祉。

公共数据授权运营作为数据要素产业乃至数字经济发展的重要拼图，肩负盘活数据要素、释放产业价值的重任。公共数据授权运营是一道名副其实的难题。与其他生产要素不同，数据要素具有非稀缺性、非竞争性等特征，这使数据要素市场存在主体多元化、权属多重化、需求多样化、治理复杂化等现实情况。具体到公共数据授权运营层面，表现为公共数据价值高、敏感信息多、安全等级要求严。当前，欧美的数据信托模式和数据中介模式都难言成功，在数据隐私安全、监管机制等方面各自存在不小的短板。因此，在公共数据授权运营上取长补短、探索出一条创新之路，对于我国数据要素产业化和数字经济长远发展都具有重要意义。

公共数据授权运营主要有3种模式，具体如下。

（1）行业数据管理机构授权企业统一运营：由国有企业提供统一的公共数据运营服务的"建管运一体化"模式。行业数据管理机构是监管者，委托授权行业、地方成立的国有全资或国有资产控股的大数据企业作为公共数据统一运营机构（如中航信将民航相关数据统一委托给航旅纵横）。

（2）地方数据整体授权综合数据运营方：由区域内数据管理方统筹建设公共数据管理平台，并整体授权给综合数据运营方开展公共数据运营平台建设，形成多领域数据资源池（如易华录公司和抚州市政府等成立合资公司，整体运营抚州公共数据）。

（3）地方数据分类授权垂直领域数据运营方：由地方政府中数据归口管理部门制定实施相关管理制度，统筹建设公共数据管理平台，并通过多次分类授权引入垂直领域数据运营方运用公共数据管理平台开展相关数据服务（如北京将金融数据授权给下属国企金控统一运营）。

目前我国公共数据授权运营主要面临3个挑战，具体如下。

（1）规模化的数据资源汇聚挑战：数据持有者的数据供给意愿较低，技术层面又存在标准不统一、安全风险高等情况，这使规模化的数据资源汇聚存在一定的难度。

（2）成熟的市场化路径有待探索：高质量数据供给不足、应用场景挖掘力度不够、运营模式有待进一步完善，是数据要素市场化下一阶段需要重点克服的问题。

（3）完善的保障体系有待构建：制度体系尚未形成一套科学合理的理论框架，数据隐私保护面临诸多安全风险，涉及主体角色众多，良性生态有待形成。

当前，经济社会对高质量、高价值数据的强烈需求与不平衡不充分的数据供给之间的矛盾日益突出，且矛盾主要源于公共数据供给侧这一方。目前，公共数据的授权运营是公共数据社会化流通赋能实体经济的关键路径，以及探索数据要素全面市场化的关键突破口。

当前，北京、上海、深圳、杭州、德阳、大理等地纷纷出台公共数据相关政策，授权有条件的运营主体积极开展公共数据运营的落地工作。各地政府在探索中尤为看重两个方面，即公共数据授权运营体系的建立，以及如何将授权运营体系在实践中落到实处。

2023 年 7 月 18 日，北京市政府推出了《北京市公共数据专区授权运营管理办法（征求意见稿）》，面向社会公开征求意见。2023 年 8 月 22 日，浙江省人民政府办公厅印发了《浙江省公共数据授权运营管理办法（试行）》，开启了公共数据授权运营在本省内的试点工作。2023 年 5 月 1 日，广州市政务服务数据管理局印发了《广州市公共数据开放管理办法》，明确指出贯彻 "数据二十条" 等数据要素政策。2023 年 5 月 10 日，在广州数据交易所，广州首个公共数据运营产品 "企业经营健康指数" 顺利完成交易。该产品的主要目标是服务中小企业，解决融资难的问题，推动数据要素高效、便利、合规的场内交易。其实早在 2020 年前后，已有部分地区引入企业主体开展公共数据的社会化利用，如北京市以建设金融数据专区的形式授权北京金控集团进行公共数据的运营开发。2021 年 3 月，《中华人民共和国国民经济和社会发展第十四个五年规划和 2035 年远景目标纲要》提出探索将公共数据服务纳入公共服务体系，首次明确要开展政府数据授权运营试点，鼓励第三方深化对公共数据的挖掘利用。此后，上海、浙江等地先后将 "公共数据授权运营" 写入地方法律文件，海南、广东、四川等地也各自开展了授权运营探索，在整体运行逻辑基本一致的基础上探索了各具特色的政企合作运营模式。此外，人力资源和社会保障部、中国民用航空局等垂直管理的行业主管部门也开展了以行业为单位的公共数据授权运营探索，形成了电子社保卡、航旅纵横等公共数据产品及相关服务，为公共数据要素的价值释放提供了新的思路。

公共数据授权运营是一项具有系统性、复杂性的新生业态，涉及数据要素高质量供给、数据要素开发利用、数据要素市场流通三大环节，除了运营体系的创新，良好的生态也是其长效化运行的关键所在。本质上，公共数据授权运营更像一个平台生态模式，运营主体需要构建好技术环境和政策环境，吸引更多合作伙伴参与到平台之中，并且在平台中高效、便捷地发布数据产品和开展业务，并最终实现整个生态的良性发展。例如，数据要素已经是各个地方政府发展数字经济的核心主线，地方政府尤其看重通过公共数据授权运营形成良性的公共数据生态，实现赋能当地产业发展和高质量发展。

4.4　大数据交易

数据是继土地、劳动力、资本、技术之后的第 5 种生产要素。随着云计算和大数据的快速发展，全球掀起了新的大数据产业浪潮，人类正从 IT 时代迅速向 DT（Data Technology，数据处理技术）时代迈进，数据资源的价值也进一步得到提升。数据的流动和共享是大数据产业发展的基础，大数据交易作为一种以大数据为 "交易标的" 的商事交换行为，能够提升大数据的流通率，增加大数据价值。随着大数据产业的快速发展，大数据交易市场成为一个快速崛起的新兴市场，与此同时，随着数据的资源价值逐渐得到认可，数据交易的市场需求不断增加。

本节首先介绍大数据交易的基础知识及发展现状，然后介绍大数据交易顺利开展的制度基础——数据产权制度。

4.4.1 概述

大数据交易应当是买卖数据的活动，是以货币为交易媒介获取数据这种商品的过程，具有3种特征：一是标的物受到严格的限制，只有经过处理的数据才能交易；二是涉及的主体众多，包括数据提供方、数据购买方、数据平台等；三是交易过程烦琐，涉及大数据的多个产业链，如数据源的获取、数据安全的保障、数据的后续利用等。

目前进行数据交易的途径有以下几种。

（1）大数据交易公司。这一途径又包括两种类型，一种是作为数据提供方向用户出售数据的公司，另一种是为用户出售个人数据提供场所的公司。

（2）数据交易所。数据交易所以电子交易为主要形式，面向全国提供数据交易服务，包括贵阳大数据交易所、长江大数据交易中心（武汉）、上海数据交易所、浙江大数据交易中心等。

（3）API模式。平台向用户提供接口，允许其对平台的数据进行访问，而不是直接将数据传输给用户。

（4）其他。例如中国知网、北大法宝等，其通过收取费用向用户提供各种文章、裁判文书等内容。这类主体并非严格意义上的数据交易主体，但是其出售的商品属于现在数据平台所交易的部分数据。

大数据交易是大数据产业生态系统中的重要一环，与大数据交易相关的其他环节包括数据源、大数据硬件层、大数据技术层、大数据应用层、大数据衍生层等（见图4-3）。其中，数据源是数据交易的起点，也是数据交易的基础；大数据硬件层包括一系列保障大数据产业运行的硬件设备，是数据交易的支撑；大数据技术层为数据交易提供必要的技术手段，包括数据采集、存储管理、处理分析、可视化等；大数据应用层是大数据价值的体现，可以

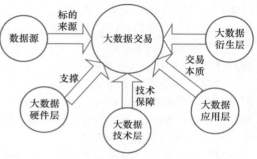

图4-3 与大数据交易相关的环节

帮助实现数据价值的最大化；大数据衍生层是基于大数据分析和应用而衍生出来的各种新业态，如互联网基金、互联网理财、大数据咨询和大数据金融等。

4.4.2 大数据交易发展现状

数据交易由来已久，并不是最近几年才出现的新型交易方式。早期交易的数据主要是个人信息，包括网购类、银行类、医疗类、通信类、考试类、邮递类信息等。进入大数据时代以后，大数据资源愈加丰富（见图4-4），从电信、金融、社保、房地产、医疗、政务、交通、物流、征信体系等部门，到电力、石化、气象、教育、制造等传统行业，再到电子商务平台、社交网站等，覆盖范围广泛。庞大的大数据资源为大数据交易的兴起奠定了坚实的基础。此外，在政策层面，我国政府十分重视大数据交易的发展，2015年国务院出台的《促进大数据发展行动纲要》明确提出要"引导培育大数据交易市场，开展面向应用的数据交易市场试点，探索开展大数据衍生产品交易，鼓励产业链各环节市场主体进行数据交换和交易，促进数据资源流通，建立健全数据资源交易机制和定价机制，规范交易行为"。2021年7月发布的《深圳经济特区数据条例》肯定了市场主体对合法处理形成的数据产品和服务享有使用权、收益权和处分权，强调充分发挥数据交易平台的积极作用。2021年11月通过的《上海市数据条例》积极探索数据确权问题，明确了数据同时具有人格权益和财产权益双重属性，提出建立数据资产评估指标体系、数据生产要素统计核算和数据交易服务体系等。为了促进数据交易的发展，2021年10月发布的《广东省公共数据管理办法》在国内首次明确了数据交易标的，并强调政府应通过数据交易平台加强对数据交易的监管。近年来，在国家及地方政府相关政策的积极推动与扶持下，全国各地陆续设立大数据交易平台，在探索大数据交易进程中取得了良好效果。

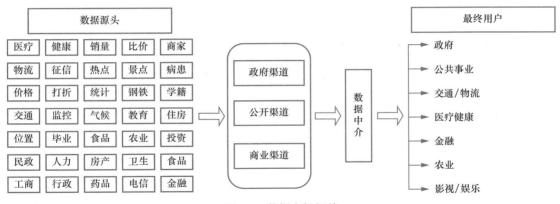

图 4-4　数据市场概貌

在政策的引导下，2014 年以来，国内不仅出现了京东万象、中关村数海、浪潮卓数、聚合数据等数据交易平台，各地方政府也成立了混合所有制形式的数据交易机构，包括贵阳大数据交易所、上海数据交易中心、长江大数据交易中心（武汉）、浙江大数据交易中心、北京国际大数据交易所、北部湾大数据交易中心、湖南大数据交易所、北方大数据交易中心、福建大数据交易所等。2021 年 7 月，上海数据交易中心携手天津、内蒙古、浙江、安徽、山东等 13 个省（区、市）数据交易机构成立全国数据交易联盟，共同推动数据要素市场建设和发展，推动更大范围、更深层次的数据定价和数据确权。大数据交易的繁荣发展在一定程度上体现了我国大数据行业整体的快速发展，全国其他地区的大数据交易规模增长和变现能力提升也呈现出良好的态势。由此可以预见，随着我国大数据交易的进一步发展，大数据产业将成为未来提振我国经济发展的支柱产业，并将持续推动我国从数据大国向数据强国转变。

伴随着大数据交易组织机构数量的迅猛增加，各大交易机构的服务体系也在不断完善，一些交易机构已经制定了大数据交易相关标准及规范，为会员提供完善的数据确权、数据定价、数据交易、结算、交付等服务支撑体系，在很大程度上促进了我国大数据交易从"分散化""无序化"向"平台化""规范化"转变。

4.4.3　数据产权制度

当前，我国数据要素市场的建设尚处于探索阶段，数据要素确权、定价、流通、监管等基础制度体系尚不健全，从数据要素市场的全流程看，数据要素的供给与流通环节均待进一步优化和完善。数据权益和行为规则界定不清带来的一些问题日益显现，数据权益相关纠纷呈上升趋势。因此，我国必须通过构建数据产权制度，来保障数据要素的获取、加工、流通、利用以及收益分配等行为有法可依、有规可循，从而推动数据要素市场规范化、制度化建设，最终有效提升数据要素的市场化配置效率。

没有归属清晰、合规使用、保障权益的数据产权制度，就无法形成高效公平、安全可控的数据要素市场。数据要素市场运行的前提是产权配置清晰，确立数据产权制度需要解决数据产权在两大层面的清晰问题：一是数据在法律层面的清晰；二是数据在经济层面的清晰。

数据确权是世界性难题，目前欧盟、美国等地区也正在探索数据要素的确权授权机制。构建具有中国特色的数据产权制度体系是我国未来数据要素发展的方向。国家发展和改革委员会提出构建数据产权制度的主要思路：一是探索数据产权结构性分置制度；二是建立健全数据要素各参与方合法权益保护制度；三是数据分类分级确权授权，主要针对数据持有主体，具体涵盖公共数据、企业数据和个人数据。

"数据二十条"提出探索数据产权结构性分置制度，建立数据资源持有权、数据加工使用权、数据产品经营权等分置的产权运行机制，并指出推进实施公共数据确权授权机制、推动建立企业数据确权授权机制、建立健全个人信息数据确权授权机制。"数据二十条"对公共数据、企业数据、个人数据的确权授权提出系列性指导意见，也为构建数据产权制度提供了发展方向和主要思路。

建立"归属清晰、合规使用、保障权益"的数据产权制度，可以为数据要素流通和交易制度体系、数据要素收益分配制度体系、数据要素治理制度体系夯实基础，促进我国数据基础制度建设，激活数据要素潜能，推动我国数字经济高质量发展，加快建设数字中国，助力实现中国式现代化。

纵观国内现有的与数据产权权属相关的研究，主要有隐私权说、新型人格权说、知识产权说3种。每种理论的解释都有其合理性和一定缺陷。隐私权说很好地贴合了一直以来各方对个人数据隐私属性的认同，新型人格权说则强调了数据的财产权属性，但二者都局限于个人数据层次。知识产权与数据产权在法律属性上相似，但具体使用的理论更为复杂。目前国内一些主流的数据产权说各有利弊。首先，它们大多将数据权定位在隐私权、财产权以及知识产权之间，这从侧面反映了数据权属的不明确，这对法律政策的出台形成了障碍。其次，以人格隐私权、财产权、知识产权为逻辑起点的数据权属定位，无法为数据权以及个人信息权提供完善的保护路径。有学者指出，大数据技术下的个人数据信息具有数量大、价值密度低、智能处理以及信息获得和其使用结果之间相关性弱等特征。这些特征使个人无法以私权为制度工具对个人数据信息的产生、存储、转移和使用进行符合自己意志的控制。最后，以财产权说、知识产权说为逻辑起点的数据权属定位，在大数据运用与交易过程中，数据得以纳入法律调整的方式是作为债权的客体。这也是目前数据在收集、加工、分析、交易环节中主要采取的法律规制方式。这种数据权之债权调整方式仅具有主体相对性，而缺乏对对世权的绝对保护。

4.5　大数据安全

在大数据时代，数据的安全问题愈发凸显。大数据蕴藏的巨大价值和集中化的存储管理模式使其更易成为网络攻击的重点目标，针对大数据的勒索攻击和数据泄露问题日益严重，全球范围内大数据安全事件频发。大数据呈现在人类面前的是一幅让人喜忧参半的未来图景：可喜之处在于，它开拓了一片广阔的天地，带来了一场生活、工作与思维的大变革；忧虑之处在于，它使我们面临更多的风险和挑战。大数据安全问题是人类社会在信息化发展过程中无法回避的问题，它将网络空间与现实社会连接得更紧密了，使传统安全与非传统安全熔于一炉，不仅给个人和企业带来了威胁，甚至可能危及和影响社会安全、国家安全。

本节首先介绍传统的数据安全问题，并指出大数据安全有别于传统数据安全，然后讨论大数据安全问题，最后给出一些典型案例。

4.5.1　传统数据安全

数据作为一种资源，具有普遍性、共享性、增值性、可处理性和多效用性，对于人类有特别重要的意义。数据安全的实质就是要保护信息系统或信息网络中的数据资源免受各种类型的威胁、干扰和破坏，即保证数据的安全。

传统的数据安全威胁主要如下。

① 计算机病毒。计算机病毒能影响计算机软件、硬件的正常运行，破坏数据的正确与完整，甚至导致系统崩溃等，特别是一些用于盗取各类数据信息的木马病毒等。目前杀毒软件（如360杀毒软件）普及较广，这使计算机病毒对数据安全构成的威胁大大减弱。

② 黑客攻击。计算机被入侵、账号泄露、资料丢失、网页被黑等都是企业信息安全管理中经常遇到的问题，其特点是目标明确。当黑客要攻击一个目标时，通常会先收集被攻击方的有关信息，分析被攻击方可能存在的漏洞；然后建立模拟环境，进行模拟攻击，测试对方可能的反应；再利用适当的工具进行扫描；最后通过已知的漏洞实施攻击，读取邮件、搜索和盗窃文件、毁坏重要

数据，甚至破坏整个系统。

③ 数据信息存储介质的损坏。在物理介质层次上对存储和传输的信息进行安全保护是信息安全的基本保障。物理安全隐患大致包括3个方面：一是自然灾害（如地震、火灾、洪水、雷电等）、物理损坏（如硬盘损坏、设备使用到期、外力损坏等）和设备故障（如停电断电、电磁干扰等）；二是电磁辐射、信息泄露、痕迹泄露（如口令、密钥等保管不善）；三是操作失误（如删除文件、格式化硬盘、线路拆除）、意外疏漏等。

4.5.2 大数据安全有别于传统数据安全

传统的信息安全理论重点关注数据作为资料的保密性、完整性和可用性（即"三性"）等静态安全，其受到的主要威胁在于数据泄露、篡改、灭失所导致的"三性"破坏。随着信息化和信息技术的进一步发展，信息社会从小数据时代进入更高级的形态——大数据时代。在此阶段，通过共享、交易等流通方式，数据质量和价值得到更大程度的实现与提升，数据动态利用逐渐走向常态化、多元化，这使大数据安全表现出与传统数据安全不同的特征，具体来说有以下几个方面。

（1）传统"老三样"防御手段面临挑战

回顾过去，不难发现传统网络安全以防火墙、杀毒软件和入侵检测等"老三样"为代表的安全产品体系为基础。传统边界安全防护的任务关键是把好门，这就好比古代战争的打法一样。在国与国、城与城之间的边界区域建立一些防御工事，安全区域在以护城河、城墙为安全壁垒的区域内，外敌会很"配合"地选择同样的防御线路进行攻击，需要攻克守方事先建好的层层壁垒才能最终拿下城池。其全程主要用力点是放在客观存在的物理边界上的，防火墙、杀毒软件、IDS、IPS、DLP、WAF、EPP等设备功能作用亦如此。而观当下，云计算、移动互联网、物联网、大数据等新技术蓬勃发展，数据高效共享、远程访问、云端共享，原有的安全边界被"打破"了，这意味着传统边界式防护失效和无边界时代的来临。

（2）大数据成为网络攻击的显著目标

在网络空间中，数据越多，受到的关注也越高，因此，大数据是更容易被发现的大目标。一方面，大数据对于潜在的攻击者具有较大的吸引力，因为大数据不仅量大，而且包含大量复杂和敏感的数据；另一方面，数据在一个地方大量聚集以后，安全屏障一旦被攻破，攻击者就能一次性获得较大的收益。

（3）大数据加大隐私泄露风险

从大数据技术角度看，Hadoop等大数据平台对数据的聚合增加了数据泄露的风险。Hadoop作为一个分布式系统架构，具有存储海量数据的能力，存储的数据量可以达到PB级别；一旦数据保护机制被突破，将给企业带来不可估量的巨额损失。对于这些大数据平台，企业必须实施严格的安全访问机制和数据保护机制。同样，目前被企业广泛推崇的NoSQL数据库（非关系数据库）由于发展历史较短，还没有形成一整套完备的安全防护机制，相对于传统的关系数据库而言，NoSQL数据库具有更高的安全风险，比如，MongoDB作为一款具有代表性的NoSQL数据库产品，就发生过被黑客攻击导致数据库泄密的情况。另外，NoSQL对来自不同系统、不同应用程序及不同活动的数据进行关联，也加大了隐私泄露的风险。

（4）大数据技术被应用到攻击手段中

大数据为企业带来商业价值的同时，也可能会被黑客利用来攻击企业，给企业造成损失。为了实现更加精准的攻击，黑客会收集各种各样的信息（如社交网络、邮件、微博、电子商务、电话和家庭住址等），这些海量数据为黑客发起攻击提供了更多的机会。

（5）大数据成为高级可持续攻击的载体

在大数据时代，黑客往往会隐藏自己的攻击行为，依靠传统的安全防护机制很难监测到。这是因为传统的安全检测机制一般基于单个时间点进行基于威胁特征的实时匹配检测，而高级可持续攻击（Advanced Persistent Threat，APT）是一个实施过程，并不具备能够被实时检测出来的明显特征，故无法被实时检测。

4.5.3 大数据安全问题

现在，大数据安全不再仅仅是个人和企业层面的保护问题，甚至涉及政治权力层面，直接影响社会稳定和国家政治安全。总的来说，静态安全到动态利用安全的转变使数据安全不再只是确保数据本身的保密性、完整性和可用性，还承载个人、企业、国家等多方主体的利益诉求，关涉个人权益保障、企业知识产权保护、市场秩序维持、产业健康生态建立、社会公共安全乃至国家安全维护等诸多数据治理问题。

1．隐私和个人信息安全问题

传统的隐私是隐蔽、不公开的私事，本质上是个人的秘密。大数据时代的隐私与传统不同，内容更多，分为个人信息、个人事务、个人领域，即隐私是一种与公共利益、群体利益无关，当事人不愿他人知道或他人不便知道的个人信息，当事人不愿他人干涉或他人不便干涉的个人私事，以及当事人不愿他人侵入或他人不便侵入的个人领域。隐私是客观存在的个人自然权利。在大数据时代，个人身份、健康状况、个人信用和财产状况以及自己和恋人的亲密过程是隐私；使用设备、位置信息、电子邮件是隐私，此外，使用的 App、在网上参加的活动、发表及阅读的帖子、点赞也可能成为隐私。

大数据的价值并不单纯地来源于它的用途，而更多地源自其二次利用。在大数据时代，无论是个人日常购物消费等琐碎小事，还是读书、买房、生儿育女等人生大事，都会在各式各样的数据系统中留下"数据脚印"。就单个系统而言，这些细小数据可能无关痛痒，但一旦将它们通过自动化技术整合后，就可以逐渐还原和预测个人生活的轨迹与全貌，使个人隐私无所遁形。

哈佛大学的研究显示，只要知道一个人的年龄、性别和邮编，就可以在公开的数据库中识别出此人 87% 的身份。在模拟和小数据时代，一般只有政府机构才能掌握个人数据，而如今许多企业、社会组织也拥有海量数据，甚至在某些方面超过政府，这些海量数据的汇集使敏感数据暴露的可能性加大，对大数据的收集、处理、保存不当更是会加剧数据信息泄露的风险。

人类进入大数据时代以来，数据泄露事件时有发生。2011 年 4 月，日本索尼（Sony）公司的 Playstation Network 遭受黑客攻击，导致 770 万用户数据外泄，引发了新媒体传输的信用危机。2014 年 1 月，澳大利亚政府网站 60 万份个人信息遭泄露，同时，德国约 1600 万网络用户的邮箱信息被盗。2014 年 3 月，韩国电信 1200 万用户信息遭泄露。2015 年 1 月，俄罗斯约会网站 Topface 有 2000 万访客的用户名和电子邮件地址被盗。

2．企业数据安全问题

迈进大数据时代，企业信息安全面临多重挑战。企业在获得大数据时代信息价值增益的同时，其风险也在不断地累积，大数据安全方面的挑战日益严峻。黑客与病毒木马会入侵企业信息系统，大数据在云系统中进行上传、下载、交换的同时，极易成为黑客的攻击对象。而大数据一旦被入侵并泄露，就会对企业的品牌、信誉、研发、销售等多方面造成严重冲击以及难以估量的损失。通常，那些对大数据分析有较高要求的企业会面临更多的挑战，如电子商务、金融、天气预报、复杂网络计算和广域网感知等企业。任何一个误导目标信息提取和检索的攻击都是有效攻击，因为这些攻击会对大数据安全分析产生误导，导致其分析偏离正确的检测方向。应对这些攻击需要人们集合大量数据进行关联分析，从而得知其攻击意图。大数据安全是与大数据业务相对应的，传统时代的安全防护思路难以奏效，并且成本过高。无论是出于防范黑客对数据的恶意攻击，还是出于对内部数据的安全管控，为了保障企业信息安全，人们迫切需要一种更为有效的方法来对企业大数据的安全性进行有效管理。

3．国家安全问题

大数据作为一种社会资源，不仅给互联网领域带来了变革，而且给全球的政治、经济、军事、文化、生态等带来了一定的影响，已经成为衡量综合国力的重要标准。大数据事关国家主权和安全，必须被高度重视。

（1）大数据成为国家之间博弈的新战场

大数据意味着海量的数据，也意味着更复杂、更敏感的数据，特别是关系国家安全和利益的数据，如国防建设数据、军事数据、外交数据等极易成为网络攻击的目标。一旦机密情报被窃取或泄露，就会威胁到整个国家的安全。

维基解密网站泄露美国军方机密，影响之深远，令美国政府"愤慨"。美国国家安全顾问和白宫发言人强烈谴责维基解密危害国家安全、置美军和盟友的安全于不顾之行为。举世瞩目的"棱镜门"事件更是昭示着国家安全面临大数据的严酷挑战。在大数据时代，数据安全问题的严重性愈发凸显，已超过其他传统安全问题。

此外，在数据的跨国流通方面，若没有掌握数据主权，势必影响国家主权。因为发达国家的跨国公司或政府机构，凭借其高科技优势，通过各种渠道收集、分析、存储及传输数据的能力会强于发展中国家，若发展中国家向外国政府或企业购买其所需数据，只要卖方有所保留（如重要的数据故意不提供），则其在数据不完整的情形下无法做出正确的形势研判，经济上的竞争力势必大打折扣，发展中国家经济发展的自主权会受到侵犯。漫无边际的数据跨国流通，尤其是当一国经济、政治方面的数据均由他国收集、分析并进而控制的时候，数据输出国会以其特有的价值观念对所收集的数据加以分析研判，无形中会主导数据输入国的价值观及世界观，对该国文化主权造成威胁。此外，对数据跨国流通不加限制还会导致国内大数据产业仰他人鼻息求生，无法自立自足，从而丧失数据主权，危及国家安全。

因此，大数据安全已经作为非传统安全因素受到各国的重视。大数据重新定义了大国博弈的空间，国家强弱不仅以政治、经济、军事实力为着眼点，数据主权同样决定国家的命运。目前，电子政务、社交媒体等已经扎根在人的生活方式、思维方式中，各个行业的有序运转已经离不开大数据，此时数据一旦失守，国家安全将会受到巨大威胁。

（2）自媒体平台成为影响国家意识形态安全的重要因素

自媒体又称"公民媒体"或"个人媒体"，是指私人化、平民化、普泛化、自主化的传播者以现代化、电子化的手段，向不特定的大多数或者特定的单个人传递规范性及非规范性信息的新媒体的总称。自媒体平台包括博客、微博、微信、抖音、小红书、百度官方贴吧、论坛等网络社区。大数据时代的到来重塑着媒体表达方式，传统媒体不再一枝独秀，自媒体迅速崛起，使每个人都是自由发声的独立媒体，都有在网络平台发表自己观点的权力。但是，自媒体的发展良莠不齐，一些自媒体平台上质量低的文章层出不穷，甚至一些自媒体为了点击率，不惜突破底线发布虚假信息，受众群体难以分辨真伪，冲击了主流媒体的权威性。网络舆情是人民参政议政、舆论监督的重要反映，但是网络的通达性使其容易受到境外敌对势力的利用和渗透，成为民粹主义的传播渠道，削弱国家主流意识形态的传播，对国家的主权安全、意识形态安全和政治制度安全都会产生很大影响。

4.5.4　典型案例

1. "棱镜门"事件

2013年6月，斯诺登（Snowden）将美国国家安全局关于棱镜计划的秘密文档披露给了《卫报》和《华盛顿邮报》，引起世界关注。

棱镜计划是一项由美国国家安全局自2007年起开始实施的绝密电子监听计划，该计划的正式名号为"US-984XN"。在该计划中，美国国家安全局和联邦调查局利用平台和技术上的优势开展全球范围内的监听活动。众所周知，全世界管理互联网的根服务器共有13台，包括1台主根服务器和12台辅根服务器，1台主根服务器和9台辅根服务器在美国，美国有最高的管理权限，所以可以直接进入相关网际公司的核心服务器里拿到数据、获得情报，对全世界重点地区、部门、公司甚至个人进行布控，监控范围包括信息发布、电邮、即时聊天消息、音视频、图片、备份数据、文件传输、视频会议、登录和离线时间、社交网络资料的细节、部门和个人的联系方式与行动。其中包括两个秘密监视项目，一是监视、监听民众电话的通话记录，二是监视民众的网络活动。

通过棱镜计划，美国国家安全局可以实时监控一个人正在进行的网络搜索内容，收集大量个人网上痕迹，如聊天记录、登录日志、备份文件、数据传输、语音通信、个人社交信息等，一天可以获得50亿人次的通话记录。美国国家安全局全方位、高强度监控全球互联网与电信业务的行为彰显了美国凭借平台及科技优势独霸网络信息的野心，使网络信息安全受到前所未有的关注，深刻影响了网络时代的国家战略与规划。

2．手机应用软件过度采集个人信息

个人信息泄露的一条主要途径就是经营者未经本人同意暗自收集个人信息，然后泄露、出售或者非法向他人提供个人信息。在我们的日常生活中，部分手机App往往会"私自窃密"。例如，部分记账理财App会通过留存消费者的个人网银登录账号、密码等信息，并模仿消费者网银登录的方式，获取账户交易明细等信息。有的App在提供服务时，采取特殊方式来获得用户授权，这本质上仍属"未经同意"。例如，在用户协议中，将"同意"之选项设置为较小的字体，且预先选中，导致部分消费者在未知情况下进行授权。手机App过度采集个人信息呈现普遍趋势，最突出的是在非必要的情况下获取位置信息和访问联系人权限，比如，像天气预报、手电筒这类功能单一的手机App，在安装协议中也提出要读取通信录，这与《全国人民代表大会常务委员会关于加强网络信息保护的决定》明确规定的手机软件在获取用户信息时要坚持"必要"原则相悖。面对一些存在"过分"权限要求的App，很多时候，用户只能被迫接受，因为不接受就无法使用App。2019年，央视"3·15"晚会就点名了一款手机软件，在晚会现场，经主持人实际操作发现，当用户在该App上输入身份证号、社保账号、手机号等信息完成注册后，计算机远程就能截取到用户的几乎所有信息，而且，该手机软件还通过不平等、不合理条款强制索取用户隐私权，并且未得到政府相关部门的官方授权。经央视曝光后，工业和信息化部立即启动应用商店联动处置机制，要求腾讯、百度、华为、小米、OPPO、vivo、360等国内主要应用商店全面下架该App，并对该App的责任主体进行核查处理。

此外，在社交App中广泛传播的各种测试小程序也可能窃取用户个人信息。众多网友在授权登录测试页面时，姓名、生日、手机号等很多个人信息都会被测试程序的后台获得，这些信息很可能被用作商业用途，给网友的切身利益造成损失。同时，不法分子还设计了更加隐蔽的个人信息获取方式，比如，制作多种测试小程序在社交App中进行分发，有的测试小程序负责收集参与测试用户的个人喜好，有些测试小程序负责收集用户的收入水平，有些测试小程序负责收集用户的朋友关系，这样，虽然用户参与某个测试只提供了部分个人信息，但是，当用户参与多个测试后，不法分子就可以获得某个用户较为全面的个人信息。

3．免费Wi-Fi窃取用户信息

Wi-Fi是无线网络技术的简称。作为应用最广的无线上网技术，Wi-Fi能够将覆盖区域内的笔记本电脑、智能手机以及平板电脑等设备与互联网高速连接，实现随时随地上网冲浪。随着智能手机和平板电脑的普及，这项免费便捷的无线上网技术越来越受到人们的欢迎。免费Wi-Fi网络已经成为宾馆、酒店、咖啡厅、餐厅以及各色商铺的标准配置，"免费Wi-Fi"的标识在城市里几乎随处可见。许多年轻人无论走到哪里，都喜欢先搜寻一下无线信号，"有免费Wi-Fi吗？密码是多少？"成为他们在消费时向商家询问较多的问题之一。不过，在免费上网的背后也存在不小的信息安全风险，一不小心人们就有可能落入黑客设计的Wi-Fi陷阱之中。

曾经有黑客在某网络论坛发帖称，只需要一台计算机、一套无线网络设备和一个网络包分析软件，他就能轻松地搭建出一个不设密码的Wi-Fi网络，而一旦其他用户用移动设备连接上这个Wi-Fi网络，之后再使用手机浏览器登录电子邮箱、网络论坛等账号时，他就能很快分析出该用户的各种密码，进而窃取用户的私密信息，甚至利用用户的社交账号发布广告诈骗信息，整个过程非常简单，往往几分钟内就能得手。这种说法多次在专业实验中被证实。

随着Wi-Fi的普及，除了黑客，许多商家也在Wi-Fi上打起了自己的算盘。他们通过Wi-Fi网络后台记录上网者的手机号等联系信息，之后有针对性地投放广告短信，达到精准营销、招揽客户的目的。许多顾客在使用Wi-Fi网络之后会收到大量的广告信息，甚至自己的手机号码也会被当作信息进行多次买卖。

4.6　大数据应用

《大数据时代：生活、工作与思维的大变革》的作者维克托·迈尔-舍恩伯格曾经说过："大数据是未来，是新的油田、金矿。"随着大数据向各个行业渗透，未来的大数据将无处不在，全方位地为人类服务。大数据宛如一座神奇的钻石矿，其价值潜力无穷。它与其他物质产品不同，并不会随着使用而有所消耗，而是取之不尽，用之不竭。我们第一眼所看到的大数据的价值仅是冰山一角，绝大部分隐藏在表面之下，可不断被使用并重新释放它的能量。大数据宛如一股"洪流"注入世界经济，成为全球各个经济领域的重要组成部分。大数据已经无处不在，社会各行各业都已经融入大数据的印迹。

本节介绍大数据在互联网、生物医学、物流、城市管理、金融、汽车、电信、能源等各大领域的典型应用。

4.6.1　大数据在互联网领域的应用

随着互联网的飞速发展，网络信息的快速膨胀让人们逐渐从信息匮乏的时代步入信息过载的时代。借助搜索引擎，用户可以从海量信息中查找自己所需的信息。但是，通过搜索引擎查找内容是以用户有明确的需求为前提的，用户需要将其需求转化为相关的关键词进行搜索。因此，当用户需求很明确时，搜索引擎的结果通常能够较好地满足用户的需求。例如，用户打算从网络上下载一首名为"小苹果"的歌曲，他只要在百度音乐搜索中输入"小苹果"，就可以找到该歌曲的下载地址。然而，当用户没有明确需求时，就无法向搜索引擎提交明确的搜索关键词，这时，看似"神通广大"的搜索引擎也会变得无能为力，难以帮助用户对海量信息进行筛选。例如，用户突然想听一首自己从未听过的最新流行歌曲，面对众多的流行歌曲，用户可能显得茫然无措，不知道哪首歌曲是自己想听的，因此，他无法告诉搜索引擎要搜索的歌曲的名字，搜索引擎自然无法为其找到爱听的歌曲。

推荐系统是可以解决上述问题的一个非常有潜力的办法，它通过分析用户的历史数据来了解用户的需求和兴趣，从而将用户感兴趣的信息、物品等主动推荐给用户。现在设想一个在生活中你可能遇到的场景：你突然想看电影，但又不明确要看哪部电影，这时，你打开在线电影网站，面对近百年来所拍摄的庞大数量的电影，要从中挑选一部自己感兴趣的电影不是一件容易的事情。我们经常会打开一部看起来不错的电影，看几分钟后无法提起兴趣就结束观看，然后继续寻找下一部电影，等终于找到一部自己爱看的电影时，可能已经有点筋疲力尽了，渴望休闲的心情也荡然无存。为解决挑选电影的问题，你可以向朋友、电影爱好者请教，让他们为你推荐电影。但是，这需要一定的时间成本，而且，由于每个人的喜好不同，他人推荐的电影不一定会令你满意。此时，你可能更想要的是一个针对你的自动化工具，它可以分析你的观影记录，了解你对电影的喜好，并从庞大的电影库中找到符合你兴趣的电影供你选择。这个你所期望的工具就是推荐系统。

推荐系统是自动联系用户和物品的一种工具，和搜索引擎相比，推荐系统通过研究用户的兴趣偏好进行个性化计算。推荐系统可发现用户的兴趣点，帮助用户从海量信息中去发掘自己潜在的需求。

4.6.2　大数据在生物医学领域的应用

大数据在生物医学领域得到了广泛的应用。在流行病预测方面，大数据彻底颠覆了传统的流行疾病预测方式，使人类在公共卫生管理领域迈上了一个全新的台阶。在智慧医疗方面，通过打造健康档案区域医疗信息平台，利用最先进的物联网技术和大数据技术，可以实现患者、医护人员、医疗服务提供商、保险公司等之间的无缝、协同、智能的互联，让患者体验一站式的医疗、护理和保险服务。在生物信息学方面，大数据使人们可以利用先进的数据科学知识，更加深入地了解生物学过程、作物表型、疾病致病基因等。

本小节介绍大数据在流行病预测、智慧医疗和生物信息学等生物医学领域的应用。

1. 流行病预测

在公共卫生领域，流行疾病管理是一项关乎民众身体健康甚至生命安全的重要工作。一种疾病一旦在公众中暴发，就错过了最佳防控期，往往会造成不可估量的生命和经济损失。在传统的公共卫生管理中，一般要求医生在发现新型病例时将其上报给疾病控制与预防中心，该中心对各级医疗机构上报的数据进行汇总分析，发布疾病流行趋势报告。但是，这种从下至上的处理方式存在一个致命的缺陷：流行疾病感染人群往往会在发病多日进入严重状态后才会到医院就诊，医生见到患者再上报给疾控中心，疾控中心在汇总、进行专家分析后发布报告，然后相关部门采取应对措施，整个过程的周期相对较长，一般要滞后一到两周，而在这个时间段内，流行疾病可能已经进入快速扩散蔓延状态，导致疾控中心发布预警时已经错过了最佳的防控期。

现在，大数据彻底颠覆了传统的流行疾病预测方式，使人类在公共卫生管理领域迈上一个全新的台阶。以搜索数据和地理位置信息数据为基础，分析不同时空尺度人口流动性、移动模式和参数，进一步结合病原学、人口统计学、地理、气象、人群移动迁徙、地域等因素和信息，可以建立流行病时空传播模型，确定流感等流行病在各流行区域间传播的时空路线和规律，得到更加准确的态势评估、预测。一个经典案例就是谷歌流感趋势预测。谷歌公司开发了一个可以预测流感趋势的工具——谷歌流感趋势，它采用大数据分析技术，利用网民在谷歌搜索引擎中输入的搜索关键词来判断全美地区的流感情况。谷歌公司把 5000 万个美国人频繁检索的词条和美国疾控中心在 2003 年至 2008 年季节性流感传播时期的数据进行了比较，并构建数学模型来实现流感预测。在 2009 年，谷歌公司首次发布了冬季流行感冒预测结果，其与官方数据的相合性高达 97%；此后，谷歌公司多次把测试结果与美国疾控中心的报告做比对，发现二者的结论存在很大的相合性，这证实了谷歌流感趋势预测结果的正确性和有效性。

其实，谷歌流感趋势预测的背后机理并不复杂。对普通民众而言，感冒发烧是日常生活中经常发生的事情，有时候不闻不问，靠自身免疫力就可以痊愈，有时候简单服用一些感冒药或采用相关简单疗法也可以快速痊愈。因此，在网络发达的今天，遇到感冒这种小病，很多人第一时间会想到求助网络，希望在网络中迅速搜索到感冒的相关病症、治疗感冒的疗法或药物、就诊医院等信息，以及一些有助于治疗感冒的生活行为习惯。作为占据市场主导地位的搜索引擎服务商，谷歌公司自然可以收集到大量网民关于感冒的相关搜索信息，其通过分析某一地区网民在特定时期对感冒症状的搜索大数据，就可以得到关于感冒的传播动态和未来 7 天流行趋势的预测结果。

虽然美国疾控中心也会不定期发布流感趋势报告，但是，很显然，谷歌公司的流感趋势报告更加及时、迅速。美国疾控中心发布的流感趋势报告是根据下级各医疗机构上报的患者数据进行分析得到的，会存在一定的时间滞后性；谷歌公司则是在第一时间收集到网民关于感冒的相关搜索信息后进行分析，然后得到结果。另外，美国疾控中心获得的患者样本数也明显少于谷歌公司的，因为在所有感冒患者中，只有少部分重症感冒患者会选择去医院就医从而进入官方的监控范围。

2. 智慧医疗

随着医疗信息化的快速发展，智慧医疗逐步走入人们的生活。IBM 公司开发了沃森技术医疗保健内容分析预测技术，该技术允许企业利用大量病人相关的临床医疗信息，通过大数据处理更好地分析病人的信息。加拿大多伦多的一家医院利用数据分析避免早产儿夭折，医院用先进的医疗传感器对早产儿的心跳等生命体征进行实时监测，每秒有超过 3000 次的数据读取，系统对这些数据进行实时分析并给出预警报告，从而使医院能够提前知道哪些早产儿出现问题，并且有针对性地采取措施。我国厦门、苏州等城市建立了先进的智慧医疗在线系统，可以实现在线预约、健康档案管理、社区服务、家庭医疗、支付清算等功能，大大便利了市民就医，也提升了医疗服务的质量和患者满意度。可以说，智慧医疗正在深刻地改变我们的生活。

智慧医疗的核心是"以患者为中心"，给予患者全面、专业、个性化的医疗体验。智慧医疗通过整合各类医疗信息资源，构建药品目录数据库、居民健康档案数据库、影像数据库、检验数据库、医疗人员数据库、医疗设备数据库等卫生领域的六大基础数据库，可以让医生随时查阅患者的病历、治疗措施和保险细则，随时随地快速制订诊疗方案，也可以让患者自主选择更换医生或医院，患者的转诊信息及病历可以在任意一家医院通过医疗联网方式调阅。智慧医疗具有 3 个优点，一是促进优质医疗资源的共享，二是避免患者重复检查，三是促进医疗智能化。

3．生物信息学

生物信息学（Bioinformatics）是研究生物信息的采集、处理、存储、传播、分析和解释等方面的学科，也是随着生命科学和计算机科学的迅猛发展、生命科学和计算机科学相结合形成的一门新学科，它通过综合利用生物学、计算机科学和信息技术，揭示大量而复杂的生物数据所蕴含的生物学奥秘。

和互联网数据相比，生物信息学领域的数据是更典型的大数据。首先，细胞、组织等结构都是具有活性的，其功能、表达水平甚至分子结构在时间维度上是连续变化的，而且很多背景噪声会导致数据不准确；其次，生物信息学数据具有很多维度，在不同维度组合方面，生物信息学数据的组合性要明显大于互联网数据，前者往往表现出"维度组合爆炸"的问题，比如，所有已知物种的蛋白质分子的空间结构预测仍然是分子生物学的一个重大课题。

生物数据主要是基因组学数据，在全球范围内，各种基因组计划启动，越来越多的生物体的全基因组测序工作已经完成或正在开展。伴随着一个人类基因组测序的成本从 2000 年的 1 亿美元左右降至今天的 1000 美元左右，更多的基因组大数据将会产生。除此以外，蛋白组学、代谢组学、转录组学、免疫组学等也是生物大数据的重要组成部分。每年全球都会新增 EB 级的生物数据，生命科学领域已经迈入大数据时代，生命科学正面临从实验驱动向大数据驱动转型。

将来我们每个人都可能拥有一份自己的健康档案，档案中包含日常健康数据（各种生理指标、饮食、起居、运动习惯等）、基因序列和医学影像（CT、B 超检查结果）。运用大数据分析技术，我们可以通过自己的健康档案有效预测个人健康趋势，并获得疾病预防建议。基因蕴藏所有生老病死的规律，破解基因大数据可实现精准医疗，同时会产生巨大的影响力，使生物学研究迈向一个全新的阶段，甚至会形成以生物学为基础的新一代产业革命。

4.6.3　大数据在物流领域的应用

智能物流是大数据在物流领域的典型应用。智能物流融合了大数据、物联网和云计算等新兴 IT 技术，使物流系统能模仿人的智能，实现物流资源优化调度和有效配置以及物流系统效率的提升。大数据技术是智能物流发挥其重要作用的基础和核心，物流行业在货物流转、车辆追踪、仓储等各个环节中都会产生海量的数据，分析这些物流大数据将有助于我们深刻认识物流活动背后隐藏的规律，优化物流过程，提升物流效率。

1．智能物流的概念

智能物流又称智慧物流，是利用智能化技术，使物流系统能模仿人的智能，具有思维、感知、学习、推理判断和自行解决物流中某些问题的能力，从而实现物流资源优化调度和有效配置、物流系统效率提升的现代化物流管理模式。

智能物流概念源自 2019 年 IBM 公司发布的研究报告《智慧的未来供应链》，该报告通过调研全球供应链管理者，归纳出成本控制、可视化程度、风险管理、消费者日益严苛的需求、全球化五大供应链管理挑战，为应对这些挑战，IBM 公司首次提出了"智慧供应链"的概念。

智慧供应链具有先进化、互联化、智能化 3 个特点。先进化是指数据多由感应设备、识别设备、定位设备产生，替代人为获取；供应链动态可视化自动管理，包括自动库存检查、自动报告存货位置错误。互联化是指整体供应链联网，不仅包括客户、供应商、IT 系统的联网，还包括零件、产品以及智能设备的联网；联网赋予供应链整体计划决策能力。智能化是指通过仿真模拟和分析，帮助管理者评估各种可能性的风险和约束条件；供应链具有学习、预测和自动决策的能力，无须人为介入。

2. 大数据是智能物流的关键

在物流领域有两个著名的理论——"黑大陆说"和"物流冰山说"。管理学家彼得·德鲁克（Peter Drucker）提出了"黑大陆说"，认为在流通领域中物流活动的模糊性尤其突出，是流通领域中最具潜力的领域。提出"物流冰山说"的日本早稻田大学教授西泽修认为，物流就像一座冰山，沉在水面以下的是我们看不到的黑色区域，这部分就是"黑大陆"，而这正是物流尚待开发的领域，也是物流的潜力所在。这两个理论都旨在说明物流活动的模糊性和巨大潜力。对于如此模糊而又具有巨大潜力的领域，我们该如何去了解、掌控和开发呢？答案就是借助大数据技术。

发现隐藏在海量数据背后的有价值的信息是大数据的重要商业价值。大数据是打开物流领域这块神秘的"黑大陆"的一把金钥匙。物流行业在货物流转、车辆追踪、仓储等各个环节中都会产生海量的数据，有了这些物流大数据，所谓的物流"黑大陆"将不复存在，人们可以通过大数据充分了解物流运作背后的规律。借助大数据技术，人们可以对各个物流环节的数据进行归纳、分类、整合、分析和提炼，为企业战略规划、运营管理和日常运作提供重要支持与指导，从而有效提升物流行业的整体服务水平。

大数据将推动物流行业从粗放式服务到个性化服务转变，颠覆整个物流行业的商业模式。利用大数据技术，物流企业可以对内部和外部相关信息进行充分收集、整理与分析，进而为每个客户量身定制个性化的产品和服务。

4.6.4　大数据在城市管理领域的应用

大数据在城市管理中发挥日益重要的作用，主要体现在智能交通、环保监测、城市规划和安防领域等。

1. 智能交通

随着中国全面进入汽车社会，交通拥堵已经成为亟待解决的城市管理难题。许多城市纷纷将目光转向智能交通，期望通过实时获得关于道路和车辆的各种信息分析道路交通状况，发布交通指导信息，优化交通流量，提高道路通行能力，有效缓解交通拥堵问题。发达国家的实践数据显示，智能交通管理技术可以让交通工具的使用效率提升50%以上，交通事故死亡人数减少30%以上。

智能交通将先进的信息技术、数据通信传输技术、电子传感技术、控制技术以及计算机技术等有效集成并运用于整个地面交通管理，同时可以利用城市实时交通信息、社交网络和天气数据来优化最新的交通情况。

在智能交通应用中，遍布城市各个角落的智能交通基础设施（如摄像头、感应线圈、射频信号接收器）每时每刻都在生成大量感知数据，这些数据构成了交通大数据。利用事先构建的模型对交通大数据进行实时分析和计算，就可以实现交通实时监控、交通智能引导、公共车辆管理、旅行信息服务、车辆辅助控制等各种应用。以公共车辆管理为例，目前，包括北京、上海、广州、深圳、厦门等在内的各大城市都已经建立了公共车辆管理系统，道路上行驶的所有公交车和出租车都被纳入实时监控，通过车辆上安装的GPS设备，管理中心可以实时获得各个车辆的当前位置信息，并根据实时道路情况计算得到车辆调度计划，发布车辆调度信息，指导车辆控制到达和发车时间，实现运力的合理分配，提高运输效率。对乘客而言，只要在智能手机上安装"掌上公交"等软件，就可以通过手机随时随地查询各条公交线路以及公交车当前位置。

2. 环保监测

（1）森林监视

森林是地球的"绿肺"，可以调节气候、净化空气、防止风沙、减轻洪灾、涵养水源及保持水土。但是，在全球范围内，每年都有大面积森林遭到自然或人为因素的破坏，比如，森林火灾就是森林最危险的敌人，也是林业最可怕的灾害，它会对森林造成极其有害甚至毁灭性的影响；再比如，人为的乱砍滥伐也导致部分地区森林资源快速减少，这些都给人类生态环境带来了严重的威胁。

为了有效保护人类赖以生存的宝贵森林资源，各个国家和地区都建立了森林监视体系，如地面巡护、瞭望台监测、航空巡护、视频监控、卫星遥感等。随着数据科学的不断发展，近年来，人们开始把大数据应用于森林监视，其中谷歌森林监视系统就是一项具有代表性的研究成果。谷歌森林监视系统通过谷歌搜索引擎提供时间分辨率，通过美国航空航天局和美国地质勘探局的地球资源卫星提供空间分辨率。系统利用卫星的可见光和红外数据画出某个地点的森林卫星图像。在卫星图像中，每个像素都包含颜色和红外信号特征等信息，如果某个区域的森林被破坏，该区域对应的卫星图像像素信息就会发生变化。因此，通过跟踪监测森林卫星图像上像素信息的变化，就可以有效监测到森林变化情况，当大片森林被砍伐破坏时，系统就会自动发出警报。

（2）环境保护

大数据已经被广泛应用于污染监测领域，借助大数据技术，采集各项环境质量指标信息，集成整合到数据中心进行数据分析，并把分析结果用于指导下一步环境治理方案的制订，可以有效提升环境整治的效果。把大数据技术应用于环境保护具有明显的优势，一是可以实现7×24小时的连续环境监测，二是借助大数据可视化技术，可以立体化呈现环境数据分析结果和治理模型，利用数据虚拟出真实的环境，辅助人类制订相关环保策略。

在一些城市，大数据也被应用到汽车尾气污染治理中。汽车尾气已经成为城市空气重要污染源之一，为了有效防治机动车污染，我国各级地方政府都十分重视对汽车尾气污染数据的收集和分析，为有效控制污染提供服务。例如，山东省借助现代智能化精确检测设备、大数据云平台管理和物联网技术，可准确收集机动车的原始排污数据，智能统计机动车排放污染量，溯源机动车检测状况和数据，确保为政府相关部门降低空气污染提供可信的数据。

3．城市规划

大数据正深刻改变城市规划的方式。对城市规划师而言，规划工作高度依赖测绘数据、统计资料以及各种行业数据。目前，规划师可通过多种渠道获得这些基础性数据，用于开展各种规划研究。随着我国政府信息公开化进程的加快，各种政府层面的数据开始逐步对公众开放。与此同时，国内外一些数据开放组织也在致力于数据开放和共享工作，成果包括开放知识基金会（Open Knowledge Foundation）、开放获取（Open Access）、知识共享（Creative Commons）、开放街道地图（Open Street Map）等。此外，一些数据共享商业平台的诞生也大大促进了数据提供者和数据消费者之间的数据交换。

城市规划研究者利用开放的政府数据、行业数据、社交网络数据、地理数据、车辆轨迹数据等开展了各种层面的规划研究。利用地理数据可以研究全国城市扩张模拟、城市建成区识别、地块边界与开发类型和强度重建模型、全国城市间交通网络分析与模拟模型、全国城镇格局时空演化分析模型，进行全国各城市人口数据合成和居民生活质量评价、空气污染暴露评价、主要城市都市区范围划定及城市群发育评价等。利用公交IC卡数据，可以开展市民通勤分析、职住分析、人的行为分析、人的识别、重大事件影响分析、规划项目实施评估分析等。利用移动手机通话数据，可以研究城市联系、居民属性、活动关系及其对城市交通的影响。利用社交网络数据，可以研究城市功能分区、城市网络活动与等级、城市社会网络体系等。利用出租车定位数据，可以开展城市交通研究。利用搜房网的住房销售和出租数据，同时结合网络爬虫获取的居民住房地理位置和周边设施条件数据，就可以评价一个城区的住房分布和质量情况，从而有利于城市规划设计者有针对性地优化城市的居住空间布局。

4．安防

近年来，随着网络技术在安防领域的普及、高清摄像头在安防领域应用的不断提升以及项目建设规模的不断扩大，安防领域积累了海量的视频监控数据，并且每天都在以惊人的速度生成大量新的数据。例如，全国的很多城市都在开展平安城市建设，在城市的各个角落密布成千上万个摄像头，这些摄像头7×24小时不间断采集各个位置的视频监控数据，数据量之大超乎想象。

除了视频监控数据，安防领域还存在大量其他类型的数据，包括结构化数据、半结构化数据和非结构化数据。结构化数据包括报警记录、系统日志记录、运维数据记录、摘要分析结构化描述记录，如人口信息、地理数据信息、车驾管信息等；半结构化数据包括人脸建模数据、指纹记录等；非结构化数据主要指视频录像和图像记录，如监控视频录像、报警录像、摘要录像、车辆卡口图像、人脸抓拍图像、报警抓拍图像等。这些数据一起构成了安防大数据的基础。

之前这些数据的价值并没有被充分发挥出来，跨部门、跨领域、跨区域的联网共享较少，检索视频数据仍然以人工方式为主，不仅效率低，而且效果不理想。基于大数据的安防目标是通过跨区域、跨领域安防系统联网，实现数据共享、信息公开及智能化的信息分析、预测和报警。以视频监控分析为例，大数据技术支持在海量视频数据中实现视频图像统一转码、摘要处理、视频剪辑、视频特征提取、图像清晰化处理、视频图像模糊查询、快速检索和精准定位等，同时深入挖掘海量视频监控数据背后的有价值信息，快速反馈信息，以辅助决策判断，从而让安保人员从繁重的人工肉眼视频回溯工作中解脱出来，不需要投入大量精力从大量视频中低效查看相关事件线索，这在很大程度上提高了视频分析效率，缩短了视频分析时间。

4.6.5 大数据在金融领域的应用

金融业是典型的数据驱动行业，是数据的重要生产者，每天都会生成交易、报价、业绩报告、消费者研究报告、官方统计数据公报、调查报告、新闻报道等各种信息。金融业高度依赖大数据，大数据已经在高频交易、市场情绪分析、信贷风险分析、大数据征信四大金融创新领域发挥重要作用。

1. 高频交易

高频交易（High-Frequency Trading，HFT）是指从那些人们无法利用的极为短暂的市场变化（如某种证券买入价和卖出价差价的微小变化，或者某只股票在不同交易所之间的微小价差）中寻求获利的计算机化交易。相关调查结果显示，无论是美国证券市场，还是期货市场、外汇市场，高频交易所占份额都相当高。随着采取高频交易策略的情形不断增多，其所能带来的利润开始大幅下降。为了从高频交易中获得更高的利润，一些金融机构开始引入大数据技术来决定交易，如采取"战略顺序交易"（Strategic Sequential Trading），即通过分析金融大数据识别出特定市场参与者留下的足迹，然后预判该参与者在其余交易时段的可能交易行为，并执行与之相同的行为，该参与者继续执行交易时将付出更高的价格，使用大数据技术的金融机构就可以趁机获利。

2. 市场情绪分析

市场情绪是所有市场参与者观点的综合体现，如参与者对经济的看法悲观与否、新发布的经济指标是否会让参与者明显感觉到未来市场将会上涨或下跌等。市场情绪对金融市场有重要的影响，换句话说，正是市场上大多数参与者的主流观点决定了当前市场的总体方向。

市场情绪分析是交易者在日常交易工作中不可或缺的一环，市场情绪分析、技术分析和基本面分析可以帮助交易者做出更好的决策。大数据技术在市场情绪分析中大有用武之地。现在，几乎每个市场参与者都生活在移动互联网世界里，每个人都可以借助智能移动终端（手机、平板电脑等）实时获得各种外部世界信息，同时，每个人又都扮演对外信息发布主体的角色，通过博客、微博、微信、个人主页、QQ等各种社交媒体发布个人的市场观点。英国布里斯托尔大学的团队研究了由超过980万英国人创造的4.84亿条推特消息，发现公众的负面情绪变化与财政紧缩及社会压力高度相关。因此，海量的社交媒体数据形成了一座可用于市场情绪分析的宝贵金矿，利用大数据分析技术，可以从中提取市场情绪信息，开发交易算法，确定市场交易策略，获得更大利润空间。

3. 信贷风险分析

信贷风险是指信贷放出后本金和利息可能发生损失的风险，它一直是金融机构需要努力解决的一个重要问题，直接关系到机构自身的生存和发展。我国数量众多的中小企业是金融机构不可忽视的目标客户群体，市场潜力巨大。但是，与大型企业相比，中小企业具有先天的不足，主要表现在4个方面：①贷款偿还能力差；②财务制度普遍不健全，难以有效评估其真实经营状况；③信用度低，逃废债情况严重，银行维权难度较大；④企业核心竞争力不强，生存能力普遍不强。因此，对金融机构而言，放贷给中小企业的潜在信贷风险明显高于大型企业，同时成本、收益和风险不对称，导致其更愿意贷款给大型企业。据测算，对中小企业贷款的管理成本平均是大企业的5倍，而风险却高得多。由于风险与收益不成比例，金融机构始终不愿意向中小企业全面敞开大门，这不仅限制了其自身的成长，也限制了中小企业的成长，不利于经济社会的发展。如果能够有效加强风险的可审性和管理力度，支持精细化管理，那么，毫无疑问，金融机构和中小企业都将迎来大发展。

现在，大数据分析技术已经能够协助企业信贷风险分析。利用大数据技术，通过收集和分析大量中小企业用户日常交易行为的数据，判断其业务范畴、经营状况、信用状况、用户定位、资金需求和行业发展趋势，解决由于其财务制度不健全而无法真正了解其真实经营状况的难题，将使金融机构放贷有信心、管理有保障。对个人贷款申请者而言，金融机构可以充分利用申请者的社交网络数据分析得出其信用评分。例如，美国Movenbank移动银行、德国Kreditech贷款评分公司等新型中介机构都在积极尝试利用社交网络数据构建个人信用分析平台，将社交网络资料转化成个人互联网信用；它们试图说服LinkedIn等社交网络平台对金融机构开放用户相关资料和用户在网站的活动记录，然后借助大数据分析技术分析用户在社交网络中的好友的信用状况，以此作为生成客户信用评分的重要依据。

4．大数据征信

征信最早起源于《左传》，出自"君子之言，信而有征，故怨远于其身"。当前提到的征信指的是依法设立的信用征信机构对个体信用信息进行采集和加工，并根据用户要求提供信用信息查询和评估服务的活动。简单来说，就是信用信息集合，本质为利用信用信息对金融主体进行数据刻画。

信用作为一国经济领域特别是金融市场的基础性要素，对经济和金融的发展起到至关重要的作用。准确的信用信息可以有效降低金融系统的风险和交易成本。健全的征信体系能够显著提高信用风险管理能力，培育和发展征信市场对维护经济金融系统持续、稳定发展具有重要价值。所以征信是现代金融体系的重要基础设施。

在征信方式方面，传统的征信机构主要使用的是金融机构产生的信贷数据，一般是数据库中直接提取的结构化数据，来源单一，采集频率也比较低。另一方面，对于没有信贷行为的个体，金融机构并没有此类对象的信贷数据，那么采用传统方式就无法给出合理的评价。对有信贷数据的个体进行评价时，主要是根据其过去的历史信用记录给出评分，作为对未来信用水平的判断，应用的场景也普遍局限于金融信贷领域的贷款审批、信用卡审批环节。

大数据等新兴数字技术的发展使人们具备了处理实时海量数据的能力，搜索和数据挖掘能力也得到了长足进步。征信行业本就是严重依赖数据的，信息技术的进步则为征信行业注入了新的活力，带来新的发展机遇。例如，大数据可以解决海量征信数据的采集和存储问题，机器学习和人工智能方法可对征信数据进行深入挖掘和风险分析，借助云计算和移动互联网等手段可提高征信服务的便捷性和实时性等。

大数据征信就是利用信息技术优势，将不同信贷机构、消费场景等支离破碎的海量数据整合起来，经过数据清洗、模型分析、校验等一系列流程后，加工融合成真正有用的信息。在大数据征信中，数据来源十分广泛，包括社交（人脉、兴趣爱好等）、司法行政、日常生活（公共交通、铁路飞机、加油、水电气费、物业取暖费等）、社会行为（旅游住宿、互联网金融、电子商务等）、政务办理（护照签证、办税、登记注册等）、社会贡献（爱心捐献、志愿服务等）、经济行为等。不止传统征信的信贷历史数据，所有的"足迹"都被记录，其中既有结构化数据也有大量非结构化数据，能够多维度地刻画一个人的信用状况。同时，大数据挖掘获得的数据具有实时性、动态性，能够实时监测信用主体的信用变化，企业可以及时拿出解决方案，避免不必要的风险。

大数据征信主要通过迭代模型从海量数据中寻找关联，并由此推断个人身份特质、性格偏好、经济能力等相对稳定的指标，进而对个人的信用水平进行评价，给出综合的信用评分。采用的数据处理方法包括机器学习、神经网络、PageRank算法等。

大数据征信的应用场景很多，在金融领域，个人征信产品主要用于消费信贷、信用卡、P2P平台、网络购物平台等；在生活领域，个人征信产品主要用于签证审核和发放、个人职业升迁评判、法院判决、个人参与社会活动（如找工作、相亲等）。

总而言之，未来的征信不再局限于金融领域，在当今互联网大发展的时代，通过共享经济等新经济形式，征信会逐渐渗透到衣食住行方方面面，在大数据的助力下帮助社会形成"守信者处处受益、失信者寸步难行"的良好局面。

4.6.6 大数据在汽车领域的应用

无人驾驶汽车经常被描绘成一个可以解放驾驶员的技术奇迹，谷歌公司和百度公司是这个领域的技术领跑者。无人驾驶汽车系统可以同时对数百个目标保持监测，包括行人、公共汽车、一个做出左转手势的自行车骑行者以及一个保护学生过马路的人举起的停车指示牌等。谷歌无人驾驶汽车的基本工作原理是：车顶上的扫描器发射64束激光射线，激光射线碰到车辆周围的物体时会反射回来，由此可以计算出车辆和物体的距离；同时，汽车底部还配有一套测量系统，可以测量出车辆在3个方向上的加速度、角速度等数据，并结合GPS数据计算得到车辆的位置；所有这些数据与车载摄像机捕获的图像一起输入计算机，大数据分析系统以极快的速度处理这些数据；这样，系统就可以实时探测周围出现的物体，不同汽车之间甚至能够进行交流，了解附近其他车辆的行进速度、方向、车型以及驾驶员驾驶水平等，并根据行为预测模型对附近汽车的突然转向或刹车行为及时做出反应，非常迅速地做出各种车辆控制动作，引导车辆在道路上安全行驶。

为了实现无人驾驶的功能，谷歌无人驾驶汽车上配备了大量传感器，包括雷达、车道保持系统、激光测距系统、红外摄像头、立体视觉、GPS、车轮角度编码器等，这些传感器每秒产生1GB数据，每年产生的数据量将达到约2PB。可以预见的是，随着无人驾驶汽车技术的不断发展，未来汽车将配置更多的红外传感器、摄像头和激光雷达，这也意味着将会生成更多的数据。大数据分析技术将帮助无人驾驶系统做出更加精确的驾驶动作决策，同时比人类驾车更加安全、舒适、节能、环保。

4.6.7 大数据在电信领域的应用

我国的电信市场已经步入平稳期，在这个阶段，发展新用户的成本比留住老用户的成本要高许多，前者通常是后者的5倍。因此，电信运营商十分关注用户是否具有"离网"的倾向（如从联通公司用户转为电信公司用户），一旦预测到用户有"离网"倾向，就可以制定有针对性的措施挽留用户，让用户继续使用自己的电信业务。

电信用户离网分析通常包括问题定义、数据准备、建模、应用检验、特征分析与对策制订几个步骤。问题定义需要定义用户离网的具体原因是什么，数据准备就是要获取用户的资料和通话记录等信息，建模就是根据相关算法产生评估客户离网概率的模型，应用检验是指对得到的模型进行应用和检验，特征分析与对策制订是指针对用户的离网特性制订目标用户群体的挽留策略。

国内，中国移动、中国电信、中国联通三大电信运营商在争夺用户方面展开了激烈的角逐，各自都开发了用户关系管理系统，以期有效应对用户的频繁离网。中国移动建立了经营分析系统，并利用大数据分析技术对集团公司范围内的各种业务进行实时监控、预警和跟踪，自动实时捕捉市场变化，并以E-mail和手机短信等方式第一时间推送给相关业务负责人，使其在最短时间内获知市场行情并及时做出响应。国外，美国的XO电信公司通过IBM SPSS预测分析软件预测用户行为，发现他们的行为趋势，并找出公司服务过程中存在缺陷的环节，从而帮助公司及时采取措施挽留用户，使用户流失率下降了50%。

4.6.8 大数据在能源领域的应用

各种数据显示，人类正面临能源危机。以我国为例，根据目前能源使用情况，我国可利用的煤炭资源仅能维持30年，由于天然铀资源的短缺，核能的利用仅能维持50座标准核电站连续运转40年，而石油的开采也仅能维持20年。

在能源危机面前，人类开始积极寻求可以用来替代化石能源的新能源，风能、太阳能和生物能等可再生能源逐渐被纳入电能转换的供应源。但是，新能源与传统的化石能源相比，有一些明显的缺陷。传统的化石能源出力稳定，布局相对集中；新能源则出力不稳定，地理位置也比较分散，例如，风力发电机一般分布在比较分散的沿海或者草原荒漠地区，风量大时发电量就多，风量小时发电量就少，设备故障检修期间就不发电，无法产生稳定可靠的电能。传统电网主要是为稳定出力的能源而设计的，无法有效消纳不稳定的新能源。

智能电网的提出旨在对传统电网进行升级，使其既能完成传统电源模式的供用电，又能逐渐适应未来分布式能源的消纳需求。概括地说，智能电网就是电网的智能化，建立在集成的、高速双向通信网络基础上，通过先进的传感和测量技术、先进的设备技术、先进的控制方法以及先进的决策支持系统技术的应用，实现电网可靠、安全、经济、高效、环境友好和使用安全的目标，其主要特征包括自愈、抵御攻击、提供满足21世纪用户需求的电能质量、容许各种不同发电形式接入、促使电力市场及资产优化高效运行。

智能电网的发展离不开大数据技术的发展和应用。大数据技术是构建智能电网的技术基石，将广泛影响电网规划、技术变革、设备升级、电网改造以及设计规范、技术标准、运行规程乃至市场营销政策的统一等。电网全景实时数据采集、传输和存储，以及累积的海量多源数据快速分析等大数据技术，都是支撑智能电网安全、自愈、绿色、坚强及可靠运行的基础技术。随着智能电网中大量智能电表及智能终端安装部署完成，电力公司可以每隔一段时间获取用户的用电信息，收集比以往粒度更细的海量电力消费数据，构成智能电网中用户侧大数据，例如，把智能电表采集数据的时间间隔从15min缩短到1s，1万台智能电表采集的用电信息数据就从32.61GB提高到114.6TB；以海量用户用电信息为基础进行大数据分析，就可以更好地理解电力用户的用电行为，优化提升短期用电负荷预测系统，提前预知未来2～3个月的电网需求电量、用电高峰和低谷，合理地设计电力需求响应系统。

此外，大数据在风力发电机安装选址方面也发挥重要作用。IBM公司利用多达4PB的气候、环境历史数据设计风力发电机选址模型，确定安装风力发电机和整个风电场最佳的地点，从而提高风力发电机生产效率并延长其使用寿命。以往这项分析工作需要数周的时间，现在利用大数据技术仅需要不到1h便可完成。

4.7　本章小结

本章全面而深入地探讨了大数据的核心要素及其在社会经济各领域的广泛应用。大数据技术为海量数据的存储和处理分析提供了支撑。大数据思维颠覆了传统的思维方式，带来了全新的问题解决方式。数据共享与开放成为促进信息流通、激发创新的关键，它们打破了"数据孤岛"，为社会经济发展注入了新活力。大数据交易市场的兴起促进了数据资源的有效配置与利用。然而，大数据安全不容忽视，人们需要构建全方位防护体系，确保数据隐私与国家安全。数据治理则是规范数据使用、提升数据质量的基石，可以保障数据生态健康发展。大数据应用已经广泛渗透各行各业，从精准营销到智慧城市，从医疗健康到智能制造，正深刻改变人们的生活方式与社会运行模式。总体而言，本章提供了大数据时代的全景图，能激发读者对大数据价值深度挖掘与应用的广泛思考。

4.8　习题

1. 传统的数据安全威胁主要包括哪些？
2. 大数据安全与传统数据安全有什么不同？

3. 请列举几个大数据安全问题的实例。
4. 机械思维的核心思想是什么？
5. 大数据时代为什么需要新的思维方式？
6. 大数据时代人类思维方式的转变主要体现在哪些方面？
7. 请根据自己的生活实践举一个大数据思维的典型案例。
8. 什么是政府"数据孤岛"问题？
9. 什么是企业"数据孤岛"问题？
10. 政府"数据孤岛"产生的原因是什么？
11. 企业"数据孤岛"产生的原因是什么？
12. 消除"数据孤岛"对政府和企业的重要意义是什么？
13. 政府开放数据的理论基础是什么？
14. 政府信息公开与政府数据开放的联系与区别是什么？
15. 政府数据开放具有哪些重要意义？

第 **5** 章

大模型——人工智能的前沿

大模型是人工智能领域中的一种重要技术，处于人工智能技术发展的前沿，它融合了深度学习和神经网络技术，可以处理大规模的数据集，并从中学习到复杂的特征和模式。大模型通常具有数百亿甚至上万亿个参数，因此，其需要大量的计算资源和时间来训练与优化。大模型在自然语言处理、计算机视觉、语音识别等领域中有广泛的应用。例如，在自然语言处理中，大模型可以用于语言模型、文本生成、机器翻译等任务，使机器可以更好地理解和生成人类语言。在计算机视觉中，大模型可以用于图像识别、目标检测、人脸识别等任务，提高机器的视觉感知能力。

本章首先介绍大模型的基础知识和代表产品；然后介绍大模型的基本原理、特点、分类、成本、应用领域，以及基于大模型的智能体；最后介绍大模型对人们工作和生活的影响，以及大模型面临的挑战与未来发展。

5.1　大模型概述

本节首先介绍大模型的概念、大模型与小模型的区别、大模型的发展历程，然后介绍人工智能与大模型的关系，最后介绍大模型在人工智能领域的重要性。

5.1.1　大模型的概念

大模型（Foundation Model）是指具有庞大的参数规模和极高的复杂程度的机器学习模型，这些模型可以在训练过程中处理大规模的数据集，并且能够提供更强的预测能力和更高的准确性。大模型通常需要大量的计算资源和训练时间。

大模型可以分为多种类型，其中一类是大语言模型，另一类则是图像、语音和推荐等领域的大模型。大语言模型主要用于自然语言处理任务，如文本分类、情感分析、机器翻译等，大模型在图像领域可以用于图像分类、目标检测等任务，在语音领域可以用于语音识别、语音合成等任务，在推荐领域则可以用于个性化推荐、广告推荐等任务。

在深度学习领域，大模型通常是具有数百万到数十亿甚至上万亿个参数的神经网络模型，例如，2020年，OpenAI公司推出了GPT-3，模型参数规模达到1750亿；2023年3月发布的GPT-4，参数规模是GPT-3的10倍以上，达到1.8万亿；2021年11月，阿里巴巴推出的M6模型的参数规模达10万亿。这些模型需要大量的计算资源和存储空间来训练与存储，并且往往需要进行分布式计算和特殊的硬件加速技术。简单来讲，大模型就是用大数据模型和算法进行训练的模型，它能够捕捉到大规模数据中的复杂模式和规律，从而预测出更加准确的结果。

通常说的大模型"大"的特点体现在：参数数量庞大、训练数据量大、计算资源需求高等。很多先进的模型由于拥有"大"的特点，模型参数越来越多，泛化性能越来越好，在各种专门的领域输出结果也越来越准确。

大模型的设计和训练旨在提供强大、准确的模型性能，以应对复杂、庞大的数据集或任务。大模型通常能够学习到细微的模式和规律，具有极强的泛化能力和表达能力。大模型的优势主要包括以下几个方面。

（1）上下文理解能力强。大模型具有很强的上下文理解能力，能够理解复杂的语意和语境。这使它们能够产生准确、连贯的回答。

（2）语言生成能力强。大模型可以生成自然、流利的语言，减少了生成输出时出现的错误或令人困惑的问题。

（3）学习能力强。大模型可以从大量的数据中学习，并利用学到的知识与模式来提供精准的答案和预测。这使它们在解决复杂问题和应对新的场景时表现十分出色。

（4）可迁移性高。学习到的知识与能力可以在不同的任务和领域中迁移、应用。这意味着训练一次就可以将模型应用于多种任务，无须重新训练。

目前，我国百度、阿里巴巴、腾讯和华为等公司均已开发出AI大模型，并且这些大模型各自有所侧重。百度公司由于其在AI领域的多年布局，具有显著的大模型先发优势，其文心一言API调用服务已经吸引了大量企业进行测试。在行业大模型应用方面，百度已经与国家电网、浦发银行、人民网等组织合作，成功实现了多个应用。此外，阿里巴巴公司的通义千问大模型在逻辑运算、编码能力和语音处理方面表现突出，而阿里巴巴公司丰富的生态和在线产品使通义千问大模型在出行、办公和购物等场景中得到了广泛应用。

5.1.2　大模型与小模型的区别

小模型通常指参数较少、层数较浅的模型，它们具有轻量级、高效率、易于部署等优点，适用于数据量较小、计算资源有限的场景，如移动端应用、嵌入式设备、物联网等。

在模型的训练数据和参数不断扩大，达到一定的临界规模后，模型会表现出一些未能预测的、复杂的能力和特性，模型能够从原始训练数据中自动学习并发现新的、更高层次的特征和模式，这种能力被称为"涌现能力"。具备涌现能力的机器学习模型被认为是独立意义上的大模型，这也是其和小模型最大的区别。

相比于小模型，大模型通常参数较多、层数较深，具有更强的表达能力和更高的准确度，但也需要更多的计算资源和时间来训练与推理，适用于数据量较大、计算资源充足的场景，如云计算、高性能计算、人工智能等。

5.1.3　大模型的发展历程

大模型发展历经3个阶段，分别是萌芽期、探索沉淀期和迅猛发展期（见图5-1）。

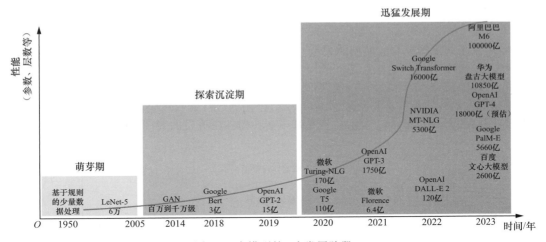

图5-1　大模型的3个发展阶段

1．萌芽期（1950—2005年）

这是一个以卷积神经网络为代表的传统神经网络模型阶段。1956年，从计算机专家约翰·麦卡锡提出"人工智能"概念开始，AI发展由最开始基于小规模专家知识逐步发展为基于机器学习。1980年，卷积神经网络的雏形诞生。1998年，现代卷积神经网络的基本结构LeNet-5诞生，机器学习方法由早期基于浅层机器学习的模型变为了基于深度学习的模型，为自然语言生成、计算机视觉等领域的深入研究奠定了基础，对后续深度学习框架的迭代及大模型发展具有开创性的意义。

2．探索沉淀期（2006—2019年）

这是一个以Transformer架构为代表的全新神经网络模型阶段。2013年，自然语言处理模型Word2Vec诞生，它是第一个将单词转换为向量的"词向量模型"，这一机制有助于计算机更好地理解和处理文本数据。2014年，生成对抗网络（Generative Adversarial Network，GAN）诞生，这标志着深度学习进入生成模型研究的新阶段。2017年，谷歌公司颠覆性地提出了基于自注意力机制的神经网络结构——Transformer架构，奠定了大模型预训练算法架构的基础。2018年，OpenAI公司基于Transformer架构发布了GPT-1大模型，这意味着预训练大模型成为自然语言处理领域的主流，其中，GPT的英文全称是Generative Pre-Trained Transformer（生成式预训练变换器），是一种基于互联网的、可用数据来训练的、文本生成的深度学习模型。2019年，OpenAI公司发布了GPT-2。

　　3．迅猛发展期（2020年至今）

　　这是一个以GPT为代表的预训练大模型阶段。2020年6月，OpenAI公司推出了GPT-3，模型参数规模达到1750亿，GPT-3成为当时最大的语言模型，并且在零样本学习任务上实现了巨大性能提升。随后，更多策略（如基于人类反馈的强化学习、代码预训练、指令微调等）开始出现，被用于进一步提高推理能力和任务泛化性。2022年11月，搭载了GPT-3.5的ChatGPT横空出世，其凭借逼真的自然语言交互与多场景内容生成能力迅速引爆互联网，在全球范围内引起轰动，使大模型的概念迅速进入普通大众的视野。ChatGPT是人工智能技术驱动的自然语言处理工具，它能够通过理解和学习人类的语言来进行对话，还能根据聊天的上下文进行互动，真正做到了像人类一样聊天交流，甚至能完成撰写邮件、视频脚本、文案，以及翻译、编写代码、写论文等任务。OpenAI公司在2023年3月发布了GPT-4，它是一个多模态大模型（接收图像和文本输入，生成文本）。相比于上一代的GPT-3，GPT-4可以更准确地解决难题，具有更广泛的常识和解决问题的能力。2023年12月，谷歌公司发布大模型Gemini，它可以同时识别文本、图像、音频、视频和代码5种类型信息，还可以理解并生成主流编程语言（如Python、Java、C++）的高质量代码，并拥有全面的安全性评估。2024年2月16日，OpenAI公司发布了名为Sora的文本生成视频大模型，用户只需输入文本，它就能自动生成视频，这再次震撼全球科技界。

5.1.4　人工智能与大模型的关系

　　图5-2展示了人工智能与大模型的关系。从图中可以看出，人工智能包含机器学习，机器学习包含深度学习，深度学习可以采用不同的模型，其中一种模型是预训练模型，预训练模型包含预训练大模型（可以简称为"大模型"），预训练大模型包含预训练大语言模型（可以简称为"大语言模型"），预训练大语言模型的典型代表包括OpenAI公司的GPT和百度公司的文心ERNIE，ChatGPT是基于GPT开发的大模型产品，文心一言是基于文心ERNIE开发的大模型产品。

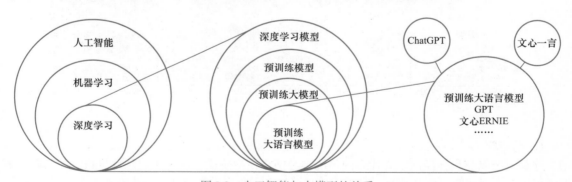

图5-2　人工智能与大模型的关系

　　人工智能和大模型是相互关联的。人工智能是研究和开发使机器能够模仿人类智能行为的技术与方法的学科，包括机器学习、自然语言处理、计算机视觉等。大模型则是指训练过程中使用了大量数据和参数的模型，这些模型包含大量的知识和规则，能够更好地模拟人类智能行为。

　　大模型是人工智能技术发展的重要推动力。大模型的出现使人工智能技术得到了更广泛的应用。在许多领域（如自然语言处理、图像识别、语音识别等），大模型都能够提供更准确、更高效的处理能力。例如，在自然语言处理领域，大模型可以通过学习大量的文本数据自动提取出文本中的语义信息，从而完成对文本的自动分类、情感分析、问答等任务。随着数据量的不断增加和计算能力的不断提升，大模型能够处理的数据量和处理速度也在不断提升。这使人工智能技术能够更好地应对各种复杂的问题和挑战，进一步推动了人工智能技术的发展。

同时，人工智能的发展也推动了大模型的发展。为了提高人工智能系统的性能，研究者不断尝试使用更大的模型来提高准确率和效果。例如，近年来非常热门的 Transformer 模型就是一种大模型，它在自然语言处理领域取得了很多突破性进展。大模型的使用能够帮助人工智能系统更好地理解语义、提高处理能力和决策准确性。

5.1.5　大模型在人工智能领域的重要性

大模型在人工智能领域的重要性主要体现在以下几个方面。

（1）推动人工智能技术进步。大模型作为人工智能技术的重要组成部分，展示了人工智能技术的最新进展和趋势。这些新技术和模型的应用场景更加广泛，效果更好，从而推动人工智能技术进步。

（2）提升人工智能的应用效果。大模型能够使用大量的数据和强大的计算资源，学习到数据中的复杂特征和规律，从而在各种任务中表现出色。这使人工智能技术在各个领域的应用效果得到显著提升。

（3）促进人工智能行业发展。大模型的出现能够吸引更多的投资者和用户关注人工智能行业，从而加速该行业的发展。同时，大模型也可以促进人工智能领域的交流和合作，从而推动整个行业的发展。

（4）增加公众对人工智能技术的信任和支持。大模型的出现可以让更多的人了解人工智能技术的潜力和影响力，从而增加公众对人工智能技术的信任和支持。这也可以为人工智能行业争取到更多的政策支持和资源投入。

5.2　大模型产品

从全球范围来看，中国和美国在大模型领域引领全球发展。基于在算法模型研发上的领先优势，美国大模型数量居全球首位。根据中国科学技术信息研究所、科技部新一代人工智能发展研究中心联合发布的《中国人工智能大模型地图研究报告》，截至 2023 年 5 月，美国已发布 100 个参数规模达 10 亿以上的大模型。

我国积极跟进全球大模型发展趋势，自 2021 年以来加速产出，例如，2021 年 6 月北京智源人工智能研究院发布 1.75 万亿参数量的悟道 2.0，2021 年 11 月阿里巴巴发布 10 万亿参数量的 M6 模型等。截至 2023 年 5 月，我国已发布 79 个大模型，在全球范围占据先发优势。但考虑到数据安全、隐私合规以及科技监管等因素，中美的大模型市场有望形成相对独立的行业格局。

5.2.1　国外的大模型产品

从海外大模型格局来看，目前已经形成较为清晰的"双龙头领先+Meta 开源追赶+垂直类繁荣"格局，这里的"双龙头"是指微软和谷歌两家公司。同时，基于通用大模型能力已相对成熟可用，其上的应用生态已逐渐繁荣。得益于对先进算法模型的集成以及较早的产品化，OpenAI 公司不仅展现了 GPT 在人机对话中的超预期表现，同时基于 GPT 的应用生态也已逐渐繁荣，微软公司数款产品（Bing、Windows 操作系统、Office、浏览器、Power Platform 等）、代码托管平台 GitHub、AI 营销创意公司 Jasper 等均已接入 GPT。谷歌公司在人工智能领域持续投入，其提出的 Google LeNet 卷积神经网络模型、Transformer 架构、BERT 大模型、Gemini 大模型等均对全球人工智能产业产生重要推动作用。

1. ChatGPT

ChatGPT 是由 OpenAI 公司训练的一种大语言模型。它基于 Transformer 架构，经过大量文本数据训练而成，能够生成自然、流畅的语言，并具备回答问题、生成文本、语言翻译等多种功能。ChatGPT的应用范围广泛，可以用于客服、问答系统、对话生成、文本生成等领域。它能够理解人类语言，并能够回答各种问题，提供相关的知识和信息。与其他聊天机器人相比，ChatGPT具备更强的语言理解和生成能力，能够更自然地与人类交流，并且能够更好地适应不同的领域和场景。ChatGPT的训练数据来自互联网上的大量文本，因此，它能够适应多种语言风格和文化背景。

2. Gemini

Gemini是谷歌公司发布的大模型，它能够同时处理多种类型的数据和任务，覆盖文本、图像、音频、视频等多个领域。Gemini采用了全新的架构，将多模态编码器和多模态解码器两个主要组件结合在一起，以提供最佳结果。Gemini包括3种不同规模的模型：Gemini Ultra、Gemini Pro和Gemini Nano。它们适用于不同任务和设备。2023年12月6日，Gemini的初始版本已在Bard中提供，开发人员版本可通过Google Cloud的API获得。Gemini可以应用于Bard和Pixel 8 Pro智能手机。Gemini的应用范围广泛，可以完成问题回答、摘要生成、翻译、字幕生成、情感分析等任务。然而，由于其复杂性和黑箱性质，Gemini在可解释性方面仍然面临挑战。

3. Sora

Sora的诞生不仅标志着人工智能在视频生成领域取得重大突破，而且引发了人们关于人工智能发展对人类未来影响的深刻思考。随着Sora的发布，人工智能似乎正式踏入了通用人工智能（Artificial General Intelligence，AGI）时代。AGI是指能够像人类一样进行各种智能活动的机器智能，包括理解语言、识别图像、进行复杂推理等。Sora大模型能够根据用户提供的文本描述直接输出时长达60s的视频，并且视频中包含高度细致的背景、复杂的多角度镜头，以及富有情感的多个角色。这种能力已经超越了简单的图像或文本生成，开始触及视频这一更加复杂和动态的媒介。这意味着人工智能不仅在处理静态信息上越来越强大，在动态内容的创造上也展现出了惊人的潜力。

图5-3所示是Sora根据文本自动生成的视频画面，一位戴着墨镜、穿着皮衣的时尚女子走在雨后夜晚的东京市区街道上，她抹了鲜艳唇彩的唇角微微翘起，即便她戴着墨镜，我们也能看到她的微笑，地面的积水映出了她的身影和绚丽的霓虹灯，街道热闹非凡，整个环境的喜庆氛围令人身临其境。

图5-3　Sora根据文本生成的视频画面

5.2.2 国内的大模型产品

自ChatGPT获得良好用户反响并在全球范围引发关注以来，我国头部科技企业（阿里巴巴、百度、腾讯、华为、字节跳动等）、新兴创业公司（月之暗面、百川智能、MiniMax等）、传统AI企业（科大讯飞、商汤科技等）以及高校研究院（复旦大学、中科院等）亦加大对大模型领域的投入。当前，国内大模型仍处于研发和迭代的早期阶段，各个大模型的性能差异及易用性仍在市场检验的过程当中，预计国内大模型领域竞争格局的明晰仍需要一定时间，但是，互联网巨头在AI领域积累已久，具备先发优势。

1．文心一言

文心一言是由百度公司研发的知识增强大模型，能够与人对话互动、回答问题、协助创作，高效便捷地帮助人们获取信息、知识和灵感。文心一言基于飞桨深度学习平台和文心知识增强大模型，持续从海量数据和大规模知识中融合学习，具备知识增强、检索增强和对话增强的技术特色。文心一言具有广泛的应用场景，如智能客服、智能家居等。它可以与用户进行自然语言交互，帮助用户解决各种问题，提供相关的知识和信息。同时，文心一言还可以与各种设备和应用进行集成，如智能音箱、手机App等，为用户提供更加便捷的服务。文心一言在深度学习领域有重要的地位，它代表了人工智能技术的前沿水平，是百度公司在人工智能领域持续投入和创新的成果。文心一言不仅能为用户提供智能化和高效的服务，还为人工智能行业的发展注入新的动力。

2．通义千问

通义千问是阿里巴巴公司推出的一个超大规模的语言模型，它具备多轮对话、文案创作、逻辑推理、多模态理解、多语言支持的能力。通义千问这个名字有"通义"和"千问"两层含义，"通义"表示这个模型能够理解各种语言的含义，"千问"则表示这个模型能够回答各种问题。通义千问基于深度学习技术，通过对大量文本数据进行训练，从而具备了强大的语言理解和生成能力。它能够理解自然语言，并能够生成自然语言文本。同时，通义千问还具备多模态理解能力，能够处理图像、音频等多种类型的数据。通义千问的应用范围非常广泛，可以应用于智能客服、智能家居、移动应用等多个领域。它可以与用户进行自然语言交互，帮助用户解决各种问题，提供相关的知识和信息。同时，通义千问还可以与各种设备和应用进行集成，为用户提供更加便捷的服务。

3．讯飞星火认知大模型

讯飞星火认知大模型是科大讯飞公司发布的一款强大的人工智能模型。它具有文本生成能力、语言理解能力、知识问答能力、逻辑推理能力、数学能力、代码能力以及多模态能力。这些能力使讯飞星火认知大模型能够处理各种复杂的语言任务，并为用户提供准确、高效的服务。在数据收集和处理方面，讯飞星火认知大模型采用了先进的技术和算法，能够快速地处理大量的数据，并从中提取有用的信息。这使它能够更好地理解和处理复杂的语言信息，提高人机交互的效率和准确性。在应用方面，讯飞星火认知大模型已经被广泛应用于多个领域，如自然语言处理、计算机视觉、智能客服等。通过与各领域的专业知识和经验相结合，讯飞星火认知大模型能够提供精准和个性化的服务，提高各行各业的工作效率和质量。此外，讯飞星火认知大模型还注重可解释性和公平性。通过改进算法和技术，它能够提供更加清晰和准确的决策依据，减少偏见和不公平现象。同时，它还具备强大的自适应学习能力，能够不断适应新的任务和环境，提高自身的性能和表达能力。

4．腾讯混元大模型

腾讯混元大模型是由腾讯公司全链路自研的通用大语言模型，具备强大的中文创作能力、复杂语境下的逻辑推理能力以及可靠的任务执行能力。该产品的优势：（1）多轮对话，该产品具备上下文理解和长文记忆能力，能够流畅完成各专业领域的多轮问答；（2）内容创作，该产品支持文学创作、文本概要和角色扮演；（3）逻辑推理，该产品能够准确理解用户意图，基于输入数据或信息进行推理、分析；（4）知识增强，该产品能够有效解决事实性、时效性问题，提升内容生成效果。

5．盘古大模型

盘古大模型是华为公司推出的一个大语言模型，旨在提供智能化、高效化的语言交互体验。它基于深度学习技术，通过对大量文本数据进行训练，从而具备了强大的语言理解和生成能力。盘古大模型采用了先进的架构和技术，包括Transformer、BERT等模型架构以及注意力机制、自注意力机制等先进的神经网络技术。它还采用了多模态学习技术，能够处理文本、图像、音频等多种类型的数据。这使它能够更好地理解和处理复杂的语言信息，提高人机交互的效率和准确性。盘古大模型的应用范围非常广泛，可以应用于智能客服、智能家居、移动应用等多个领域。它可以与用户进行自然语言交互，帮助用户解决各种问题，提供相关的知识和信息。同时，它还可以与各种设备和应用进行集成，为用户提供更加便捷的服务。

6．豆包大模型

字节跳动公司开发的豆包大模型（原名"云雀"）是一个多模态大模型家族，包括通用、语音识别、语音合成等多种大模型。它日均处理1200亿Tokens文本，生成3000万张图片，通过火山引擎对外提供服务。豆包大模型价格极具竞争力，如通用大模型pro-32k定价仅为每1000 Tokens 0.0008元，比行业低99.3%。该大模型广泛应用于企业智能化转型，助力多行业场景落地，是字节跳动公司在AI领域的重要布局。

7．Kimi大模型

Kimi大模型是北京月之暗面科技有限公司于2023年10月9日推出的一款智能助手。Kimi大模型主要有6项功能：长文总结和生成、联网搜索、数据处理、编写代码、用户交互、翻译。其主要应用场景为专业学术论文的翻译和理解、辅助分析法律问题、快速理解API开发文档等，是全球首个支持输入20万个汉字的智能助手产品。

5.3 大模型的基本原理

大模型基于深度学习，它利用大量的数据和计算资源来训练具有大量参数的神经网络模型。通过不断调整大模型参数，可使大模型在各种任务中取得最佳表现。大模型是基于Transformer架构的，这种架构是一种专门用于自然语言处理的"编码器-解码器"架构。在训练过程中，大模型将输入的单词以向量的形式传递给神经网络，然后通过网络的编码-解码以及自注意力机制建立起各个单词之间联系的权重。大模型的核心能力在于将输入的每句话中的每个单词与已经编码在大模型中的单词进行相关性计算，并把相关性重新编码叠加在每个单词中。这样，大模型能够更好地理解和生成自然文本，同时还能够表现出一定的逻辑思维和推理能力。

（1）数据驱动。大模型的学习主要依赖于大量的文本数据。这些数据可以来自互联网、书籍、文章等。通过对这些数据进行训练，大模型能够学习到自然语言的统计规律和模式。

（2）神经网络。大模型通常使用深度学习中的神经网络，尤其是Transformer架构。这种架构特别适合用于处理序列数据（如文本）。神经网络由多层的神经元组成，每一层都会对数据进行一定的转换和处理。

（3）编码-解码过程。在Transformer架构中，编码器和解码器是两个重要组件。编码器负责将输入的文本转换为一种内部表示，解码器则负责将这种内部表示转换回文本。

（4）自注意力机制。这是Transformer架构的一个关键特性，允许大模型在处理文本时考虑每个单词与其他单词的关系。通过计算每个单词与其他所有单词的关联度，大模型能够捕捉到文本中的复杂依赖关系。

（5）训练和优化。大模型的训练通常使用梯度下降等优化算法。在训练过程中，大模型会不断地调整其内部参数，以最小化预测结果与实际结果之间的差异。

（6）泛化能力。一旦训练完成，大模型就能够对新的、未见过的文本进行理解和生成。这种能力使大模型在各种自然语言处理任务（如机器翻译、自动文本摘要、问答系统等）中表现出色。

总的来说，大模型通过结合深度学习、大规模数据和先进的神经网络架构，实现了对人类语言的高度理解和模拟，为人工智能领域带来了革命性的进步。

5.4 大模型的特点

大模型具有以下特点。

（1）巨大的规模。大模型通常包含数十亿参数，规模可以达到数百GB甚至更大。这种巨大的规模不仅提供了强大的表达能力和学习能力，还使大模型在处理复杂任务时具有更高的效率和准确性。

（2）涌现能力。涌现能力是指大模型在训练过程中突然展现出之前小模型所没有的、更深层次的复杂特性和能力。当模型的训练数据突破一定规模时，模型能够综合分析和解决更深层次的问题，展现出类似人类的思维和智能。这种涌现能力是大模型最显著的特点，也是其超越传统模型的关键所在。大模型的涌现能力源于其巨大的规模和复杂的结构。这些大模型包含数亿甚至数十亿参数，能够捕捉到数据中的复杂模式和关系。在训练过程中，大模型通过不断优化参数，逐渐形成了一种高度协调和自适应的结构，从而产生了意想不到的特性和能力。这种涌现能力使大模型在处理复杂任务时具有极高的效率和准确性。它们能够很好地理解和模拟现实世界中的各种复杂现象，并从中提取出深层次的知识和规律。

（3）更好的性能和泛化能力。大模型因其巨大的规模和复杂的结构，展现出出色的性能和泛化能力。它们在各种任务上都能表现出色，超越了传统的小模型。这主要归功于大模型的参数规模和学习能力。大模型能够捕捉到数据中的微妙差异和复杂模式，即使在未见过的数据上也能表现优秀，这说明大模型具有良好的泛化能力。

（4）多任务学习。大模型的多任务学习特点使其能够同时处理多种不同的任务，并从中学习到广泛的语言知识，展现出强大的泛化能力。通过多任务学习，大模型可以在不同的自然语言处理任务（如机器翻译、自动生成文本摘要、问答系统等）中进行训练。这种多任务学习的方式有助于大模型理解和应用语言的规则与模式。在多任务学习中，大模型可以共享参数和知识，在不同的任务之间建立联系，从而提高了泛化能力。通过多任务学习，大模型能够从多个领域的数据中学习知识，并在不同领域中进行应用。这有助于促进跨领域的创新，使大模型在自然语言处理、图像识别、语音识别等领域中展现出卓越的性能。

（5）大数据训练。大模型需要大规模的数据来训练，通常在 TB 级别甚至 PB 级别。这是因为大模型拥有数亿甚至数十亿的参数，需要大量的数据来提供足够的信息供以进行学习和优化。只有大规模的数据才能让大模型的参数规模发挥优势，提高大模型的泛化能力和性能。同时，大规模数据训练也是保证大模型能够处理复杂任务的关键。通过使用大规模数据，大模型能够更好地理解数据中的复杂模式和关系，从而更好地模拟现实世界中的各种现象。

（6）强大的计算资源。大模型需要强大的计算资源来训练和运行。由于大模型规模庞大、参数数量众多，计算复杂度极高，因此需要高性能的硬件设备来支持。通常，训练大模型需要使用 GPU 或 TPU 等专用加速器来提高计算效率。这些加速器能够并行处理大量的参数和数据，使大模型的训练和推断速度得到提升。除了硬件设备，大模型的训练还需要大量的时间。由于大模型参数众多，训练过程中需要进行大量的迭代和优化，因此，训练周期可能长达数周甚至数月。

（7）迁移学习和预训练。通过在大规模数据上进行预训练，大模型能够学习到丰富的语言知识和模式，从而在各种任务上展现出卓越的性能。迁移学习和预训练有助于大模型更好地适应特定任务。在大规模数据上进行预训练后，大模型可以在特定任务的数据上进行微调，从而更好地适应目标任务的特性和要求。这种微调过程可以帮助大模型更好地理解和处理目标任务的特定问题，进一步提高性能。此外，迁移学习和预训练也有助于大模型实现跨领域的应用。通过在多个领域的数据上进行预训练，大模型可以学习到不同领域的知识和模式，并在不同领域中进行应用。这种跨领域的应用能力有助于大模型更好地服务于实际需求，推动人工智能技术的创新和发展。

（8）自监督学习。自监督学习利用大规模未标注数据进行训练，通过从数据中挖掘内在的规律和模式，使大模型能够自动地理解和预测数据中的信息。在大规模的未标注数据中，大模型通过预测输入数据的标签或下一个时刻的状态来进行训练。这种训练方式使大模型能够从大量的数据中自动地学习语言的内在结构和模式，而不需要人工标注和干预。自监督学习使大模型能够更好地适应大规模未标注数据的处理，减少了对人工标注的依赖，提高了训练的效率和泛化能力。同时，自监督学习也使大模型能够更好地捕捉数据的内在结构和模式，进一步提高大模型在处理复杂任务时的性能和准确性。

（9）领域知识融合。大模型通过领域知识融合，能够将不同领域的数据和知识融合在一起，从而很好地模拟现实世界中的复杂现象。领域知识融合使大模型能够从多个领域中学习广泛的知识和模式，并将这些知识和模式整合到统一的框架中。通过领域知识融合，大模型能够很好地理解不同领域之间的联系和共同规律，从而很好地处理复杂任务。这种能力有助于大模型在不同领域之间进行知识迁移和应用，促进跨领域的创新和发展。

（10）自动化和效率。大模型在应用中展现出高度的自动化和效率。由于大模型具有强大的表达能力和学习能力，它可以自动化许多复杂的任务，大大提高工作效率。大模型通过预训练和微调过程，能够自动地适应特定任务，而不需要过多的人工调整和干预。这使大模型能够快速地应用于各种实际场景，并且自动地处理复杂的任务，如自动编程、自动翻译、自动摘要生成等。大模型的自动化和效率还体现在其对大规模数据的处理能力上。大模型能够高效地处理TB级别甚至PB级别的数据，自动提取有用的信息和知识。这种高效的数据处理能力使大模型在处理大规模数据时具有显著的优势，提高了数据处理和分析的效率。

5.5　大模型的分类

按照输入数据类型的不同，大模型主要分为以下3类。

（1）语言大模型：自然语言处理（Natural Language Processing，NLP）领域中的一类大模型，通常用于处理文本数据和理解自然语言。这类大模型的主要特点是在大规模语料库上进行了训练，以学习自然语言的各种语法、语义和语境规则。代表产品包括GPT系列（OpenAI公司）、Bard（谷歌公司）、文心一言（百度公司）等。

（2）视觉大模型：在计算机视觉（Computer Vision，CV）领域中使用的大模型，通常用于图像处理和分析。这类模型通过在大规模图像数据上进行训练，可以完成各种视觉任务，如图像分类、目标检测、图像分割、姿态估计、人脸识别等。代表产品包括ViT系列（谷歌公司）、VIMER-UFO（百度公司）、盘古CV大模型（华为公司）、INTERN（商汤科技公司）等。

（3）多模态大模型：能够处理多种不同类型数据的大模型，如文本、图像、音频等多模态数据。这类模型结合了NLP和CV的能力，以实现对多模态信息的综合理解和分析，从而更全面地理解和处理复杂的数据。代表产品包括DingoDB多模向量数据库（九章云极DataCanvas公司）、DALL-E（OpenAI公司）、悟空画画（华为公司）、Midjourney（Midjourney公司）等。

按照应用领域的不同，大模型主要分为L0、L1、L2这3个层级。

（1）通用大模型L0：可以在多个领域和任务上通用的大模型。它们利用大算力，使用海量的开放数据与具有巨量参数的深度学习算法，在大规模无标注数据上进行训练，以寻找特征并发现规律，进而形成可"举一反三"的强大泛化能力，可在不进行微调或少量微调的情况下完成多场景任务，相当于AI完成了"通识教育"。

（2）行业大模型L1：针对特定行业或领域的大模型。它们通常使用行业相关的数据进行预训练或微调，以提高在该领域的性能和准确度，相当于AI成为"行业专家"。

（3）垂直大模型L2：针对特定任务或场景的大模型。它们通常使用任务相关的数据进行预训练或微调，以提高在该任务上的性能和效果。

5.6　大模型的成本

大模型的成本涉及多个方面，包括硬件设备、软件许可、数据收集和处理、人力资源以及运营和维护等，具体介绍如下。

（1）硬件设备成本。大模型的训练和推理需要大量的计算资源，包括高性能的计算机、服务器、存储设备等。这些硬件设备的购置和维护成本通常较高。为了满足大模型的计算需求，需要购买或租赁大量的服务器和存储设备，并进行相应的硬件升级和维护。GPT-3训练一次的成本约为140万美元，对于一些规模更大的大模型，训练成本更高，GPT-4训练一次的成本约为6300万美元。

以 ChatGPT 在 2023 年 1 月的独立访客平均数 1300 万计算，其对应芯片需求为 3 万多片英伟达 A100 GPU，初始投入成本约为 8 亿美元，每日电费在 5 万美元左右。

（2）软件许可成本。大模型的训练和推理通常需要使用特定的软件与框架，如 TensorFlow、PyTorch 等。这些软件通常需要购买许可证或订阅服务，这也会增加大模型的训练成本。

（3）数据收集和处理成本。大模型的训练需要大量的数据。数据的收集、清洗、标注和处理都需要投入大量的人力、物力和时间成本。此外，为了确保数据的准确性和有效性，还需要进行数据验证和校验，这也增加了数据处理的成本。

（4）人力资源成本。大模型的训练和推理需要专业的团队进行维护与优化。团队中包括数据科学家、机器学习工程师、运维人员等。这些人员需要具备专业的技能和经验，因此，人力资源成本也是大模型成本的重要组成部分。

（5）运营和维护成本。大模型的运营和维护也需要投入成本。这包括模型的部署、监控、调优、更新等。为了确保模型的稳定性和性能，需要进行持续的维护和优化，这也增加了运营和维护的成本。

5.7　大模型的应用领域

大模型的应用领域非常广泛，涵盖自然语言处理、计算机视觉、语音识别、推荐系统、医疗健康、金融风控、工业制造、生物信息学、自动驾驶、气候研究等多个领域，具体介绍如下。

（1）自然语言处理：大模型在自然语言处理领域有重要的应用，可以用于文本生成（如文章、小说、新闻等的创作）、翻译系统（能够实现高质量的跨语言翻译）、问答系统（能够回答用户提出的问题）、情感分析（用于判断文本中的情感倾向）、语言生成（如聊天机器人）等。

（2）计算机视觉：大模型在计算机视觉领域也有广泛应用，可以用于图像分类（识别图像中的物体和场景）、目标检测（能够定位并识别图像中的特定物体）、图像生成（如风格迁移、图像超分辨率增强）、人脸识别（用于安全验证和身份识别）、医学影像分析（辅助医生诊断疾病）等。

（3）语音识别：大模型在语音识别领域也有应用，如语音识别、语音合成等。通过学习大量的语音数据，大模型可以实现高质量的跨语言翻译和语音识别以及生成自然语音。

（4）推荐系统：大模型可以用于个性化推荐、广告推荐等任务。通过分析用户的历史行为和兴趣偏好，大模型可以为用户提供个性化的推荐服务，提高用户满意度和转化率。

（5）医疗健康：大模型可以用于医疗影像诊断、疾病预测等任务。通过学习大量的医学影像数据，大模型可以辅助医生进行疾病诊断和治疗方案制订，提高医疗水平和效率。

（6）金融风控：大模型可以用于信用评估、欺诈检测等任务。通过分析大量的金融数据，大模型可以评估用户的信用等级和风险水平，以及检测欺诈行为，提高金融系统的安全性和稳定性。

（7）工业制造：大模型可以用于质量控制、故障诊断等任务。通过学习大量的工业制造数据，大模型可以辅助工程师进行产品质量控制和故障诊断，提高生产效率和产品质量。

（8）生物信息学：在生物信息学领域，大模型可以用于基因序列分析（识别基因中的功能元件和变异位点）、蛋白质结构预测（推测蛋白质的二级和三级结构）、药物研发（预测分子与靶点的相互作用）等。

（9）自动驾驶：自动驾驶领域需要处理大量的感知数据，大模型可以用于图像和雷达数据的处理，实现物体检测、路径规划和决策制定等功能，从而保障自动驾驶车辆的安全行驶。

（10）气候研究：在气候研究领域，大模型可以处理气象数据，进行天气预测和气候模拟。它们能够分析复杂的气象现象，提供准确的气象预报，帮助人们做出应对气候变化的决策。

5.8　基于大模型的智能体

基于大模型的智能体是指利用大语言模型（如 GPT、BERT 等）作为核心组件，构建的能够执行特定任务、与环境交互并做出决策的人工智能系统。这些智能体具有自主性、交互性、适应性等特点，能够模拟人类的认知和决策过程，提供自然、高效和个性化的交互体验。它们能够处理海量数据，进行高效的学习与推理，并展现出跨领域的应用潜力。比如，百度文心智能体平台是基于文心大模型的智能体构建平台，它允许用户通过简单的自然语言交互方式，快速创建智能体。这个平台旨在降低技术门槛，让更多人能够参与智能体的开发和应用。通过百度文心智能体平台，用户可以根据自己的行业领域和应用场景，利用多样化的能力和工具，打造出适应大模型时代的原生应用。例如，用户可以通过百度文心智能体平台开发一个"小红书文案创作智能体"，该智能体具备自动生成文案、推荐热门话题、分析文案效果等功能，用户可以通过与智能体对话，轻松获取符合自己需求的文案内容。又如，用户可以通过百度文心智能体平台开发一个"大数据教师智能体"，以为学生提供个性化教学、自动化评估与反馈、课程设计与资源推荐、互动式学习体验等服务。

5.9　大模型对人们工作和生活的影响

大模型对人们的工作和生活产生了深远的影响，如提升了工作效率，优化了决策过程，促进了创新发展，改善了生活质量。

5.9.1　大模型对工作的影响

大模型对工作的影响主要体现在以下几个方面。

（1）提高工作效率：大模型在自然语言处理、机器翻译等领域的应用使人们能够快速、准确地处理大量文本数据，提高工作效率。例如，在翻译领域，大模型能够自动翻译多种语言，减少人工翻译的时间和成本，提高翻译效率。

（2）优化决策过程：大模型能够收集、整理和分析大量的数据，通过数据挖掘和机器学习技术帮助人们准确地了解问题现状，预测未来趋势，从而做出明智的决策。

（3）自动化部分工作：大模型的发展使一些烦琐、重复的工作可以由机器来完成，从而减轻了人们的工作负担。例如，在金融领域，大模型可以自动分析大量的金融数据，帮助人们做出准确的决策。

（4）创造新的就业机会：大模型的普及和应用将创造许多新的就业机会。例如，需要更多的人来开发和维护大模型，也需要更多的人利用大模型进行各种应用开发。

5.9.2　大模型对生活的影响

大模型对生活的影响主要体现在以下几个方面。

（1）改善生活质量：大模型在智能家居、智能客服等领域的应用使人们的生活更加便利、舒适。例如，通过智能家居系统，人们可以利用语音指令控制家电，实现智能化生活。

（2）提高学习效率：大模型在教育领域的应用可以帮助人们高效地学习新知识。例如，通过大模型的智能推荐功能，人们可以根据自己的兴趣和需求获取个性化的学习资源。

（3）增强娱乐体验：大模型在娱乐领域的应用可以为人们提供丰富、多样的娱乐体验。例如，通过大模型的语音识别功能，人们可以利用语音指令控制游戏，实现智能化的游戏体验。

5.10　大模型面临的挑战与未来发展

5.10.1　大模型面临的挑战

大模型在人工智能领域的应用带来了显著的进步和便利，但同时也面临一些挑战，主要表现在以下几个方面。

（1）资源消耗。大模型通常需要大量的计算资源和存储空间。训练大模型需要高性能的计算机集群以及大量的存储空间来存储训练过程中的数据和模型参数。这使大模型的训练和部署成本较高，限制了其在一些资源有限的环境中的应用。此外，大模型的训练和使用也导致了水资源的大量消耗，以 ChatGPT 为例，一个用户和 ChatGPT 聊天可能会消耗 500mL 水。大模型需要强大的计算能力来处理大量数据，这通常要求配备庞大的机房、服务器和数据中心，而这些机房和服务器需要进行冷却来保持正常运行，而冷却需要大量的水资源。在这个过程中，水通过散热器冷却设备，带走设备工作时产生的热量，以保证设备正常运行。

（2）训练时间和数据量。大模型的训练需要大量的时间和数据。通常，训练一个大型神经网络需要数周甚至数月的时间，具体取决于模型的复杂度、计算能力和可用数据量。此外，为了获得更好的性能，大模型通常需要大量的标注数据来训练。这不仅增加了训练成本，还限制了其在缺乏足够数据的环境中的应用。

（3）可解释性。大模型的复杂性和黑箱性质使其决策与预测的依据难以解释。这使在某些领域（如医疗、金融等），大模型的应用受到限制。人们往往需要知道模型做出决策的原因，而不仅是结果。因此，提高大模型的可解释性是一个重要挑战。

（4）数据隐私和安全。在训练和使用大模型的过程中，需要处理大量的个人数据。保证数据的安全和隐私是一个重要挑战。一旦数据泄露或被滥用，将对个人隐私和企业声誉造成严重损害。因此，在大模型的训练和使用过程中，需要采取严格的数据保护措施，确保数据的安全和隐私。

（5）模型泛化能力。尽管大模型在特定任务上表现出色，但其泛化能力仍然面临挑战。在某些情况下，大模型可能过于复杂，导致过拟合，即过度拟合训练数据，而无法泛化到新数据。此外，当任务发生变化时，大模型可能需要重新训练或调整参数，这增加了其应用和维护的成本。

（6）公平性和偏见。大模型的训练和使用可能引入公平性与偏见问题。如果训练数据中存在偏见或不公平因素，那么，大模型的输出也可能受到这些因素影响。这可能导致决策不公平或结果存在偏见。因此，在大模型的训练和使用过程中，需要考虑公平性和偏见问题，并采取相应的措施来减少这些影响。

（7）大模型幻觉。大模型是个概率模型，用它生成的内容具有不确定性。大模型幻觉，用一种形象的说法就是"大模型一本正经地胡说八道"，准确地说，是指大模型生成的内容与现实世界事实或用户输入不一致的现象。致使大模型产生幻觉的原因主要有数据缺陷、从数据中捕获的知识利用率较低、长尾知识回忆不足、难以应对复杂推理的情况等。由于大模型幻觉问题的存在，在目前阶段，我们还不能把大模型生成的结果直接当成客观结论来使用，还需要人为判断大模型所生成内容的准确性。目前研究人员在积极研究消除大模型幻觉的相关技术，如检索增强生成（Retrieval-Augmented Generation，RAG）就是当下热门的大模型前沿技术之一，当大模型"知识储备"有限时，人们可以通过一些工程化手段（如联网检索、知识库搜索等），先把相关信息找出来，再指导大模型进行回答，减少大模型幻觉情况的发生，从而大大提升回复质量。

5.10.2　大模型的未来发展

大模型的未来发展充满了无限的可能性。随着技术的不断进步和应用的不断拓展，大模型将在多个领域发挥重要作用，推动人工智能的进一步发展，具体如下。

（1）大模型将继续在自然语言处理、计算机视觉等领域发挥重要作用。随着数据量的不断增加和计算能力的提升，大模型将能更好地理解和处理复杂的语言与图像信息，提高人机交互的效率和准确性。

（2）大模型将在医疗、金融、教育等更多领域得到应用。通过与各领域的专业知识和经验相结合，大模型将能够提供更加精准和个性化的服务，提高各行各业的工作效率和质量。

（3）随着技术的不断进步，大模型将更加注重可解释性和公平性。通过改进算法和技术，大模型将能提供更加清晰和准确的决策依据，减少偏见和不公平现象。

（4）随着云计算、边缘计算等技术的发展，大模型的训练和推理将更加高效和便捷。这些技术将使大模型能够在更多设备上运行，扩展其应用范围。

（5）随着全球人工智能研究的不断深入和发展，大模型将成为人工智能领域的重要基石。它将与其他技术相结合，推动人工智能技术不断创新和发展。

5.11　本章小结

大模型是人工智能领域的重要研究方向，其强大的语言理解和生成能力使它在自然语言处理、机器翻译、智能客服等领域有广泛的应用。大模型的训练需要大量的数据和计算资源，同时也需要先进的技术和算法支持。随着技术的不断发展，大模型的应用场景也在不断扩展，未来将会更加广泛地应用于各个领域。

5.12　习题

1. 大模型的概念是什么？
2. 大模型与小模型的区别是什么？
3. 大模型的发展历程是什么？
4. 人工智能与大模型的关系是怎样的？
5. 大模型在人工智能领域有怎样的重要性？
6. 请介绍国内外具有代表性的大模型产品。
7. 大模型的基本原理是什么？
8. 大模型是如何分类的？
9. 构建大模型的成本涉及哪几个方面？
10. 请给出大模型应用的一些实例。
11. 大模型面临的挑战有哪些？

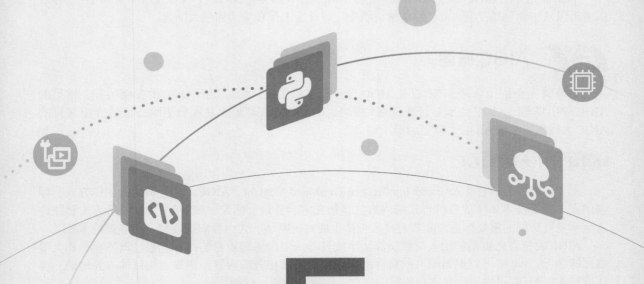

第 **6** 章

AIGC应用与实践

AIGC技术已经在社会生产和生活中得到了广泛应用，深刻影响着人类社会的发展。从编程辅助到创意设计，AIGC正逐步改变各行各业的生产方式。AIGC还应用于营销、医疗、教育等多个领域，通过智能内容生成和优化推动产业升级和变革。随着技术的不断进步，AIGC的应用前景将更加广阔。

本章首先介绍AIGC的基础知识，然后分别介绍不同类型AIGC技术的应用场景和案例实践，读者可以从中深刻感受到AIGC的卓越功能及其对日常工作和生活的强大助力。

6.1　AIGC概述

本节首先介绍什么是AIGC以及AIGC与大模型的关系，然后介绍AIGC的发展历程、常见的AIGC应用场景、AIGC技术对行业发展的影响、AIGC技术对职业发展的影响，最后介绍常见的AIGC大模型工具和AIGC大模型的提示词。

6.1.1　什么是AIGC

人工智能生成内容（Artificial Intelligence Generated Content，AIGC）是一种新的创作方式，即利用人工智能技术来生成各种形式的内容，包括文字、音乐、图像、视频等。AIGC是人工智能进入全新发展时期的重要标志，其核心技术包括生成对抗网络、大型预训练模型、多模态技术等。

AIGC的核心思想是利用人工智能算法生成具有一定创意和质量的内容。通过训练模型和大量数据的学习，AIGC可以根据输入的条件或指导生成与之相关的内容。例如，通过输入关键词、描述或样本，AIGC可以生成与之相匹配的文章、图像、音频、视频等。

AIGC技术不仅可以提高内容生产的效率和质量，还可以为创作者提供更多的灵感和支持。在文学创作、艺术设计、游戏开发、影视制作等领域，AIGC可以自动创作出高质量的文本、图像、音频、视频等内容。同时，AIGC也可以应用于媒体、教育、娱乐、营销、科研等领域，为用户提供高质量、高效率、个性化的内容服务。

6.1.2　AIGC与大模型的关系

大模型与AIGC之间的关系可以说是相辅相成、相互促进的。大模型为AIGC提供了强大的技术基础和支撑，AIGC则进一步推动了大模型的发展和应用，具体介绍如下。

（1）大模型为AIGC提供了丰富的数据资源和强大的计算能力。大模型通常拥有数十亿甚至上万亿的参数，需要大规模的数据集进行训练和优化。这些大模型通过学习大量的数据，可以掌握其中的模式和规律，进而生成高质量、多样化的内容。目前，AIGC正是基于这些大模型的训练成果，利用深度学习等技术进行内容的自动生成和创作。也就是说，目前人们都是采用大模型来实现AIGC。

（2）AIGC的需求推动了大模型的发展。随着AIGC应用的不断扩展，人们对于生成内容的质量和多样性的要求越来越高。为了达到这些要求，研究人员需要不断改进和优化大模型的结构与训练方法，以提高其生成能力和效率。这种相互促进的关系使大模型和AIGC得以共同发展，不断推动人工智能技术进步。

（3）大模型和AIGC的结合带来了广泛的应用前景。在文学创作、艺术设计、游戏开发、影视制作等领域，AIGC可以自动创作出高质量的文本、图像、音频、视频等内容，为创作者提供更多的灵感和支持。同时，这些生成的内容也可以作为大模型的训练数据，进一步优化和提升大模型的性能。这种良性的循环将不断推动大模型和AIGC的应用与发展。

6.1.3　AIGC的发展历程

AIGC的发展历程可以分成3个阶段：早期萌芽阶段、沉淀累积阶段和快速发展阶段，具体介绍如下。

（1）早期萌芽阶段（20世纪50年代至20世纪90年代中期）。由于技术限制，AIGC仅在小范围实验和应用，例如，1957年出现了首支由计算机创作的音乐作品《伊利亚克组曲》。然而，在20世纪80年代末至20世纪90年代中期，由于高成本和难以商业化，AIGC的资本投入有限，因此未能取得显著进展。

（2）沉淀累积阶段（20世纪90年代至21世纪10年代前期）。AIGC逐渐从实验性转向实用性，2006年深度学习算法取得进展，同时，CPU和GPU等算力设备的性能显著提升，互联网快速发展，这些均显著提高了人工智能算法的训练质量。2007年，首部由AIGC创作的小说《在路上》出版。2012年，微软公司展示了全自动同声传译系统，该系统主要基于深度神经网络（Deep Neural Network，DNN）构建，可以自动将英文讲话内容通过语音识别等技术转换为中文。

（3）快速发展阶段（21世纪10年代中期至今）。2014年深度学习算法——生成对抗网络推出，之后不断迭代更新，助力AIGC实现新发展。2017年微软人工智能"小冰"推出世界首部由人工智能写作的诗集《阳光失了玻璃窗》，2018年英伟达（NVIDIA）公司发布可自动生成图片的StyleGAN模型，2019年DeepMind公司发布可生成连续视频的DVD-GAN模型。2021年OpenAI公司推出DALL-E并更新迭代版本DALL-E-2，主要用于文本、图像的交互生成内容。2024年2月16日，OpenAI公司发布了名为Sora的文本生成视频大模型。2024年5月14日，OpenAI公司推出一款名为GPT-4o的大模型，其具备"听、看、说"的出色本领。目前，AIGC基本上都采用了大模型技术。

6.1.4　常见的 AIGC 应用场景

AIGC可以应用于各行各业，可以生成文字、图像、音频、视频等，具体介绍如下。

（1）电商：生成商品标题、描述、广告文案和广告图。

（2）办公：写周报日报，写方案，写运营活动，制作PPT，写读后感，写代码。

（3）游戏：生成场景原画，生成角色形象，生成世界观，生成数值，生成3D模型，生成NPC对话，生成音效。

（4）娱乐：头像生成，照片修复，图像生成，音乐生成。

（5）影视：生成分镜头脚本，生成剧本脚本，台词润色，生成推广宣传资料，生成音乐。

（6）动漫：原画绘制，动画生成，分镜生成，音乐生成。

（7）艺术：写诗，写小说，生成艺术作品，生成草图，艺术风格转换，音乐创作。

（8）教育：批改试卷，试卷创建，搜题答题，课程设计，课程总结，虚拟讲师。

（9）设计：UI设计，美术设计，插画设计，建筑设计。

（10）媒体：软文撰写，大纲提炼，热点撰写。

（11）生活：制订学习计划，做旅游规划。

6.1.5　AIGC 技术对行业发展的影响

AIGC技术对行业发展的影响深远且广泛，主要体现在以下几个方面。

（1）内容创作领域革新。AIGC技术能够自动生成高质量的文本、图像、音频和视频等内容，极大地提高了内容创作效率。在新闻、广告、自媒体等领域，AIGC已经实现了广泛应用，帮助创作者快速生成多样化、个性化的内容，满足市场需求。这种技术革新不仅降低了内容创作的成本，还激发了创作者的创新灵感，推动了内容产业的繁荣发展。

（2）生产力提升与成本降低。AIGC技术在多个行业中展现了其提升生产力和降低成本的潜力。例如，在游戏开发领域，AIGC技术可以用于场景构建、角色互动等，减少人工制作的工作量，提高开发效率。在制造业中，AIGC技术可以辅助设计、优化生产流程，降低生产成本。这些应用使企业能够更快地响应市场变化，提升竞争力。

（3）用户体验升级。AIGC技术通过提供个性化、定制化的内容和服务显著提升了用户体验。在智能客服、在线教育等领域，AIGC技术可以根据用户的需求和偏好提供精准的服务，满足用户的个性化需求。这种以用户为中心的服务模式不仅提高了用户的满意度和忠诚度，还为企业带来了更多的商业机会。

（4）推动行业创新与转型。AIGC技术的快速发展为传统行业带来了转型升级的契机。通过与AIGC技术深度融合，传统行业可以探索新的商业模式和服务模式，实现创新发展。例如，在电商行业中，AIGC技术可以用于智能推荐、虚拟试衣等场景，提升用户购物体验并促进电商企业销售额增长。在金融领域，AIGC技术可以应用于投资策略优化、风险管理等方面，提高金融机构的决策效率和准确性。

6.1.6　AIGC技术对职业发展的影响

AIGC技术对职业发展产生了深远的影响，主要体现在以下几个方面。

（1）新兴职业出现。随着AIGC技术的快速发展，一系列与该技术相关的新兴职业应运而生。例如，AI训练师、机器学习工程师、数据标注员等职业需求激增。这些新兴职业不仅要求从业者具备扎实的技术基础，还需要不断学习和掌握最新的AIGC技术动态。

（2）传统职业转型升级。AIGC技术也为传统职业的转型升级提供了契机。许多传统职业（如编辑、设计师、教师等）在AIGC技术的辅助下，工作效率和创作质量得到了显著提升。同时，这些职业也需要从业者不断适应技术变革，掌握新的技能和工具，以适应市场需求的变化。

（3）工作方式变革。AIGC技术改变了传统的工作方式，使远程工作、灵活办公成为可能。许多企业开始采用AIGC技术来优化工作流程，减少人力成本，提高工作效率。这种变革不仅为员工提供了更加灵活的工作方式，也为企业带来了更高的经济效益。

（4）职业发展路径多样化。AIGC技术的发展为职业发展路径提供了更多的可能性。从业者可以根据自己的兴趣和特长选择适合自己的职业发展方向。例如，一些对AI技术感兴趣的从业者可以选择成为AI训练师或机器学习工程师，而一些有创意并具备设计才能的从业者可以利用AIGC技术来提升自己的创作能力。

（5）持续学习与技能提升。面对AIGC技术的快速发展，从业者需要不断学习和提升自己的技能水平。通过参加培训课程、阅读专业书籍、参与技术论坛等方式，从业者可以紧跟技术前沿，保持自己的竞争力。

6.1.7　常见的AIGC大模型工具

常见的AIGC大模型工具包括OpenAI公司的ChatGPT、百度公司的文心一言、科大讯飞公司的讯飞星火认知大模型、阿里巴巴公司的通义千问、华为公司的盘古大模型、字节跳动公司的豆包大模型、月之暗面公司的Kimi大模型等。这些工具基于大规模语言模型技术，具备文本生成、语言理解、知识问答、逻辑推理等多种能力，可广泛应用于写作辅助、内容创作、智能客服等多个领域。它们通过不断迭代和优化，为用户提供更加智能、高效的内容生成解决方案。

6.1.8　AIGC大模型的提示词

AIGC大模型的提示词（Prompt）是指用户向大模型输入的文本内容，用于触发大模型的响应并指导其如何生成或回应。这些提示词可以是一个问题、一段描述、一个指令，甚至是一段带有详细参数的文字描述。它们为大模型提供了生成对应文本、图片、音频、视频等内容的基础信息和指导方向。

提示词的重要作用如下。

（1）引导生成：提示词能够明确告诉大模型用户希望生成的内容类型、风格、主题等，从而引导大模型生成符合需求的内容。

（2）提高准确性：通过详细的提示词，用户可以限制大模型的自由发挥，减少生成内容的偏差，提高生成内容的准确性和相关性。

（3）增强交互性：提示词作为用户与大模型之间的桥梁，能够增强用户与 AI 系统的交互体验，使用户能够直观地表达自己的需求并获得满意的回应。

使用提示词需要注意一些技巧，这样可以利用大模型获得更加符合预期要求的结果，主要技巧如下。

（1）简洁明确：在与大模型交互时，提示词应尽量简洁明了，避免使用过多的冗余词汇和复杂的句式。直接、清晰地表达需求是关键。

（2）考虑受众：在编写提示词时，要考虑预期的受众类型（如老人、儿童或专业人士等），以便大模型能够生成符合受众需求的内容。

（3）分解复杂任务：对于复杂的任务，可以将其拆解为一系列清晰、具体的提示词，让大模型能够逐步深入并准确理解。

（4）使用肯定性指令：尽量采用"做"或"执行"这样的正面指导词汇，避免使用否定性表述，以提高大模型执行任务的效率。

（5）示例驱动：在请求时，可以直接提供一个具体的示例作为模型生成内容的模板或指南，以精准引导模型生成符合期望的输出格式。

（6）明确角色：在提示词中为模型分配一个明确的角色或任务，有助于模型更好地理解并执行用户的指令。

（7）遵守规则：明确指出模型必须遵循的规则或关键词，以确保生成内容的准确性和合规性。

（8）自然语言回答：要求模型以自然、类似人类的方式回答问题，以提高生成内容的可读性和亲和力。

6.2　文本类 AIGC 应用实践

文本类 AIGC 利用先进的机器学习和深度学习算法，通过对大量文本数据的分析和学习，自动产生具有创意和质量的文本内容。这些内容包括但不限于新闻报道、广告文案、社交媒体帖子、教材资料、小说故事等。文本类 AIGC 能够模仿人类的写作风格，实现高效、多样、持续的内容创作，为内容生产领域带来革命性的变化。

6.2.1　文本类 AIGC 应用场景

文本类 AIGC 已经在多个领域得到了广泛应用，主要如下。

（1）新闻报道：AI 写作技术能够实现快速生成新闻报道，对于突发事件，它能够迅速整合信息并生成初步报道，为传统新闻机构提供有力支持。

（2）广告文案：广告商利用 AI 技术快速生成针对不同受众群体的个性化文案，以提高广告效果。AI 写作程序能够分析用户数据，生成符合用户兴趣和需求的广告内容。

（3）社交媒体内容创作：企业和个人利用 AI 写作程序快速创建高质量的社交媒体内容，以提高品牌影响力和用户黏性。

（4）文学创作：AI 在文学创作领域也展现出一定潜力。通过深度学习算法，AI 可以学习并分析大量文学作品，生成具有一定文学价值的文本内容。虽然目前 AI 还不能完全替代人类创作，但其独特的创作风格和视角为文学创作带来了新的可能性。

（5）其他行业：智能文本生成还广泛应用于电子商务、人机交互、电子政务、智慧教育、智慧医疗、智慧司法等多个行业和领域。例如，在电子商务中，AI 可以生成产品描述、促销信息等；在智慧医疗中，AI 可以辅助医生撰写病历、诊断报告等。

6.2.2　文本类 AIGC 案例实践

我国具有代表性的文本类 AIGC 大模型包括文心一言、通义千问、盘古大模型、讯飞星火认知大模型等。

案例1：使用文心一言创作文档

文心一言作为当下热门的智能助手，已经在人们的生活、工作和学习中扮演越来越重要的角色。然而，想要充分发挥其功能，掌握一些实用技巧是有必要的。下面介绍文心一言的一些实用技巧。

（1）告诉文心一言你要的风格

在输入提示词时，明确指定你希望生成的文本内容的风格。这样，文心一言在理解并处理你的请求时，会更有针对性地调整其生成内容的风格，以满足你的具体需求。比如，你可以使用以下提示词。

> 请按照要求写一篇200字左右关于云计算的介绍。注意事项：文章的受众是中学生，需要通俗易懂，语言风格需要幽默、风趣一些。

要想生成不同语言风格的文字，可以在问题描述中加入你想要的语言风格作为限定条件，提示文心一言按照你的要求去输出。比如，如果你想内容显得正式，可以在提示词中加入"请采用正式的词汇和语法结构，使内容显得庄重、严肃和专业"；如果你需要抒情，可以在提示词中加入"请使用富有感情和表达感情的词汇，使内容产生共鸣和情绪共振"；如果你想让表述口语化，可以在提示词中加入"请运用口语化的表达方式，如俚语、俗语和口头禅，使内容表达自然和亲切"。

（2）告诉文心一言你要的结构

在构建提示词时，应明确指定期望的输出结构。比如，如果要求生成一篇文章，可以在提示词中明确指出"请按照引言-正文-结论的结构来撰写"。这样，文心一言在生成内容时就会遵循这一结构框架，使输出更加条理清晰、逻辑严密。再比如，如果要撰写给上级领导的方案、报告、总结，可以使用类似以下的提示词。

> 请按照【现状/问题/解决方案，数据洞察/问题概览/调研方向，数据/亮点/问题/经验】这个结构撰写一份关于我国芯片行业的总结报告。

（3）告诉文心一言你要的角色

在提示词中可以设定具体的角色或视角。例如，在要求创作故事时，可以明确指定"以一位勇敢探险家的视角讲述这段经历"。这样的提示能引导文心一言在生成内容时从特定角色的角度出发，赋予文本独特的情感色彩和叙事风格。此技巧有助于增强生成内容的代入感和故事性，使内容更加丰富和引人入胜。

下面是一段提示词实例。

> 请你扮演一位小红书文案撰写高手，为我生成一篇爆款小红书文案，要求：突出酒店的特色，包括海景房、豪华单间、最新装修、免费早餐、无线上网等。

下面是另一段提示词实例。

> 我希望你能扮演记者的角色，按照我的要求撰写一份新闻调查，要求：调查油罐车不清洗直接运送食用油的事情，不要出现具体企业名称，要给出政府部门的处理结果。

（4）告诉文心一言你的内容要求

可以通过详细具体的提示词明确表达内容要求。无论是希望生成的文章主题、关键词汇，还是期望涵盖的信息点、情感倾向，都应在提示词中清晰呈现。这样做能让文心一言准确地理解用户需求，生成符合用户期望的内容。

比如，你可以通过类似下面的提示词来表达自己的内容要求。

> 在 6G 专利申请方面，中国已经遥遥领先。2021 年的数据显示，中国的 6G 专利申请量占比高达 40.3%，稳坐世界第一的宝座。
>
> 请把上面的数据更新为目前最新的数据。

如果对输出的内容有比较多的要求或限制，不妨在输入框中将这些内容要求一条一条明确告诉文心一言，比如，可以使用类似下面的提示词。

> 请以小红书的风格，按照以下要求帮我为"海景美食餐厅"写一篇小红书文案。
>
> 内容要求：
>
> ① 要有标题、正文；
>
> ② 标题字数不超过 20 个字，尽量简短精练，要足够吸引眼球，用词浮夸；
>
> ③ 正文分段，层次分明，每段最少 100 个字；
>
> ④ 要用"首先、其次、最后"这种模式；
>
> ⑤ 整篇文案不要超过 1000 个字。

（5）告诉文心一言你想写的文体

明确指定文体（如散文、小说、诗歌、科技文等），让文心一言理解并模拟该文体的语言特点、结构安排和表达习惯，从而输出更具针对性的文本。比如，可以使用提示词"请写一段'中秋赏月'的朋友圈文案，需要采用藏头诗的形式"。

（6）指导文心一言分步解决问题

将复杂问题拆解成多个简单、具体的步骤，然后作为提示词输入给文心一言。这样不仅能降低问题的处理难度，使文心一言更容易理解和响应，还能确保解决问题的过程更加系统、有条理。通过逐步引导，可以逐步逼近问题的解决方案，提高答案的准确性和实用性。

比如，如果想让文心一言帮你制订一份旅行规划，可以使用类似下面的提示词。

> 请为我规划一次为期一周的厦门自由行。
>
> 第 1 步：列出必去的景点，如厦门大学、鼓浪屿、环岛路、五缘湾、曾厝垵。
>
> 第 2 步：根据景点位置安排每日行程，确保交通便利。
>
> 第 3 步：推荐几家当地的特色餐厅，包括早餐、午餐和晚餐。
>
> 第 4 步：提供一家性价比高的酒店及住宿建议，并考虑其位置是否便于游览。

（7）告诉文心一言你要的示例

明确沟通意图，通过具体示例引导文心一言理解你的需求。这有助于文心一言更准确地捕捉你的思维框架和期望结果，减少误解。比如，可以使用类似下面的提示词。

> 我是一位高校教师，请帮我写一份工作周报，内容尽量简洁精练，下面是我本周的工作内容：
>
> ① 完成了 5 篇本科生毕业论文修改；
>
> ② 撰写了教材"云计算与大数据"这一章的内容。
>
> 输出要求示例：
>
> 【本周工作周报】
>
> 【本周工作进展】本周做了哪些事，产生了哪些结果。
>
> 【下周工作安排】基于本周的结果，下周要推进哪些事。
>
> 【思考总结】简要说说本周的收获和反思。

（8）告诉文心一言你要的场景

在输入提示词时，应明确描述所需的上下文或环境背景，如"在科幻电影中描述一个未来城市的景象""请撰写一封给朋友的生日祝福信，场景设定在海边日落时"。这样做有助于文心一言更好地理解你的需求，生成更符合场景氛围和情境的内容。

案例2：使用讯飞智文生成PPT

讯飞智文是科大讯飞公司旗下的AI一键生成PPT/Word网站平台，是在讯飞星火认知大模型技术基础上开发的一个具体应用，主要功能有文档一键生成、AI撰写助手、多语种文档生成、AI自动配图、模板图示切换等。

这里介绍如何使用讯飞智文快速生成PPT。首先准备一个包含文本内容的PDF文件，比如可以把本书1.7.3小节中关于微软"蓝屏"事件的内容保存到一个Word文档中，命名为"微软蓝屏.docx"，然后使用WPS软件打开"微软蓝屏.docx"，把该Word文档保存成PDF格式，生成"微软蓝屏.pdf"。

访问讯飞智文官网，在首页（见图6-1）中单击"免费使用"按钮，然后按照网页提示完成注册（推荐使用手机号注册）。

图6-1　讯飞智文首页

在页面（见图6-2）中单击"开始制作"按钮。在出现的页面（见图6-3）中单击AI PPT中的"文档创建"按钮。然后，在出现的页面（见图6-4）中单击"点击上传"超链接，把本地文件"微软蓝屏.pdf"上传上去（当然，也可以上传"微软蓝屏.docx"）。然后，在出现的页面（见图6-5）中单击"开始解析文档"按钮。之后，页面会显示提示文字"好的，已收到您的要求，让我先为您生成PPT标题和大纲"。过一会儿，页面上就会显示自动生成的PPT标题和大纲。如果不满意，可以单击页面底部的"重新生成"按钮；如果满意，可以直接单击"下一步"按钮。

图6-2　开始创作

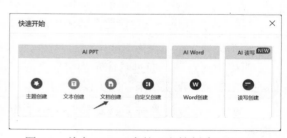

图6-3　单击AI PPT中的"文档创建"按钮

图6-4　上传文件

图6-5　开始解析文档

在出现的页面（见图6-6）中选择你想要的模板配色，这里选择"清逸天蓝"，然后单击页面顶部的"下一步"按钮。一段时间以后，页面就会显示自动生成的PPT（见图6-7）。单击页面右上角的"导出"按钮，就可以把PPT保存到本地计算机中。然后，你可以根据自己的需求对PPT继续进行修改和完善。在本地计算机中打开自动生成的PPT，可以看出，AI制作PPT的水平非常专业，逻辑清晰，配图精美，超过了很多PPT初学者的制作水平，可以大大提高普通用户制作PPT的效率和水平。

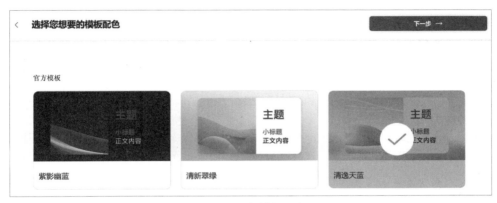

图6-6 选择模板配色

图6-7 自动生成的PPT

6.3 图片类AIGC应用实践

图片类AIGC是一种基于人工智能技术生成图片的方法，它可以利用深度学习、生成对抗网络等先进算法，通过学习和模仿大量图像数据，自动创作出高度真实和艺术化的图片。AIGC在图像生成、修复、风格转换、艺术创作等领域展现出了强大能力，为数字艺术、设计、游戏、电影等多个行业带来创新解决方案。其优势包括高效性、多样性和自动化，能够快速生成大量高质量的图像内容，满足各种复杂需求。

6.3.1 图片类AIGC应用场景

图片类AIGC的应用场景非常广泛，主要包括图像生成、图像修复、图像增强和图像识别等。

（1）图像生成：AIGC能够生成高度逼真的图像，如人脸、动物、建筑物等。例如，OpenAI公司发布的DALL-E可以根据文本提示词创作出全新、原创的图像，展示了AI在图像创作方面的强大能力。

（2）图像修复：AIGC可以修复损坏的图像，如去除噪声、填充缺失的部分等。这项技术对于保护和恢复古老的艺术作品、修复损坏的照片等具有重要意义。

（3）图像增强：通过对图像进行增强处理，AIGC可以增加图像的饱满感和细节，使图像质量得到提升。这在提升图像的视觉效果、改善图像的清晰度和细节方面非常有用。

（4）图像识别：AIGC在图像识别方面也有广泛应用，可以识别图像中的对象、场景和特征，如人脸识别、车牌识别等。这项技术对于安防监控、智能搜索、自动驾驶等领域的发展至关重要。

6.3.2　图片类AIGC案例实践

图片类AIGC大模型主要包括Midjourney、Stable Diffusion SDXL、文心一格等。这里以文心一格为例介绍图片类AIGC的使用方法。

文心一格是一款由百度公司研发的AI绘画工具，为用户提供了丰富的创意空间。使用文心一格进行AI绘画的步骤包括注册账号、选择创作模式、输入提示词、设置画面类型、设置比例、设置数量以及生成图片等，具体介绍如下。

（1）注册账号：访问文心一格官网，单击"注册"按钮，完成注册。

（2）选择创作模式：进入文心一格首页以后，单击"立即创作"按钮。在出现的界面（见图6-8）的左上角找到"AI创作"，可供选择的模式包括"推荐""自定义""商品图""艺术字""海报"，可以满足不同的创作需求。这里选择默认的模式"推荐"。

（3）输入提示词：在提示词输入框中输入提示词，比如输入"请绘制一张图片，一个9岁的女孩子在海边沙滩上挖沙子"。

（4）设置画面类型：可以选择"智能推荐""唯美二次元""中国风"等各种类型。

（5）设置比例：可以选择"竖图""方图""横图"。

（6）设置数量：设置想要生成的图片数量，比如设置为1。

（7）生成图片：单击"立即生成"按钮，就可以生成相应的图片（见图6-9）。图片生成以后，可以单击图片底部的"编辑本图片"按钮对图片进行编辑。

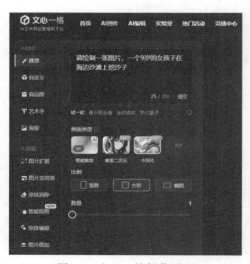

图6-8　文心一格操作界面　　　　　　　　　　图6-9　文心一格自动生成的图片

文心一格提供了丰富的AI编辑功能，可以对图片进行各种智能化处理，包括图片扩展、图片变高清、涂抹消除、智能抠图、涂抹编辑、图片叠加等。

6.4　语音类AIGC应用实践

语音类AIGC可利用人工智能技术（特别是语音识别、自然语言处理和语音合成技术）自动生成和处理语音内容。它能够模拟人类语音，实现语音到文本的转换、文本到语音的合成以及语音情感分析等功能，广泛应用于智能语音助手、智能客服、语音翻译等多个领域。

6.4.1　语音类AIGC应用场景

语音类AIGC的应用场景非常丰富，涵盖多个领域，从日常生活到专业应用，都展现出了其独特的价值和潜力，以下是一些主要的语音类AIGC应用场景。

（1）智能语音助手。智能语音助手是语音类AIGC常见的应用场景之一。通过语音识别和自然语言处理技术，智能语音助手能够理解用户的语音指令，并提供相应的服务，如查询天气、播放音乐、设定提醒、控制智能家居设备等。

（2）智能客服。在客户服务领域，智能客服机器人通过语音类AIGC技术，能够自动回答用户的问题，提供产品咨询、售后支持等服务。智能客服机器人能够全天不间断地提供服务，减轻人工客服的工作压力，提高客户服务的效率和质量。

（3）语音合成与转换。语音合成技术可以将文本转换为语音，语音转换技术则可以实现不同声音之间的转换。这些技术在有声读物、广告配音、游戏开发等领域有广泛的应用。

（4）虚拟人物与数字人。基于语音类AIGC技术，可以创建出具有自然语言处理能力的虚拟人物或数字人。这些虚拟人物或数字人可以用于娱乐、教育、营销等多个领域。虚拟人物或数字人可以作为品牌代言人、教学助手、娱乐角色等，为用户提供生动、有趣的交互体验。

（5）语音翻译。语音翻译技术可以实现实时语音到语音的翻译，使不同语言之间的交流变得更加便捷。语音翻译技术促进了全球范围内的跨文化交流，为国际贸易、旅游、教育等领域的发展提供了有力支持。例如，我国的讯飞翻译机的外形类似于一部智能手机，具备多语种离线语音翻译功能，可以实现不同国家口语的实时翻译。

（6）语音分析与情感识别。通过语音类AIGC技术，可以对用户的语音进行分析，识别出其中的情感倾向、语调变化等信息。语音类AIGC技术可以用于舆情监测、心理评估、人机交互等多个领域，为用户提供精准、个性化的服务。

（7）智能驾驶舱与车载语音助手。在智能驾驶舱中，车载语音助手可以通过语音类AIGC技术，实现与驾驶员的语音交互，提供导航、娱乐、车辆控制等服务。车载语音助手提高了驾驶的安全性，使驾驶员可以在不分散注意力的情况下完成各种操作任务。

6.4.2　语音类AIGC案例实践

我国具有代表性的语音类AIGC大模型包括文心一言、通义千问、豆包大模型、讯飞智作大模型等。这里以豆包大模型和讯飞智作大模型为例，介绍语音类AIGC的使用方法。

1．豆包大模型的语音类功能用法

一般情况下，普通用户在手机上使用语音类AIGC大模型的场景比较多，因此，这里介绍手机版豆包大模型的使用方法。

在智能手机上下载并安装豆包App。启动并进入豆包App，会出现图6-10所示的对话界面，按住语音按钮（图中箭头指向的位置）不要松开，然后就可以对着手机说话，把自己的需求说出来，比如，可以说"请介绍一下厦门大学"，然后松开语音按钮，豆包App就可以立即开始回答你提出的问题。豆包App支持实时翻译，你可以通过语音输入"厦门大学的英文名称是什么"，豆包App会马上给出翻译结果。

豆包App不仅支持语音输入，也支持文字输入，只要在文字输入框内输入提示词，豆包App就会给出回答。豆包App也支持AI绘图功能，你可以用手指点击界面上的"图片生成"按钮，然后输入提示词，比如通过文字或者语音输入"请帮我绘制一张图片，一个9岁的小女孩在海边沙滩上玩沙子"，然后，豆包App会自动生成满足你要求的图片。

豆包App还有一个很实用的功能，就是可以进行英语口语对话练习。在豆包App操作界面的底部，用手指点击"对话"，在出现的功能选择界面（见图6-11）中选择"英语口语聊天搭子"就可以进入英语口语聊天界面（见图6-12），按住界面右下角的语音按钮，就可以开始用英语语音聊天了，你说完一句英语后松开语音按钮，豆包App就会自动用英语语音回答你，然后你可以继续输入语音进行后续对话。

图6-10　豆包App的
对话界面

图6-11　豆包App的功能
选择界面

图6-12　豆包App的英语
口语聊天界面

2．讯飞智作大模型的语音类功能用法

这里介绍如何在计算机上使用讯飞智作大模型，让其根据提供的文本内容自动生成配音。需要注意的是，这个功能需要付费使用。虽然是付费服务，但是，这个功能在工作和生活中非常实用，因此，这里介绍其具体使用方法。

访问讯飞配音官网，首先按照页面提示完成用户注册。注册成功以后，会进入讯飞智作页面（见图6-13），在页面顶部选择"讯飞配音"。在讯飞配音页面（见图6-14）输入要配音的文本内容，比如输入"人工智能是新一轮科技革命和产业变革的重要驱动力量，是研究、开发用于模拟、延伸和扩展人的智能的理论、方法、技术及应用系统的一门新的技术科学"。可以设置配音的品质，单击页面左上角的"叙述（品质）"按钮，可以在出现的对话框（见图6-15）中选择自己喜欢的主播类型，并且可以对主播的语速和语调进行设置，然后单击页面右上角的"使用"按钮。接着，单击页面右上角的"生成音频"按钮，在出现的对话框（见图6-16）中设置作品名称、文件格式和字幕，再点击"确认"按钮。这时，会出现订单支付对话框（见图6-17），可以选择"会员及语音包购买"或"单次付费"。完成费用支付以后，就会出现下载提示对话框（见图6-18），单击"去下载"按钮，然后在出现的下载页面（见图6-19）中单击下载按钮（图中箭头指向的位置）就可以把配音文件下载到本地计算机中。在本地计算机播放下载后的配音文件可以发现，现在的AI配音技术已经比较成熟，生成的配音质量已经可以达到专业配音员的水平。

图 6-13　讯飞智作页面

图 6-14　讯飞配音页面

图 6-15　选择主播

图 6-16　"作品命名"对话框

图 6-17　"订单支付"对话框

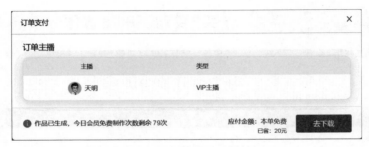

图6-18　下载提示对话框

图6-19　单击下载按钮

6.5　视频类AIGC应用实践

视频类AIGC是指利用人工智能技术，特别是深度学习、机器学习等算法，自动创建或处理视频内容的技术。它能够根据给定的文本、图像或其他数据自动生成符合描述的视频内容，涵盖文生视频、图生视频、视频风格化、人物动态化等多个方向。这一技术在创意设计、影视制作等领域展现出巨大潜力，极大地提升了视频内容的生产效率和质量。

6.5.1　视频类AIGC应用场景

视频类AIGC在多个领域都有广泛的应用场景，以下是一些主要的应用方向。

（1）影视制作与后期制作。AIGC可以生成影片、动画、短视频等，具备专业级的画面效果和剧情呈现，为影视行业提供多样化的创意内容。在影视作品的后期制作中，AIGC可以协助进行视频剪辑、特效合成等工作，提升制作效率和质量。

（2）短视频与直播。基于用户输入的文本或图像，AIGC可以快速生成符合需求的短视频内容，满足短视频平台的多样化需求。在直播领域，AIGC可以用于生成虚拟主播、背景、道具等，为直播增添趣味性和互动性。

（3）广告与营销。AIGC可以根据广告需求生成创意视频，帮助广告主快速制作高质量的广告内容。在电商领域，AIGC可以生成产品展示视频，以直观的方式向消费者展示产品特点和使用效果。

（4）教育与培训。AIGC可以生成教学视频，帮助教育机构和个人教师快速制作在线课程内容。在理工科教育中，AIGC可以生成虚拟实验视频，让学生在虚拟环境中进行实验操作，提高教学效果。

（5）虚拟现实与增强现实。AIGC可以生成虚拟现实和增强现实内容，为用户提供沉浸式的视觉体验。在游戏开发中，AIGC可以生成游戏关卡、角色、道具、故事情节等，为游戏行业带来创新和多样性。

（6）新闻传播与媒体融合。AIGC可以根据新闻事件自动生成新闻稿件，提高新闻信息的时效性和传播效率。在新闻传播领域，AIGC可以生成AI合成主播进行新闻播报，为观众提供生动、形象的新闻信息。

（7）其他领域。AIGC可以用于智能导游、虚拟现实体验等场景，提升旅游体验和游客满意度。在工业领域，AIGC可以生成产品演示视频、操作指南等内容，帮助企业员工更好地理解和掌握产品知识。

6.5.2　视频类AIGC大模型代表产品

视频类AIGC大模型发端于Sora。2024年2月，美国的OpenAI公司发布了全球第一款文生视频大模型Sora（这里的"文生视频"是指大模型根据输入的文本内容生成相应的视频），迅速引起了业界的广泛关注和讨论，它能够快速生成高质量的广告宣传视频及商品演示视频，从而大幅降低广告相关内容的制作成本及时间。

我国的视频类AIGC大模型主要如下。

（1）可灵：由快手公司推出，被誉为中国版Sora，生成的视频时长可达120s，具备文生视频、图生视频、视频续写、镜头控制等功能，表现出色。

（2）Vidu：生数科技公司联合清华大学发布，是我国首个大时长、高一致性、高动态性视频大模型，支持一键生成16s高清视频，性能对标国际顶尖水平。

（3）书生·筑梦：由上海人工智能实验室研发，可生成分钟级视频，已用于央视AI动画片《千秋诗颂》的制作，具备中国元素和高清画质。

由于视频类AIGC大模型在使用时会消耗大量的算力资源，使用成本很高，因此目前国内的视频类AIGC大模型都没有免费开放给大众使用，即使是申请付费使用，通常也需要排队等待很长时间才能审核通过，所以，这里不做案例实践介绍。感兴趣的读者可以自行调研相关视频类AIGC大模型的具体用法。

6.6　AIGC技术在辅助编程中的应用

AIGC技术在辅助编程中的应用日益广泛，它能够自动生成高质量的代码，从而显著提高开发效率。主要应用场景如下。

（1）代码自动生成。AIGC技术可以根据给定的语义描述或功能需求自动生成相应的代码骨架和细节。例如，在开发过程中，开发人员可以输入函数的描述或需求，AIGC系统能自动生成实现这些函数的代码片段。这一过程包括两个阶段：首先，通过给定的语义描述生成初始代码骨架；然后，通过填充代码骨架中的空白部分生成完整的代码。

（2）代码优化与重构。AIGC技术还能对现有代码进行优化和重构。通过分析代码的结构和性能瓶颈，AIGC系统可以提出改进建议，甚至自动修改代码，以提高代码的执行效率和可读性。例如，在CPU源码优化方面，AIGC技术可以有效提高人工智能模型的训练速度和效率，从而加快软件开发进程。

（3）代码补全与提示。在编程过程中，AIGC技术可以提供实时的代码补全和提示功能。当开发人员输入部分代码时，AIGC系统能够预测并推荐可能的代码片段，从而提高编程速度和准确性。这种功能类似于现代集成开发环境（IDE）中的智能提示功能，但AIGC技术基于更复杂的机器学习模型，能够提供更准确、更智能的提示。

（4）代码风格统一。AIGC技术可以帮助开发人员保持代码风格的统一。通过学习和模仿特定项目或团队的代码风格，AIGC系统可以生成符合该风格的代码，从而减少代码风格不一致导致的混乱和错误。

能够提供辅助编程服务的AIGC大模型包括Codex、GitHub Copilot、CodeGeeX、aiXcoder、豆包大模型、通义灵码等。这里以我国字节跳动公司研发的豆包大模型为例进行介绍。

编程工作一般是在计算机上进行的，所以，这里使用计算机端的豆包大模型（当然，手机端的豆包App也提供了编程辅助功能）。访问豆包大模型官网，完成注册后，进入大模型操作首页（见图6-20），单击"我的智能体"，再单击"编程助理"，然后在页面中输入提示词，比如输入"请编写一段Python代码，使用turtle库，绘制一个五角星"，豆包大模型会自动生成一段Python代码（见图6-21）。在Python中运行这段代码，就可以成功绘制一个五角星。

图6-20　豆包大模型操作首页

图6-21　豆包大模型自动生成的Python代码

6.7　本章小结

AIGC技术正逐步渗透并深刻影响人类社会的未来。它不仅重塑了创意产业的边界，让艺术、设计、文学等领域的创作更加高效且充满无限可能，还极大地推动了科技、教育、医疗等行业的智能化转型。在 AIGC 的助力下，信息获取与处理的速度空前提升，个性化内容与服务成为常态，极大地丰富了人们的生活体验。未来，随着 AIGC 技术的不断成熟与应用深化，人类社会将迎来更加智能、高效、多彩的新时代。

6.8 习题

1. 什么是 AIGC？
2. AIGC 与大模型有怎样的关系？
3. AIGC 的发展历程有哪几个阶段？
4. 常见的 AIGC 应用场景有哪些？
5. AIGC 技术对行业发展的影响体现在哪几个方面？
6. AIGC 技术对职业发展的影响体现在哪几个方面？
7. 常见的 AIGC 大模型工具有哪些？
8. 什么是 AIGC 大模型的提示词？提示词的使用技巧是什么？
9. 文本类 AIGC 的应用场景及其代表产品有哪些？
10. 图片类 AIGC 的应用场景及其代表产品有哪些？
11. 语音类 AIGC 的应用场景及其代表产品有哪些？
12. 视频类 AIGC 的应用场景及其代表产品有哪些？
13. AIGC 在辅助编程方面有哪些具体应用场景？

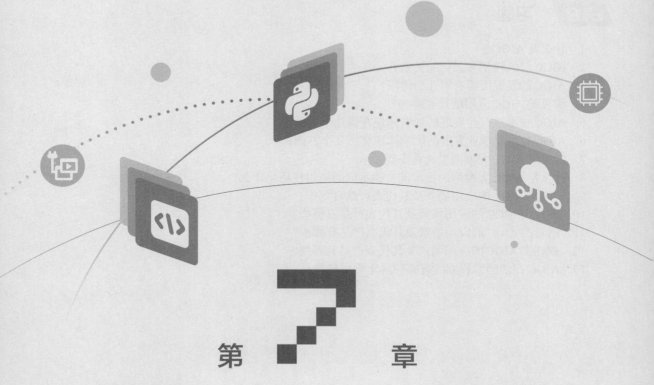

第 **7** 章

新兴数字技术的伦理问题

在西方文化中，"伦理"一词源于希腊文"ethos"，具有风俗、习性、品性等含义。在中国文化中，"伦理"一词最早出现于《礼记·乐记》："乐者，通伦理者也。"我国古代思想家对伦理学十分重视，"三纲五常"就是基于伦理学产生的。伦理学的应用最早体现在家庭长幼辈分的界定上，后又延伸至社会关系的界定。

"伦理"与"道德"的概念不同。哲学家认为"伦理"是规则和道理，即人作为总体，在社会中的一般行为规则和行事原则，强调人与人之间、人与社会之间的关系；而"道德"是指人格修养、个人道德和行为规范、社会道德，即人作为个体，在自身精神世界中心理活动的准绳，强调人与自然、人与自我、人与内心的关系。道德的内涵包含伦理的内涵，伦理是个人道德意识的外延和对外的行为表现。伦理是客观法，具有律他性，道德则是主观法，具有律己性；伦理要求人们的行为基本符合社会规范，道德则是表现人们行为境界的描述；伦理义务对社会成员的道德约束具有双向性、相互性特征。

这里所讨论的"伦理"是指一系列指导行为的观念，是从概念角度上对道德现象的哲学思考。它不仅包含处理人与人、人与社会和人与自然之间关系的行为规范，而且蕴含依照一定原则来规范行为的深刻道理。现代伦理已然不再是简单的对传统道德的法则的本质功能体现，它已经延伸至不同的领域，因而也越发具有针对性，引申出了环境伦理、科技伦理等不同层面的内容。

科技伦理是指科学技术创新与运用活动中的道德标准和行为准则，是一种观念与概念上的道德哲学思考。它规定了科学技术共同体应遵守的价值观、行为规范和社会责任范畴。人类科学技术的不断进步，也产生了一些新的科技伦理问题，因此，只有不断丰富科技伦理这一基本概念的内涵，才能有效应对和处理新的伦理问题，提高科学技术行为的合法性和正当性，确保科学技术能够真正做到为人类谋福利。

本章所讨论的新兴数字技术伦理就属于科技伦理的范畴。本章将重点介绍大数据伦理和人工智能伦理，简要介绍区块链和元宇宙的伦理问题。

7.1　大数据伦理

大数据伦理问题指的是大数据技术的产生和使用引发的社会问题，是集体和人以及人与人之间关系的行为准则问题。作为一种新的技术，大数据技术和其他所有技术一样，其本身是无所谓好坏的，而它的"善"与"恶"完全取决于使用者想要通过大数据技术达到怎样的目的。一般而言，使用大数据技术的个人、公司都有不同的目的和动机，因此，大数据技术的应用会产生积极影响和消极影响。

本节首先介绍大数据伦理典型案例，然后介绍大数据的伦理问题及其产生的原因，最后介绍大数据伦理问题的治理。

7.1.1　大数据伦理典型案例

本小节介绍大数据伦理问题的典型案例，包括某网"撞库"事件、大数据"杀熟"、隐性偏差问题、"信息茧房"问题、人脸数据滥用、大数据算法歧视问题等。

1. 某网"撞库"事件

"撞库"是指黑客通过收集互联网中已泄露的用户账号和密码信息生成对应的字典表，尝试批量登录其他网站后，得到一系列可以登录的用户。很多用户在不同网站使用的是相同的账号和密码，因此黑客可以通过获取用户在 A 网站的账号尝试登录 B 网站，这就可以理解为撞库攻击。简单来说，撞库就是黑客"凑巧"获取到了一些用户的数据（用户名、密码），并将其应用到其他网站进行尝试登录。

2016 年，某票务网站因账号信息被窃取，间接导致全国多地用户受骗。不法分子冒充某网工作人员，以误操作、解绑为由，诱导某网用户进行银行卡操作，骗取用户资金。据报道，在这次事件中，遭受经济损失的用户数量为39人，总金额达147万余元。

2. 大数据"杀熟"

2018年2月28日，《科技日报》报道了一位网友自述被大数据"杀熟"的经历。据了解，他经常通过某旅行服务网站预订一个出差常住的酒店的房间，长年价格在380元到400元之间。偶然一次，他通过前台了解到，淡季的价格在300元上下。他用朋友的账号查询后发现，价格果然是300元上下；但用自己的账号去查，价格还是380元。

从此，"大数据杀熟"这个词正式进入社会公众的视野。所谓"大数据杀熟"是指，同样的商品或服务，老客户看到的价格比新客户要贵出许多。实际上，这一现象已经持续多年。有数据显示，国外一些网站早就存在该现象。在我国，对2008名受访者进行的一项调查显示，51.3%的受访者遇到过互联网企业利用大数据"杀熟"的情况。调查发现，在机票、酒店、电影、电商、出行等多个价格有波动的平台都存在类似情况，且这类情况在在线旅游平台中较为普遍。

大数据"杀熟"通常较隐蔽，多数消费者是在不知情的情况下"被溢价"的。大数据"杀熟"实际上是对特定消费者的"价格歧视"，与其称这种现象为"杀熟"，不如说是"杀对价格不敏感的人"。是谁帮企业找到那些"对价格不敏感"的人群呢？答案是大数据。

3. 隐性偏差问题

大数据时代，隐性偏差问题几乎不可避免。美国波士顿市政府曾推出一款手机App，鼓励市民通过App向政府报告路面坑洼情况，借此加快路面维修进展。然而，老人使用智能手机的比例偏低，该款App的使用者主要是年轻人，这使美国波士顿市政府收集到的数据多为年轻人反馈的数据，从而导致老人步行受阻的一些小型坑洼长期得不到及时处理。

很显然，在这个例子中，具备智能手机使用能力的群体与不会使用智能手机的群体相比，前者具有明显的比较优势，可以及时把自己的诉求表达出来，获得关注和解决，而后者的诉求往往无法及时得到响应。

4. "信息茧房"问题

我们在日常生活中做决策时通常需要综合考虑多方面的信息。如果对世界的认识存在偏差，做出的决策肯定会有错误。也就是说，如果我们只是看某一方面的信息，对另一方面的信息视而不见，或者永远用怀疑、批判的眼光去看与自己观点不同的信息，那么，我们就有可能做出错误的决策。

在现在的互联网中，基于大数据和人工智能的推荐应用越来越多、越来越深入。每一个应用的背后都有一个庞大的团队，他们每时每刻都在研究我们的兴趣爱好，然后为我们推荐我们喜欢的信息来迎合我们的需求，久而久之，我们一直被"喂食着"经过智能化筛选的信息，这会导致我们被封闭在一个"信息茧房"里面，看不见外面丰富多彩的世界。

我们日常生活中使用的手机新闻推送App就是典型的代表。新闻推送App是基于数据挖掘的推荐引擎产品，它为用户推荐有价值、个性化的信息，提供连接人与信息的新型服务。新闻推送App的本质是人与信息的连接服务，依靠的是数据挖掘，提供的是个性化、有价值的信息。用户在新闻推送App产生阅读记录以后，该App就会根据用户的喜好不断推荐用户喜欢的内容供用户观看，同时把用户不喜欢的内容非常高效地屏蔽了，用户永远看不到他不感兴趣的内容。于是，在这个App中，我们的视野就永远被局限在一个非常狭小的范围内，我们关注的那一方面内容就成了一个"信息茧房"，把我们严严实实地包裹在里面，对于外面的一切，我们一无所知。时间一长，这个App不仅在"取悦"用户，同时也在"驯化"用户。在2019年的全国两会上，全国政协委员、知名电视主持人白岩松就提出，要警惕沉迷于"投你所好式"网络，并把它上升到"民族危险"的高度。

实际上，在2016年的美国总统大选中，很多美国人就尝到了"信息茧房"的苦果。当时，在选举结果揭晓之前，美国东部的教授、学生、金融界人士和西部的演艺界、互联网界、科技界人士基本上都认为希拉里稳赢，在他们看来，特朗普没有任何胜算。希拉里的拥趸们早早就准备好了庆祝希拉里获胜的宴会和物品，就等着投票结果出来。教授和学生们在教室里集体观看电视直播，等着最后的狂欢。但是，选举结果完全出乎这些东西部精英们的意料，因为，特朗普最终胜出当选总统。他们无论如何也无法搞懂，根据他们平时所接触到的信息来判断，几乎身边的所有人都喜欢希拉里，为什么赢的却是特朗普呢？这个问题的答案就在于，这些精英们被关在了一个"信息茧房"里，因为他们喜欢希拉里，所以，各种网络应用都会为他们推荐各种各样支持希拉里的文章，自动屏蔽那些支持特朗普的文章，于是他们全都坚定地认为，大部分人都支持希拉里，只有极少数人支持特朗普。可是，事实的真相完全不是这样。根据美国总统大选期间的统计数字，特朗普的支持者数量远远超过这些东西部精英们的想象，只不过这些精英们生活在一个"信息茧房"中，看不见特朗普支持者的存在。例如，有一篇名为《我为什么要投票给特朗普》的文章在网络上被分享超过150万次，可是很多东西部精英居然没有听说过这篇文章。所以，生活在大数据时代，我们一定要高度警惕自己落入"信息茧房"之中，不要让自己成为"井底之蛙"，永远只看到自己头顶的一片天空。

5．人脸数据滥用

当前，我国的人脸识别技术正在迅猛发展。据测算，这几年我国人脸识别市场规模以年均50%的速度增长。然而，人脸具有独特性、直接识别性、方便性、不可更改性、变化性、易采集性、不可匿名性、多维性等特征，这些特征决定了人脸识别技术具有特殊性和复杂性。人脸信息一旦被非法窃用，无法更改或替换，极可能引发科技伦理、公共安全和法律等众多方面的风险，危及公众人身与财产安全。2021年，央视"3·15"晚会的第一弹就剑指人脸识别被商家滥用。央视调查发现，滥用人脸识别标注线下门店客户、帮助零售企业进行客户管理已经成为庞大的生态，有诸多这类服务提供商，很多全球品牌也在采用，一家服务提供商就宣称自己已经搜集了上亿人脸，每个人生物隐私信息被滥用的情况堪比10年前手机号被贩卖的乱象。"3·15"晚会暴露出触目惊心的隐私失序，有些大品牌在零售店中安装连接人脸识别与客户关系管理软件的客户管理系统，能够对进店客户打上标签并进行精准识别，而在这一过程中，根本没有征得客户的同意。为了应对日益突出的人脸数据被滥用的问题，国家相关部门出台了配套的法律。2021年7月28日，最高人民法院举办新闻发布会，发布《最高人民法院关于审理使用人脸识别技术处理个人信息相关民事案件适用法律若干问题的规定》，对人脸数据提供司法保护，其中明确规定，人脸信息属于个人信息中的生物识别信息，对人脸信息的采集、使用必须依法征得个人同意。2021年11月1日起施行的《中华人民共和国个人信息保护法》也针对滥用人脸识别技术作出明确规定，在公共场所安装图像采集、个人身份识别设备，应设置显著的提示标识，所收集的个人图像、身份识别信息只能用于维护公共安全的目的。

6．大数据算法歧视问题

随着数据挖掘算法的广泛应用，还出现了另一个突出的问题，即算法输出结果可能具有不公正性，甚至歧视性。2018年，某队夺冠的喜讯让互联网沸腾。该队老板随即在社交平台抽奖，随机抽取113位用户，给每人发放1万元现金作为奖励。可是抽奖结果令人惊奇，获奖名单包含112位女性获奖者和1名男性获奖者，女性获奖者数量是男性的112倍。然而，官方数据显示，在本次抽奖中，所有参与用户的男女比例是1∶1.2，性别比并不存在悬殊差异。于是，不少人开始质疑该平台的抽奖算法，甚至有用户主动测试抽奖算法，设置获奖人数大于参与人数，发现依然有大量用户无法获奖。这些无法获奖的用户很有可能已经被抽奖算法判定为"机器人"，在未来的任何抽奖活动中可能都不会中奖，这引起许多人纷纷测算自己是否为"机器人"。这个事件一时间闹得满城风雨。其实，这并非人们第一次质疑算法背后的公正性。近几年，众多科技公司的算法都被检测出带有歧视性。例如，在某国外搜索引擎中，男性会比女性有更多的机会看到高薪招聘信息；某公司的人工智能聊天机器人出乎意料地被"教"成了一个集性别歧视、种族歧视等于一身的"不良少女"……这些事件都曾引发人们广泛关注。

7.1.2　大数据的伦理问题

大数据的伦理问题主要包括隐私泄露问题、数据安全问题、数字鸿沟问题、数据独裁问题、数据垄断问题、数据的真实可靠问题、人的主体地位问题等。

1．隐私泄露问题

隐私伦理是指人们在社会环境中处理各种隐私问题的原则及规范。在对隐私的伦理辩护上，中西方是有所差异的。西方学者从功利论、义务论和德性论3种不同的伦理学说中寻求理论支撑。中国学者则强调，"隐私问题实质上是个人权利问题"，而由于中国历史上偏重整体利益的文化传统的深远影响，个人权利往往在某种程度上被边缘化甚至被忽视。

大数据时代是一个技术、信息、网络交互运作发展的时代，在现实与虚拟世界的二元转换过程中，不同的伦理感知使隐私伦理的维护处于尴尬的境地。大数据时代下的隐私与传统隐私的最大区别在于隐私的数据化，即隐私主要以"个人数据"的形式出现。而在大数据时代，个人数据随时随地可被收集，它的有效保护面临巨大的挑战。

进入大数据时代，就进入了一张巨大且隐形的监控网中，我们时刻处于"第三只眼"的监视之下，并且会留下一条永远存在的"数据足迹"。利用现代智能技术，可以实现在无人的状态下每天24h全自动、全覆盖地全程监控，监视所有人的一举一动。在大数据时代，我们的一切都被智能设备时时刻刻盯梢着、跟踪着。我们出行、上网、走过的每一寸土地、打开的每一个网页都留下了痕迹，让人真正感受到被天罗地网所包围，一切思想和行为都暴露在"第三只眼"的眼皮底下。令人震惊的美国"棱镜门"事件是"第三只眼"的典型事件。美国政府利用其先进的信息技术对诸多国家的首脑、政府、官员和个人都进行了监控，收集了包罗万象的海量数据，并从这海量数据中挖掘出其所需要的各种信息。

大数据监控具有两大特点。一是具有隐蔽性。部署在各个角落的摄像头、传感器以及其他智能设备时时刻刻都在自动跟踪采集人类的活动数据，完全实现了"没有监控者"在场即可完成监控行为，所有的数据都被自动记录，然后自动传输给数据使用者。这种监控的隐蔽性使被监控人毫无察觉，这样就使公众降低了对监控的一般防备心理及抵触心理。二是具有全局性。各种智能设备不间断地采集人们的活动数据，这与以往的人为监视有本质区别。

除了被这些设计好的智能设备采集数据，人们在日常生活中也会无意中留下很多不同的数据。我们每天使用网络搜索引擎（如百度和谷歌等）查找信息，只要我们输入了搜索关键词，搜索引擎就会记录我们的搜索痕迹，并永久保存，一旦搜索引擎收集了某个用户输入的足够数量的搜索关键词，就可以精确地刻画出该用户的"数字肖像"，进而了解该用户的个人真实情况、政治面貌、健康状况、工作性质、业余爱好等，而且完全可以通过大量的搜索关键词来识别出用户的真实身份，或者分析判定用户到底是一个什么样的人。在天猫、京东等网站购物时，我们做出的每一个鼠标单击动作都会被网站记录，用来评测个人喜好，从而为我们推荐可能感兴趣的其他商品。我们在QQ、微信、微博等发布的每条信息和聊天记录都会被永久保存下来。这些数据有些是被系统强行记录的，有些是我们自己主动留下的。

在大数据时代，社会中的每一位公民都处在这样一种大数据的全景监控之下，无论是否有所察觉，个体的隐私都无所遁形。上述这些被记录的人类行为的数据，可以被视为个人的"数据痕迹"。大数据时代的"数据痕迹"和传统的"物理痕迹"有很大的区别。传统的"物理痕迹"（如雕像、石刻、录音带、绘画等）都可以被物理消除，彻底从这个世界上消失。但是，"数据痕迹"往往无法彻底消除，会被永久保留。而这些关于个人的"数据痕迹"很容易被滥用，导致个人隐私泄露，给个人带来无法挽回的影响甚至伤害。

这些直接被采集的数据已经涉及个人的很多隐私，此外，针对这些数据的二次使用还会进一步加剧对个体隐私权的侵犯。首先，通过数据挖掘技术，可以从数据中发现更多隐含价值的信息。这种对大数据的二次利用消减了个体对个人信息数据的控制能力，从而产生了新的隐私问题。其次，通过数据预测，可以预测个体"未来的隐私"。马克尔·杜甘（Marc Dugain）在《赤裸裸的人——大数据，隐私和窥视》一书中提到，未来利用大数据分析技术能够预测个体未来的健康状况、信用偿还能力等个体隐私数据。这些个体隐私数据对于一些商业机构制订差异化销售策略很有帮助。例如，保险机构可以根据个体的身体情况及其未来患重大疾病的概率信息来调整保险方案，甚至决定是否为个体提供保险服务；金融机构则能通过分析个体偿还能力来决定为其提供贷款的额度；国家安全部门甚至能够利用大数据预测出个体潜在的犯罪概率，从而对该类人群进行管控。可以说，我们在欢呼大数据带来各种便利的同时，也深刻体会到了各种危机的存在，让我们感受最为直接而深刻的就是隐私受到了难以想象的威胁。大数据时代的到来为隐私的泄露打开方便之门，美国迈阿密大学法学院教授迈克尔·弗鲁姆金（Michael Froomkin）在《隐私的消逝》一文中这样写道："你根本没隐私，隐私已经死亡。"

康德哲学认为，当个体隐私得不到尊重的时候，个体的自由就会受到迫害。而人类的自由意志与尊严正是作为人类个体的基本道德权利，因此，大数据时代对隐私的侵犯也是对基本人权的侵犯。

2．数据安全问题

个人所产生的数据包括主动产生的数据和被动留下的数据，其删除权、存储权、使用权、知情权等本属于个人可以自主的权利，但在很多情况下难以保障安全。一些信息技术本身就存在安全漏洞，可能导致数据泄露、伪造、失真等问题，影响数据安全。

在数据安全上，不论是互联网巨头社交平台，还是打车应用软件、信用服务软件，都曾出现过用户数据被窃取的事件，给不少用户造成了难以挽回的损失。此外，智能手机是当今用户数据泄露的主要途径。现在很多的 App 都在暗地里收集用户信息。不管是用户存储在手机中的文字信息和图片，还是短信记录（内容）、通话记录（内容），都可以被监控和监听！手机里装的 App 越多，数据安全风险就越高。

伴随着物联网的发展，各种各样的智能家电和高科技电子产品逐渐走进人们的家庭生活，并且通过物联网实现了互联互通。例如，我们在办公室就可以远程操控家里的摄像头、空调、门锁、电饭煲等。这些物联网化的智能家居产品为我们的生活增添了很多乐趣，提供了各种便利，营造出更加舒适温馨的生活氛围。但是，部分智能家居产品存在安全问题也是不争的事实，给用户的数据安全带来了极大的风险。例如，部分网络摄像头产品被黑客攻破，黑客可以远程随意查看相关用户的网络摄像头拍摄的视频。

3．数字鸿沟问题

"数字鸿沟"（Digital Divide）一词最早由美国国家远程通信和信息管理局在其发布的《被互联网遗忘的角落——一项关于美国城乡信息穷人的调查报告》中提出。数字鸿沟总是指向信息时代的不公平，尤其在信息基础设施、信息工具以及信息的获取与使用等领域，或者可以认为它是信息时代的"马太效应"，即先进技术的成果不能被人公正分享，于是造成"富者越富、穷者越穷"的情况。

虽然大数据时代的到来给我们的生产、生活、学习与工作带来了颠覆性的变革，但是数字鸿沟并没有因为大数据技术的诞生而趋向弥合。一方面，大数据技术的基础设施并没有在全国范围内全面普及，更没有在世界范围内全面普及，往往是城市优越于农村、经济发达地区优越于经济欠发达地区、富国优越于穷国。另一方面，即使在大数据技术设施比较完备的地方，也并不是所有的个体都能充分地掌握和运用大数据技术，个体之间也存在巨大差异。

数字鸿沟正在不断地扩大，大数据技术让不同国家、不同地区、不同阶层的人们深深地感受到了不平等。2017年的互联网普及率调查报告显示，加拿大的互联网普及率为94.70%，而全球平均水平仅为47%，印度为28.30%，埃塞俄比亚为4.40%，尼日尔为2.40%。大数据技术深刻依赖底层的互联网技术，因此，互联网普及率的不均衡所带来的直接结果就是数据资源利用的不均衡，互联网普及率高的地方，人们能够充分利用大数据资源来改善自己的生产和生活，普及率低的地方则无法做到这一点。在某种程度上，互联网普及也是一个国家之所以能够富强的关键，特别是在大数据时代的今天。在我国，东部地区和中西部地区之间、城乡之间等都有明显的数字鸿沟。

数字鸿沟是一个涉及公平公正的问题。在大数据时代里，每一个人原则上都可以由一连串的数字符号来表示，从某种程度上来说，数字化的存在就是人的存在。因此，数字信息对人来说就是一个非常重要的存在。每一个人都希望能够享受大数据技术所带来的福利，而不是某些国家、公司或者个人垄断大数据技术的相关福利。如果只有少部分人能够较好地占有并较完整地利用大数据信息，而另外一部分人难以接受和利用大数据资源，则会造成数据占有的不公平。而数据占有的程度不同又会导致信息红利分配不公平等问题，加剧群体差异，导致社会矛盾加剧。因此，人类必须解决"数字鸿沟"这一伦理问题，实现均衡而又充分的发展。

4. 数据独裁问题

所谓的"数据独裁"是指在大数据时代，由于数据的爆炸式增长，做出判断和选择的难度陡增，迫使人们必须完全依赖数据的预测和结论才能做出最终的决策。从某个角度来讲，数据独裁就是让数据统治人类，使人类彻底走向唯数据主义。在大数据技术的助力之下，人工智能获得了长足的发展，机器学习和数据挖掘的分析能力越来越强大，预测越来越精准。例如，电子商务领域通过挖掘个人数据给个体提供精准推荐服务，政府通过个人数据分析制定切合社会形势的公共卫生政策，医院借助医学大数据提供个性化医疗。对功利的追求驱使人们愈来愈倾向于用数据来规范指导"理智行为"，此时不再是主体想把自身塑造成什么样的人，而是客观的数据显示主体是什么样的人，并在此基础上进行规范和设计，数据不仅成为衡量一切价值的标准，而且从根本上决定了人的认知和选择的范围，于是人的自主性开始丧失。更重要的是，这种预测是把数学算法运用到海量的数据上来预测事情发生的可能性，是用计算机系统取代人类的判断决策，导致人被数据分析和算法完全量化，变成了数据人。但是，并不是任何领域都适用于通过数据来判断和得出结论。过度依赖相关性、盲目崇拜数据信息、缺乏科学的理性思考也会带来巨大的损失。因此，唯数据主义的绝对化必然导致数据独裁。在这种数据主导人们思维的情况下，人类思维会"空心化"，进而丧失创新意识，甚至丧失作为人的自主意识、反思和批判的能力，最终沦为数据的奴隶。

5. 数据垄断问题

在进入21世纪以后，我国的信息技术水平得到了快速提升，因此在市场经济的发展过程中，数据也成为可在市场中交易的资源。数据这一生产要素与其他生产要素有很大的区别，这使因数据而产生的市场力量与传统市场力量也有很大区别。例如，数据要发挥最大作用，必须确保数量充足。因此，企业掌握的数据量越多，越有利于发挥数据的作用，也越有利于最大化消费者福利和社会福利。同样，企业如果横跨多个领域，并将这些领域的数据打通，使数据在多个领域共享，那么数据的效用也将得到更大程度的发挥。这也是大型互联网公司能够不断进行生态化扩张的原因。从这个角度来说，企业掌握更多的数据对消费者和社会来说，在效率上是有利的。但是有些企业为了获取更高的经济利益故意不进行数据信息的共享，将所有的数据信息掌握在自己的手中，进行了大数据的垄断。随着当前大数据信息资源利用率的不断提升，当前市场运行过程中开始出现越来越多的大数据垄断情形。这不仅会对市场的正常运行造成影响，还会导致信息资源的浪费。

因数据而产生的垄断问题至少包括5类：一是数据可能造成进入壁垒或扩张壁垒；二是拥有大数据形成市场支配地位并滥用；三是因数据产品而形成市场支配地位并滥用；四是涉及数据方面的垄断协议；五是数据资产的并购。

一旦大数据企业形成数据垄断，就会出现消费者在日常生活中被迫地接受服务及提供个人信息的情况。例如，很多时候我们在使用一些软件之前，都会看见一个同意提供个人信息的选项，如果不进行选择，就无法使用。这样的数据垄断行为也对用户的个人利益造成了损害。其实这也间接地表明，当前我国社会没有十分良好的反垄断法治环境。

6. 数据的真实可靠问题

防范数据失信或失真是大数据时代面临的基准层面的伦理挑战。例如，在基于大数据的精准医疗领域，建立在数字化人体基础上的医疗技术实践，其本身就预设了一条不可突破的道德底线——数据是真实可靠的。由于人体及其健康状态以数字化的形式被记录、存储和传播，因此形成了与实体人相对应的镜像人或数字人。失信或失真的数据会导致被预设为可信的精准医疗变得不可信。例如，如果有人担心个人健康数据或基因数据对个人职业生涯和未来生活造成不利影响，当有条件采取隐瞒、不提供或提供虚假数据时，这种情况就可能出现，进而导致电子病历、医疗信息系统以及个人健康档案不准确。

7. 人的主体地位问题

当前，数据的采集、传输、存储、处理和保存方式不断推陈出新。传感器、无线射频识别标签、摄像头等物联网设备，以及智能可穿戴设备等，可以采集所有人或物关于运动、温度、声音等方面的数据，将人与物都数据化；智能芯片实现了数据采集与管理的智能化，一切事物都可映射为数据；网络自动记录和保存个人上网浏览、交流讨论、网上购物、视频点播等一切网上行为，形成个人活动的数据轨迹。在万物皆数据的环境下，人的主体地位受到了前所未有的冲击，因为人本身也可数据化。数据是实现资源高效配置的有效手段，人们根据数据运营一切，因此我们需要把一切事物都转化为可以被描述、注释、区别并量化的数据，正如维克托·迈尔-舍恩伯格所说："只要一点想象，万千事物就能转化为数据形式，并一直带给我们惊喜。"整个世界，包括人在内，正成为一大堆数据的集合，可以被测量和优化。于是在一切皆数据的条件下，人的主体地位逐渐消失。

实际上，每个人都是独立且独一无二的个体，都有仅属于自己的外在特征和内在精神世界，在不同的场合有不同的身份，扮演不同的角色。我们从事的职业、生活习惯只是我们生活的一部分，我们也许是变化莫测的，我们也有真正属于自己的多样的生活方式。而在大数据环境中，个体被数字化，当我们想快速去了解一个人时，不是和他交流相处，而是直接通过数据信息直观了解他的个人信息，从而对他的身份情况、相貌特征单方面下了简单的字面定义，如通过主体的网上购物爱好、交通信息、消费水平等来定义主体的基本信息。这就导致这个人真实的内心世界的想法无法被洞察，人格魅力被埋没。简而言之，在这种情形下，主体身份是大数据塑造的，是异化的，主体远离了自己本真的存在，被遮蔽而失去了自己的个性。此外，通过大数据搜集到主体的基本信息以后，还可以有针对性地向主体推送广告。当主体时常收到类似有针对性的广告时，并不是巧合，长此以往，主体的生活选择被固化，对自己生活圈以外的事物一无所知，大数据把主体塑造成一个固化的对象，缩小了主体的表征。这是一种对主体不尊重、不公正的现象，大大限制了主体在他人心中的具体形象，且影响到主体的认知。总体而言，互联网的使用在悄悄地对人们的生活习惯和行为活动进行塑造，而人们对这种塑造所带来的伦理问题还没有充分的自觉。

7.1.3　大数据伦理问题产生的原因

大数据伦理问题产生的原因是多方面的，主要包括人类社会价值观的转变、数据伦理责任主体不明确、相关主体的利益牵涉、道德规范的缺失、法律体系不健全、管理机制不完善、技术乌托邦的消极影响和大数据技术本身的缺陷等。

1. 人类社会价值观的转变

从总体的发展趋势而言，人类社会的价值观一直朝更加个性、自由、开放的方向发展。在个人追求自由和社会更加开放的大环境下，人们更加愿意在社会公众层面展示自己个性化的一面。QQ、微博、微信、抖音等新型社交网络媒体的出现给人们进行自我展示提供了极大的便利，人们开始热衷于通过智能手机等终端设备向外界展示自己的生产、生活、学习、娱乐等信息。由此，各种社会组织（企业、政府等）能够很容易地全方位收集人们生产的海量数据。但是，人们在大量分享个性化信息的同时，隐私也会随之暴露给社会，可能使自己的身份权、名誉权、自由意志等受到侵害。

2. 数据伦理责任主体不明确

数据在产生、存储、传播和使用过程中都可能出现伦理失范问题。同时，数据权属的不确定性和伦理责任主体的模糊性给解决大数据相关的伦理问题增添了难度。在数据生成时，数据资产的所有权无法明晰，零散数据经过再加工和深加工后的大数据资产所有权归属、政府对用户信息的所有权以及互联网公司再加工后的信息产权等都未明确规定。此外，数据非法使用引发的后果应该由哪些伦理责任主体来承担，目前尚未有相关的法律法规以及行业规范来界定。没有明确数据伦理责任主体也就意味着数据采集、存储和使用过程中，相关参与方不用对自己的行为负责，也不必遵守相关的伦理规范。

3．相关主体的利益牵涉

虽然技术本身是中性的，但是相关主体的利益牵涉其中，大数据能够给不同的主体带来巨大的价值，这是大数据技术伦理问题形成的重要原因。在大数据的采集、存储和使用过程中，不同层次的组织与用户往往从自身的利益出发，以利益最大化为目标实施行动，这可能侵害到其他利益相关者的利益。企业具有"逐利"的天然本性，大数据恰恰可以给企业带来巨大的商业价值。借助大数据技术，企业可以精准分析不同用户群体的个性化需求，并开展有针对性的营销，这样既可以为企业节省大量的成本，又可以精准地针对不同的群体研发新产品。因此，在利益的驱动下，企业可能有意无意地将法律抛诸脑后，或者巧妙利用法律漏洞，通过各种手段私自收集公民的个人信息，并向第三方开放共享，甚至肆意买卖公民的个人隐私信息，导致公民的隐私权、知情权受到严重侵害。此外，还有一些不法分子通过非法手段肆意窃取公民的个人信息并进行交易，使网络诈骗等不法行为屡屡得逞。究其原因，都是利益驱动。

4．道德规范的缺失

大数据时代的开启引发了一系列新的道德问题，原有的关于"数据观""隐私权""网络行为规范"等社会道德规范无法很好地适应大数据时代的新要求，已经不能有效地引导与制约大数据时代人们的社会价值观与社会行为，而符合大数据时代新要求的社会规范尚未建立，无法形成相应的约束力。

由于缺少大数据伦理行为规范，各种组织在数据处理与利用方面拥有很大的自由空间。在大数据的采集、存储和使用环节，各种组织会更加倾向于采用符合自身利益的组织内部的标准，对用户的数据隐私权、信息安全和用户权利进行认定、监督和控制，而这种多重标准的情况往往容易引发伦理问题。此外，由于整个社会没有统一的大数据伦理行为规范，数据拥有者"无章可循、无法可依"，哪些数据可以发布、怎么发布、如何保护自己的隐私和数据权利等方面也处于"失范"状态，从而导致伦理问题的发生。

5．法律体系不健全

法律具有一定的特殊性，从提案起草、公示论证、收集意见完善草案再到颁布执行，需要较长的时间，因此，在某种程度上，法律制度的建设往往会滞后于技术社会的发展，尤其是大数据时代的到来，更使法律制度建设的滞后性显露无遗。原有的大多数法律大都是为原子的世界，而不是比特的世界制定的。大数据技术创新导致了与之前迥异的伦理问题，以至于原有的法律法规无法很好地解决大数据时代所产生的新伦理问题。此外，法律往往是反应式的，而非预见式的，法律与法规很少能预见大数据的伦理问题，而是对已经出现的大数据伦理问题做出反应。这就意味着，在制定一个法律解决一个大数据伦理问题时，又可能会出现另一个新问题，这样就会导致在处理一些大数据伦理问题时无法可依。

近几年我国颁布了《互联网文化管理暂行规定》《互联网出版管理暂行规定》《互联网信息服务管理办法》《互联网电子公告服务管理规定》等法律法规。但是这些行政管理条例约束力是有限的，难以对大数据行业伦理规范的形成起到关键性作用。随着大数据技术的快速发展，法律空白这一问题日益凸显。

6．管理机制不完善

大数据技术伦理问题的产生也与社会管理机制建设的缺位密切相关。大数据可以给企业带来巨大的商业价值，企业逐利的本性使某些企业在追逐商业利益的同时忘却了基本的技术伦理。如果我们的社会管理机制不能严厉处罚那些缺乏社会责任感、做出违反大数据技术伦理的企业，就会形成一种不良的社会导向，最终这种导向将被整合成一种群体行为，诱导更多的企业践踏技术伦理攫取大数据商业价值。因此，人们应该在大数据技术的研究、开发和应用阶段建立相应的评估、约束和奖惩机制，以有效减少大数据伦理问题的发生。

7．技术乌托邦的消极影响

"数据独裁"等伦理问题出现的一个重要原因是技术乌托邦的消极影响。技术乌托邦认为，人类决定技术的设计、发展与未来，因此，人类可以按照自身的需求来创新科技，实现科技完全为人类服务的目的。正是在技术乌托邦的影响之下，很多人认为大数据技术是完全正确的，不应加以任何的限制，它所涉及的伦理问题只是小问题，无关乎大数据技术发展。技术乌托邦所带来的消极影响是显而易见的，它过分地迷信技术，这是危险的，而它所造成的价值错位之一就是催发了技术中心主义，使人把所有的希望都寄托于技术之上，最终使人类的思维被大数据所主导，导致人类沦为数据的"奴隶"。

8．大数据技术本身的缺陷

技术自身也是造成大数据技术伦理问题的一个根源。以数据安全伦理问题为例，日益增长的网络威胁正以指数级速度持续增加，各种网络安全事件层出不穷。据巴黎商学院的统计，59%的企业成为持续恶意攻击的目标；许多大数据企业的IT计划是建立在不够成熟的技术基础上的，很容易出现安全漏洞；有25%的组织有明显的安全技能短缺。这些技术的不足很容易导致数据泄露。

7.1.4　大数据伦理问题的治理

考虑到大数据伦理问题的复杂性，学术界形成了一个基本的共识，要彻底解决大数据伦理问题，不能单靠政府决策者、科学家或伦理学家，在探讨大数据治理对策时，应该通过跨学科视角建构大数据治理的框架，进而提出全面性和整体性的治理策略。

就目前阶段而言，治理大数据伦理问题可以从以下8个方面着手。

1．提高保护个人隐私数据的意识

在大数据时代，公民作为产生数据的最初个体，拥有数据的所有权。大数据技术涉及的伦理问题中最深层次的问题就是个人隐私数据的问题，这一问题能否处理好关系到大数据技术能否有一个良好的发展环境。个人隐私数据与个人的利益是紧密相连的，因此，公民要努力提高保护个人隐私数据的意识，维护自己的合法权利。在"精准诈骗"中，受害者之所以放下戒备心理，让不法分子屡屡得逞，是因为其个人隐私数据泄露，被不法分子利用。因此，要加强培养个人的信息权利意识，调整自我的隐私观念，个人作为大数据技术的发展应用过程中的个体参与者，要承担一定的责任，个人要根据道德规则对自身行为可预见的结果负责。比如，在QQ、微信、微博、抖音等社交网络媒体谨慎发表信息，不要随意使用来路不明的Wi-Fi，涉及身份证、银行卡等信息的填写时，要格外小心，不要轻易泄露个人身份的关键信息等。

当遇到侵权行为时，要敢于维护自己的权益，与相关商家及时进行沟通，或者向消费者协会请求帮助，情节严重时上诉法院，以维护自身的合法权益。面对大数据行业如此错综复杂的环境，公民只有提高保护个人隐私数据的意识，才能与大数据技术的发展相适应，才能有力地维护自己的利益。

公民也应当积极履行监督的义务，若发现有企业等机构侵犯隐私时，及时向有关部门举报。只有社会各界积极行动起来，才能够更好地减少侵犯隐私行为的发生，促进大数据行业伦理规范的形成，从根本上解决大数据技术引发的伦理问题。

2．加强大数据伦理规约的构建

为了防止大数据伦理问题产生，需要在人的道德层面上制定大数据伦理规约，从全社会的层面来约束人们在大数据采集、存储和使用过程中的不当行为。

首先，大数据应用过程中的个体参与者需要承担一定的责任。公民自身要具备数据保护意识，要能提前预估到自己的不谨慎行为可能会造成隐私数据泄露的严重后果。

其次，企业作为大数据应用过程的重要参与者，有责任去保护用户的数据隐私。在网络个人数据拥有者、数据服务提供商和数据消费企业之间建立一个共同认可的自律公约是一个非常可行的方法。

最后，政府要履行行政责任。一是加强监管，坚决遏制大数据违法违规行为的发生。二是缩小数字鸿沟，促进社会公平正义。三是政府在使用大数据技术进行决策时，需要兼顾公民个人的意志。

3．努力实现以技术治理大数据

技术应用过程产生的问题可以借助技术手段加以解决。加快技术创新有助于规避大数据的各种风险，降低大数据治理成本，提高大数据治理的效率。例如，关于"禁止"的道德规范，在技术上可以通过"防火墙和过滤技术""网上监控""访问控制"来规避；关于"可控"的道德规范，可以采用"数据脱敏技术""数字水印技术""数据溯源技术"等技术解决。目前比较有社会责任感的互联网企业正在开发和利用"数据的确定性删除技术""数据发布匿名技术""大数据存储审计技术""密文搜索技术"来解决大数据的伦理问题。

4．完善大数据立法

法律用于规定公民在社会生活中可进行的事务和不可进行的事务，是维护社会安定有序发展的制度规范。在解决大数据伦理问题的过程中，一方面要借助伦理道德形成道德自律，另一方面要制定法律法规以形成强制约束力，通过二者的结合来起到规范、约束和引导大数据行为主体行为的作用。

首先，应进一步完善大数据立法。尽管我国先后出台了《全国人民代表大会常务委员会关于加强网络信息保护的决定》和《中华人民共和国网络安全法》等法规，但是它们都比较宏观，而且法律制度的建设往往会滞后于技术社会的发展，所以，在深入调研的基础之上，在法律层面及时补充细化相关条款是非常有必要的。

其次，在法律的基础上制定相关的规章制度，对相关主体的数据采集、存储和使用行为进行规范与约束。例如，明确大数据企业采集信息以及此类活动的法律法规，对于无必要提供个人信息的各种信息采集活动应当禁止。企业运用大数据技术对用户数据进行挖掘时，应限制某些敏感隐私信息的使用途径，对于违反相关规定的数据挖掘者或使用者实施更加严厉的处罚。

最后，应当通过立法明确公民对个人数据信息的权利。公民应当对个人数据信息享有决定权、更正权、删除权、查询权等基本权利。

5．完善大数据伦理管理机制

首先，加强对专业人士的监管力度和教育。由于大数据技术涉及面广、人员复杂，需要对专业人士的职业道德素养进行强化，从源头上把控好大数据技术的应用。其次，需要在大数据技术开发阶段建立伦理评估和约束机制。可以通过建立一种早期风险预警系统来及时察觉大数据技术的风险，并根据早期预警对风险进行控制和引导，从而使风险最小化。再次，在大数据技术应用阶段应该建立奖惩机制。仅靠大数据技术主体自觉的道德力量是无法有效阻止大数据技术伦理问题产生的，还必须建立有效的奖惩机制，对认真遵循大数据伦理规范的主体给予适当奖励，而对那些肆意破坏大数据伦理规范的主体给予严厉惩罚，积极引导大数据技术主体产生特定的道德习惯，进而最终形成一种集体的道德自觉。最后，在大数据技术的推广阶段推行安全港模式。安全港模式是指由政府执法机构对大数据行业内不同运营商的指引进行严格核查，每个大数据企业公布的指引可能不尽相同，但其指引只有符合政府关于大数据的立法标准时才能被允许通过。当指引核查符合标准后，就可被称为"安全港"，大数据运营商应自觉主动地按照该指引要求的行为方式规范自己对大数据信息的收集行为。

6．引导企业坚持责任与利益并重

毋庸置疑，在大数据时代，企业扮演数据技术掌控者的角色，肩负促进大数据技术健康稳妥发展的重任，企业接触用户信息并服务于用户。追求商业利益，是企业的天然本性，本身无可厚非。但是，当企业的利益和公民个人的利益冲突时，便要进行取舍。因此，大数据企业必须坚持责任与利益并重的原则，切实承担起属于自己的社会责任，不能唯利是图。企业的责任在于保护用户数据隐私，避免大数据技术被二次利用。掌握技术者有义务保护数据提供者的隐私信息，特别是掌握海量用户信息的大型企业，更应当具备保护数据安全、保护用户隐私的责任意识。掌握技术的企业应尽力保护用户的个人隐私，这样才会得到用户的信任，赢得更多的用户，打造互惠互利的社会关系，营造"共赢"局面。

此外，大数据行业伦理规范的形成也要求企业遵循责任与利益并重的原则。行业伦理规范是公平公正的，不会损害企业之间的利益，这就意味着它们在行业内部需要得到全体成员的一致认可并遵守，而且要给外界展示出良好的行业风貌，如此，大数据行业才能为更多的人所信任。只有得到了公众充分的信任，数据的收集、分析和挖掘等各个环节才能更有效地进行，大数据行业的伦理规范方能尽快地形成。

7. 努力弘扬共享精神，化解数字鸿沟

数字鸿沟是大数据技术面临的一个世界性的价值伦理学难题，为了让大数据顺利发展，有必要对数字鸿沟进行伦理治理。只有相关利益主体都公平地参与到数据应用过程，才有可能有效化解数字鸿沟。而实现大数据利益相关者都公平地参与和协作的关键在于共享。如果无法真正实现大数据的共享，那么必然会导致数据割据和"数据孤岛"现象，就无法从根本上解决数字鸿沟问题。因为数字鸿沟导致的消极后果，实际上就是大数据无法实现共享的结果。大数据时代的大数据不仅是信息，而且是宝贵的资源，掌握了大数据就意味着拥有了资源优势，在大数据时代占据绝对的主导地位。因此，要从根本上打破这种不公平的现象，就必须消除数据割据和"数据孤岛"，这就要求必须努力弘扬共享精神。

8. 倡导跨行业、跨部门合作

伦理学家、科学家、社会科学家和技术人员应跨界合作，实现跨行业、跨部门协同解决大数据伦理难题。在美国国家科学基金会的支持下，大数据应用及研究人员和学术界人士成立了"大数据、伦理和社会委员会"，该委员会的任务是通过促进宏观的对话来帮助更多的人了解大数据可能引起的风险，并促使执行官和工程师思考他们在改善产品与增加营业收入的同时如何避免涉及隐私以及其他棘手问题，从而最终促成从法律、伦理学和政治角度分析大数据技术以及由此引发的安保、平等、隐私等问题，以避免重复已知的错误。

我国也开始通过跨行业、跨部门合作来解决大数据的治理问题，标志性事件是2016年6月国家自然科学基金委员会、复旦大学和清华大学主办召开了"大数据治理与政策"研讨会，会议邀请学术界、政府官员、企业代表就大数据的治理问题进行了探讨。显然这种跨行业、跨部门解决大数据治理问题的做法符合目前学术界大部分学者的观点，即大数据伦理问题治理需要技术专家、数据分析专家、业务人员及管理人员协同合作来实现。

7.2　人工智能伦理

人工智能已经渗透到我们生活的各个方面。在社交媒体上，AI通过分析用户的喜好、历史数据和行为模式，精准推送他们可能感兴趣的内容。在医疗领域，AI能够帮助医生进行疾病诊断，解析医学图像和数据，提供更准确的诊断结果。自动驾驶车辆则利用AI技术感知周围环境、做出决策并控制车辆。此外，AI还在教育、金融、娱乐等领域发挥重要作用。然而，随着AI的普及，我们也看到了一些潜在的伦理问题。例如，AI可能会侵犯个人隐私、导致工作岗位流失、加剧社会不公，甚至带来安全风险。这些问题让我们对AI的未来产生了担忧。因此，我们需要思考如何确保AI的发展和应用符合人类的利益、尊重人权和道德规范，并规避其带来的负面影响和伦理风险。

本节首先介绍人工智能伦理的概念，然后介绍人工智能的伦理问题和典型案例，最后介绍人工智能伦理的基本原则和应对人工智能伦理问题的策略。

7.2.1　人工智能伦理的概念

人工智能伦理是指人们在研究、开发和应用人工智能技术时需要遵循的道德准则和社会价值观，其旨在确保人工智能的发展与应用不会对人类和社会造成负面影响。这涉及许多问题，如数据隐私、透明度和责任、权利和公平性、智能歧视和偏见等。人工智能伦理也涉及对机器智能的规范和监管，以确保其符合人类的价值观和社会利益。

在人工智能的发展过程中，人们越来越关注人工智能的伦理问题，因为人工智能的广泛应用

和强大能力对人类社会带来了深远的影响。人工智能伦理是一个多学科的研究领域，涉及哲学、计算机科学、法律、经济等多个学科。同时，人工智能伦理也是一个复杂的议题，涉及的许多问题和挑战尚未达成共识，需要全球各国共同探讨和解决。

7.2.2　人工智能的伦理问题

人工智能已经渗透到社会各个领域，造成的伦理影响是全方位的。人工智能的发展越来越迅速，其引发伦理风险的指数也越来越高。人工智能伦理问题主要涉及以下9个方面。

1．人的主体性异化

在辩证唯物主义实践观中，人类能够积极认识并改变自然环境，实现自然性与社会性的和谐统一。通过独特的智慧和辛勤的实践，人类创造了丰富多彩的文明。传统的伦理秩序中，机器是人类的附属品，由人类决定其运作方式。然而，随着高度智能化的人工智能的发展，人类和机器的关系正在发生转变。人类在智能机器面前显得笨拙和呆板，甚至被视为智能机器的"零部件"。这种转变导致人的主体性出现异化的趋势。

人工智能作为人类社会的基本技术支撑，对人类产生了公开或隐蔽的宰制，使人类逐渐沦为高速运转的智能"附庸"和"奴隶"。智能机器人的快速发展模糊了人机界限，对人的本质、人的主体地位等造成强烈的冲击，挑战了哲学常识中"人是什么"和"人机关系如何"的问题。在享受智能技术带来的便捷与自由的同时，人类深陷被智能造物支配与控制的危机之中，人的主体性逐渐被智能机器解构和占有，客体化危机严重，主体间的关系也日益疏离化、数字化和物化，人的尊严和自由面临被侵蚀的风险。

如果说康德的"人为自然界立法"论断让人类意识到自己的主体性地位并摆脱对自然界的依赖和控制，那么人工智能的快速发展正在对这个论断和现实带来冲击，对人类主体性地位带来挑战。人工智能正在依托拟人特质逐步增强替代人类体力劳动和脑力劳动的能力。如何在享受人工智能技术发展带来的收益的同时避免主体性异化的风险？有没有一种平衡之道能同时充分发挥人类智能和人工智能的功能？这些研究是时代难题。

2．数据隐私和安全

海量信息数据是人工智能发挥其智能性所不可或缺的"信息食粮"。随着人工智能的智能化程度不断提高，相关机构需要收集与存储更多的个人数据和信息。然而，获取和存储海量信息数据的过程中，不可避免地会涉及个人隐私泄露的伦理问题。

首先，为了训练出更智能的智能体，部分企业会采用合法与非法、公开与隐蔽、公众知情与不知情的各种信息渠道来收集人们的身份信息、家庭信息、健康信息、消费喜好、日常活动轨迹等重要数据。在智能技术的驱动下，这些数据可以用来映射个人支付能力、社交关系等高价值信息，从而生成或还原出一个人的"生活肖像图"。这给个人隐私带来了很大的风险。

其次，在人工智能的应用中，云计算被集成到智能架构中。许多企业、个人等将信息存储到云端，这使信息容易受到威胁和攻击。如果将这些数据整合在一起，就能够"读出"他人的秘密，如隐蔽的身体缺陷、既往病史、犯罪前科等。如果智能系统掌握的敏感个人信息被泄露，会让人陷入尴尬甚至危险的境地，个人的隐私权会受到不同程度的侵害。

最后，人工智能的追踪定位侵犯个人隐私，可能导致个人信息安全失控、个人私事泄露、个人财产失窃、心理失衡、心理焦虑甚至恐慌。此外，个人行踪泄露也会危及人身自由和生命安全，影响社会秩序的稳定。用户的既有隐私、将有隐私、当下隐私都可能被侵犯，都可能被无意地泄露。

科技创新推动社会发展，虽然人类不能因为隐私难题而放弃发展，但是人工智能的发展也不能以牺牲隐私权为代价。为了保护个人隐私，国家新一代人工智能治理专业委员会发布了《新一代人工智能治理原则——发展负责任的人工智能》，要求人工智能发展应尊重和保护个人隐私，充分保障个人的知情权和选择权。

3．算法偏见和歧视

随着人工智能技术的飞速进步和广泛应用，我们深刻感受到它们在日常生活中的重要性和影响力。从智能手机上的语音助手到自动驾驶汽车，再到智能家居和医疗设备，人工智能算法已经渗透到我们生活的各个领域。这些算法所带来的好处是显而易见的，它们可以帮助我们更快、更准确地完成任务，提高生产力和效率。但是，随着这些算法越来越多地影响我们的生活，也出现了一些挑战和问题，其中就包括算法偏见和歧视问题。

算法偏见和歧视是指算法在做出决策时对某些人群或特定数据具有不公平的偏见。这些偏见可能源于算法中存在的数据偏差或缺失，或者算法本身的设计和参数设置。例如，一个基于人脸识别技术的算法可能无意识地对某些人的面部特征进行错误分类，因为它没有收到足够多不同肤色和面部特征的训练数据。这样的偏见可能导致错误的决策，增加不平等和歧视，破坏社会公正和稳定。例如，在司法领域，算法偏见可能导致歧视性决策，即错误地将某些人判定为罪犯或嫌疑人，从而导致他们受到错误的逮捕和惩罚。在医疗诊断中，算法偏见可能导致误判，即将某些患者的疾病诊断为其他疾病，从而产生错误的治疗方案和不良后果。在招聘过程中，算法偏见可能导致某些群体的求职者被不公平地排除在外。

受算法决策自动性和模糊性等因素影响，人工智能算法歧视呈现出高度的隐蔽性、结构性、单体性与系统连锁性特征，增加了歧视识别判断和规制的难度，并给传统以差别待遇为标准的反分类歧视理论和以差别性影响为标准的反从属歧视理论带来适用困境。

4．算法的不透明性和不可解释性

人工智能算法的不透明性是指对于算法的内部工作原理和决策过程，人类无法完全理解和解释。具体来说，不透明性是指算法在做出决策时，其背后的逻辑和原理对人类来说是难以理解或完全不可见的。例如，深度学习模型在处理图像、语音或文本数据时，其决策过程可能涉及大量的神经元连接和权重调整，这些过程对人类来说是非常复杂和抽象的，难以直接理解。

不可解释性是指即使算法的内部工作原理是透明的，人类也无法直接理解其决策结果。这是因为算法的决策过程可能涉及大量的数据和复杂的计算，导致其决策结果对人类来说是难以理解和解释的。

这些不透明性和不可解释性可能会给人工智能的应用带来一些挑战。例如，在医疗、金融等关键领域，人们需要确保算法的决策是可靠和可解释的。因此，为了解决这些问题，研究者正在努力提高算法的可解释性和透明度，如通过可视化技术、可解释性机器学习等方法来帮助人类更好地理解和信任算法的决策过程。

5．AI 系统的不稳定性和风险性

AI 系统的不稳定性和风险性是指人工智能系统在运行过程中可能出现的不可预测和不可控制的问题，以及由此带来的潜在风险。

AI 系统的不稳定性主要表现在以下几个方面。

（1）数据波动。人工智能系统通常依赖大量的数据进行训练和推理。然而，数据的质量、来源和分布可能会随着时间、环境和人为因素的变化而波动，这可能导致 AI 系统的性能不稳定。

（2）算法更新。随着技术的进步，AI 系统的算法和模型可能会不断更新与改进。然而，这些更新可能会导致系统不兼容或性能下降，从而影响系统的稳定性。

（3）硬件故障。AI 系统的运行依赖于高性能的硬件设备，如服务器、GPU 等。这些设备可能会出现故障或性能下降，从而影响 AI 系统的稳定性和可靠性。

AI 系统的风险性主要表现在以下几个方面。

（1）安全风险。随着人工智能在各个领域的广泛应用，安全问题日益突出。例如，恶意攻击者可能会利用 AI 系统的漏洞进行攻击，导致数据泄露、系统瘫痪等。

（2）伦理风险。人工智能的发展涉及许多伦理问题，如隐私侵犯、偏见和歧视等。这些问题可能导致社会的不满和反对，从而影响 AI 系统的声誉和信任度。

（3）经济风险。人工智能的应用需要大量的投资和技术支持。然而，如果 AI 系统的性能不稳

定或无法满足市场需求，则可能会导致投资失败和经济损失。

6．责任归属

责任归属问题是人工智能伦理中的一个核心议题。在人工智能的应用中，责任归属问题涉及多个方面，包括数据隐私、算法决策、事故和错误等，具体介绍如下。

（1）数据隐私是责任归属问题的一个重要方面。在人工智能应用中，个人数据的采集、存储和使用是不可避免的。然而，这些数据的所有权和使用权归属不明确，可能导致数据隐私被侵犯和数据滥用。因此，人们需要明确数据隐私的责任归属，以确保数据被合法使用和保护。

（2）算法决策的责任归属也是一个重要的问题。人工智能系统在做出决策时，可能存在偏见和歧视等问题，从而产生不公平的结果。因此，人们需要明确算法决策的责任归属，确保算法的公正性和透明性，避免不公平的结果对个人和社会造成负面影响。

（3）事故和错误也是责任归属问题的一个重要方面。在人工智能应用中，可能会出现各种事故和错误，如系统崩溃、数据泄露等。这些事故、错误可能会对个人和社会造成损失与负面影响。因此，人们需要明确事故和错误的责任归属，确保相关方能够承担相应的责任和后果。

7．公平正义和社会效益

首先，公平正义是人工智能应用的基本要求。在人工智能时代，算法决策已经渗透到各个领域，包括医疗、教育、金融、交通等。然而，如果算法决策存在偏见或歧视，就会产生不公平的结果，损害某些群体的利益。因此，确保算法决策的公平性是人工智能伦理的重要任务。这需要建立公正的算法设计和评估机制，避免算法决策中的偏见和歧视，确保每个人都能在人工智能应用中获得公平的机会和待遇。

其次，社会效益是人工智能应用的最终目标。人工智能的发展和应用是为了提高社会效益，促进人类的发展和进步。然而，如果人工智能应用只关注经济效益而忽视社会效益，就会导致社会的不公和分裂。因此，人工智能应用需要兼顾经济效益和社会效益，确保其决策和行为符合社会的整体利益。这需要建立社会效益评估机制，对人工智能应用进行全面的评估和监督，确保其符合社会的整体利益和长远发展。

8．AIGC技术给知识产权带来挑战

AIGC技术对知识产权制度产生了很大的影响。AIGC生成的作品是否能归类为著作权法中的"作品"，以及其作品的版权归属问题，目前均存在争议。传统的著作权制度主要基于人类的创作和创造性活动，而AIGC生成的作品是基于算法和数据集的自动生成，缺乏人类的直接参与。这使传统著作权制度在应对AIGC技术时遭遇了挑战。由于技术的发展速度往往快于法律的更新速度，因此AIGC技术的快速发展也给知识产权法律制度的完善带来了挑战。根据《中华人民共和国著作权法》的规定，作品是指文学、艺术和科学领域内，具有独创性并能以一定形式表现的智力成果。然而，AIGC生成的作品是否满足"独创性"和"智力成果"的标准，目前尚无明确的法律界定。AIGC模型在训练过程中需要大量数据，这些数据可能包含受版权保护的内容。如果未经授权使用这些数据，就可能构成侵权。AIGC生成的内容可能与已有作品存在实质性相似，从而侵犯原作品的版权。例如，在AI绘画服务中，如果用户输入特定关键词生成了与已有美术作品相似的图片，就可能构成侵权。因此，国家应尽快明确AIGC生成作品的法律地位和版权归属问题，为相关主体提供明确的法律指引，同时，应加强对AIGC技术的监管和执法力度，打击侵权行为，保护知识产权人的合法权益。

9．人工智能在军事领域应用引发的伦理问题

人工智能在军事领域的应用无疑带来了许多优势，它可以提高作战效率、降低人员伤亡风险，并在敏感任务中发挥重要作用。然而，我们必须认识到，AI系统的智能基于对大量数据的学习和算法的运行。这也意味着，AI系统在面临复杂和不可预测的情境时，可能会采取令人意想不到的行动，甚至超出了人类的控制范围，带来一系列的伦理和道德问题，具体如下。

（1）基于AI可以开发出无须人工干预即可运行的自主武器系统，这些系统一旦失控或者被干扰及欺骗，就可能对公众构成严重威胁。如果这些系统没有得到适当的控制，它们可能会被用来攻

击公众或犯下战争罪。

（2）人工智能会提高现有武器系统的准确性和杀伤力，这可能导致战争中伤亡人数增加。

（3）跟踪和监视公众的人工智能监控系统会更无孔不入，如果出现信息泄露和失控，必然会导致人们隐私主导权的丧失。

（4）使用人工智能来操纵公众舆论和行为，发动心理战或压制异议，会对战区的人们造成精神层面的损害。在各种信息轰炸下，信息战也会变得更为激烈。

（5）各国开发更先进的人工智能武器系统有可能导致军备竞赛。随着各国竞相开发更强大和更具破坏性的武器，世界战争的可能性升高。

（6）易出现人工智能武器的扩散与滥用。如果人工智能武器变得更便宜和更容易获得，它们有扩散到非国家行为者的风险。这可能使恐怖组织和其他非法行为者容易获得这些可能对全球安全构成严重威胁的武器。人工智能武器也可能被政府或其他行为者滥用，造成不可挽回的后果。

7.2.3 人工智能伦理典型案例

1．人脸识别算法存在"歧视"

2018 年 2 月，加纳裔科学家、美国麻省理工学院的乔伊·布奥拉姆维尼（Joy Buolamwini）教授偶然发现，人脸识别软件竟无法识别她的存在，除非带上一张白色面具。有感于此，她发起了 Gender Shades 研究，发现 IBM 公司、微软公司和旷视科技公司的人脸识别产品均存在不同程度的女性和深色人种"歧视"（即女性和深色人种的识别正确率均显著低于男性和浅色人种），最大差距可达 34.4%（见图 7-1）。

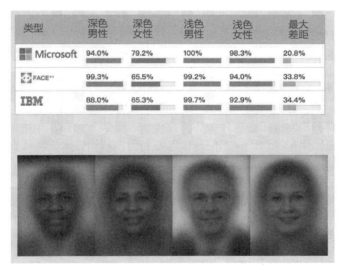

图 7-1　人脸识别产品对不同人种存在算法"歧视"

2．自动驾驶安全事故频出

2019 年 3 月，50 岁的杰里米·贝伦·班纳（Jeremy Beren Banner）在使用自动驾驶系统驾驶电动车时，以 109km/h 的速度与一辆牵引拖车相撞，不幸身亡。这并非自动驾驶系统引发的首起交通事故。尽管自动驾驶厂商曾多次强调，其自动驾驶系统仅作为司机的辅助工具，司机必须时刻保持警觉并准备随时接管车辆控制，但许多车主在购买车辆时主要看中了其宣传的"自动驾驶"功能。在相关审判中，虽然厂商被判定无责，但他们仍然决定修改"自动驾驶"的宣传策略，以避免类似的事故再次发生。

3．大学教授状告某地野生动物世界

2019 年，某大学的特聘副教授郭某购买了某地野生动物世界的年卡，并支付了 1360 元的年卡

费用。合同中明确表示，持卡者可以在一年的有效期内通过验证年卡和指纹入园，并可以在该年度内不限次数地畅游。

然而，2019年某月某日，该野生动物世界通过短信通知郭某，园区年卡系统已经升级为人脸识别入园，原指纹识别已经取消，未注册人脸识别的用户将无法正常入园，也无法办理退费。郭某认为，人脸识别等个人生物识别信息属于个人敏感信息，一旦泄露、非法提供或者滥用，将极易危害消费者的人身和财产安全。因此，在协商无果后，郭某于2019年10月28日向该野生动物世界所在地人民法院提起了诉讼。

4．某智能音箱劝主人自杀

2019年，英格兰人丹妮·莫瑞特（Danni Morritt）在做家务时，决定利用一款国外智能音箱查询关于心脏的问题。然而，智能音箱给出的答案令人震惊，竟然劝她自杀。

丹妮·莫瑞特在听到答案后感到非常震惊和恐惧。她立即上网搜索，但没有找到任何与心脏相关的恶性文章。同时，她也注意到智能音箱在回答问题时发出了令人毛骨悚然的笑声，并拒绝执行她的指令。

智能音箱的开发者对此事件做了回应，他们表示设备可能从任何人都可以自由编辑的网站上下载了与心脏相关的恶性文章，并导致了此结果。然而，丹妮·莫瑞特认为这个回应并不能完全解释智能音箱所给出的荒谬答案。

这个事件引发了人们对智能音箱安全性和可靠性的担忧。人们开始质疑这些设备是否能够正确地处理用户的指令和请求，以及是否能够保护用户的隐私和安全。同时，这个事件也提醒人们需要谨慎地使用这些智能设备，并需要关注其可能带来的风险和影响。

5．"监测头环"进校园惹争议

2019年11月，一段小学生佩戴被称为"脑机接口"头环的视频引发了广泛关注和争议。在这段视频中，孩子们头上戴着这种头环，据称这种头环可以记录他们在上课时的专注程度，并将数据和分数发送给老师与家长。

对于这种头环的使用，头环开发者回应称，脑机接口技术是一种新兴技术，报道中提到的"打分"其实是班级平均专注力数值，而不是网友猜测的每个学生的专注力数值。

然而，许多网友对此表示担忧。他们认为这种头环是现代版的"头悬梁锥刺股"，可能会让学生产生逆反心理。同时，他们也担心这种头环涉及侵犯未成年人的隐私。这个事件引发了公众对于教育技术和未成年人隐私保护的讨论。人们开始思考如何在利用技术提高教育质量的同时保护学生的隐私和权益。

6．AI算法识别性取向准确率超过人类

2017年，斯坦福大学进行了一项研究，该研究使用深度神经网络分析了超过35000张美国交友网站上男女的头像图片，并从中提取特征，通过大量数据训练计算机识别人们的性取向。这项研究被发表在《个性与社会心理学》（*Personality and Social Psychology*）杂志上，并引发了广泛的社会争议。

争议的焦点在于，如果这种技术得到广泛应用，它可能会被用于不道德或非法的目的。例如，夫妻中的一方可能会使用这种技术来调查对方是否欺骗自己。青少年也可能会使用这种算法来识别自己的同龄人。而更令人担忧的是，这种技术可能会被用来针对某些特定群体，这将引发严重的争议和后果。

7．某男子用ChatGPT编假新闻牟利

2023年4月25日，某市公安局网安大队在日常网络巡查中发现一篇标题为"今晨某省一火车撞上修路工人致9人死亡"的文章在网络平台上发布，初步判断其为虚假信息。网安民警随即展开调查，发现共有21个账号在同一时间段发布了这篇文章，文章内容涉及多个地方，点击量已达1.5万余次。经过调查，涉案的网络账号均为某地某自媒体公司所有，公司法定代表人洪某有重大作案嫌疑。2023年5月5日，专案民警前往该公司所在地，对洪某使用的计算机和网络平台账号进行了取证。经审讯，洪某通过网友得知了一种通过网络赚取流量变现的方法，并购买了大量"百家号"。

他从全网搜索近几年的社会热点新闻，然后使用ChatGPT将这些新闻要素进行修改编辑，再使用软件将编辑后的内容上传至其购买的"百家号"上以非法获利。

8. 智能家居系统"窃听"用户隐私

王某是一名智能家居爱好者，他购买了一套智能家居系统，可以通过语音控制家中的电器设备。这个系统通过AI技术学习和适应王某的生活习惯，提供个性化的智能服务。一天晚上，王某邀请几位朋友来家中聊天，第二天，王某就发现购物平台App向他精准推送他们聊到的商品。王某从未想过自己和朋友们的对话会被记录并用于商业推广，他有一种被偷听对话的感觉。

9. 使用AI复活逝者

2017年微软公司申请了一项专利，2021年这项专利获得批准——允许该公司利用逝者的信息制作一个AI聊天机器人。这款AI聊天机器人可以模拟人类对话，对他人的言语做出语音或文字回复。在某些情况下，甚至还可以通过图像和深度信息或视频数据创建一个人的3D模型，以获得额外的真实感。它可以被设定为任何人，包括朋友、家人、名人、虚拟人物、历史人物等。人们甚至可以在还未去世前使用这项技术创建一个在自己去世后可替代自己的机器人。

在我国，某网站UP主使用人工智能创造了一个已故奶奶的虚拟数字形象，并与她进行了一段虚拟对话。尽管数字模型中的奶奶显得不那么真实，甚至有些呆板，但是当充满乡音的对话响起时，无数观众还是表示自己"湿润了眼眶"。

2022年1月，在吴孟超院士、吴佩煜教授的追思暨安葬仪式上，吴孟超院士的AI"复原人"向学生提出了3个问题。听到声音的瞬间，吴孟超的学生们和同事们感慨万分。而台上的"吴老"仍和生前一样精神矍铄，在听完大家的回答后，这个AI"复原人"在学生们手捧的烛光中轻轻告别。

除了"复活"亲人挚友或恩师，还有人选择用AI技术让自己逝去的偶像可以翻唱新的歌曲，某网站UP主小A就是其中之一。从中学开始，小A就是歌手姚贝娜的粉丝，但直到姚贝娜逝世，也没来得及听一次她的演唱会。对小A来说，以某些技术形式保留姚贝娜的精神遗产是他一直想做的事情。2023年3月初，他看到了一些开源的虚拟歌声合成算法，意识到目前虚拟歌声合成技术已经较为成熟。于是，他自学技术，制作并发布了相关视频。小A综合考虑了姚贝娜的职业生涯、声音特质以及粉丝留言等因素，制作了《相思》《独立寒江·曲无忆》《让她降落》等翻唱歌曲。视频出来以后，一些作曲家认为这样的视频违反伦理。

使用AI来"复活"逝者可能涉及侵害死者的人格权益，如肖像、声音、隐私、名誉、个人信息等。所谓的"复活"，本质上是利用深度合成技术生成所谓的虚拟人或者数字人，需要使用死者的人脸、声音等各种数据，配合自己的目的制作相应的内容。如果行为人出于悼念目的"复活"自己的亲人，原则上不构成侵权，但若是出于营利、博眼球、诈骗等违法目的，则可能构成侵权甚至刑事犯罪。此外，"复活"行为可能涉及死者近亲属的权利，如近亲属对于死者享有的悼念权利等。利用AI技术来"复活"死者不一定符合死者近亲属的意愿。而且，利用技术"复活"死者的行为还可能涉及知识产权问题，如"复活"已故艺人，往往会使用相关的歌曲、影视作品等。

7.2.4　人工智能伦理的基本原则

人工智能伦理的基本原则主要包括以下几个方面。

（1）尊重人类：人工智能技术必须尊重人类，保护人类隐私和权益。

（2）公正性：人工智能技术必须遵循公平、公正和无偏见的原则，避免偏见和歧视。

（3）可解释性：人工智能技术的决策过程和结果必须能够被人类理解与解释，确保AI决策的透明度和可理解性，避免出现黑箱操作和不透明的决策过程。

（4）可追溯性：人工智能技术必须能够追踪和记录AI系统的决策过程与结果，以便进行验证和审查。

（5）负责任：人工智能技术必须充分考虑其可能对人类和社会产生的影响，并采取相应的措施来确保AI系统的安全性和稳定性。

这些原则是人工智能伦理的核心,旨在确保人工智能技术的发展和应用符合人类的价值观与道德标准,为人类带来积极的影响和价值。

7.2.5 应对人工智能伦理问题的策略

应对人工智能伦理问题的策略主要包括:制定和执行相关法规与政策,确保人工智能行为符合社会价值观和道德标准;提高AI技术的透明度和可解释性,让人们更好地理解和信任AI系统;建立AI伦理审查机制,对AI系统的开发和使用进行伦理评估和监督;提高公众对AI伦理问题的认识和意识,增强公众对AI技术的信任和使用意愿;加强国际合作和交流,共同解决AI伦理问题。只有政府、企业、科研机构、公众等各方共同努力,才能实现人工智能技术的健康、可持续发展。

1. 制定和执行相关法规与政策

解决人工智能伦理问题,制定和执行相关法规与政策是关键策略。法规可以明确人工智能开发和使用的伦理规范,确保其行为符合社会价值观和道德标准。政策则可以引导人工智能的发展方向,促进其与社会和人类和谐共处。通过法规和政策的制定与执行,可以确保人工智能在发展过程中遵守伦理准则,避免对社会和个人造成负面影响。同时,对于违反伦理准则的行为,可以采取相应的法律措施进行惩罚,从而维护社会的公平正义。因此,制定和执行相关法规与政策是解决人工智能伦理问题的有效途径,对于促进人工智能的健康发展具有重要意义。

目前,多个国际组织已经发布了人工智能伦理的有关文件,如经济合作与发展组织发布了《人工智能原则评析》、联合国教科文组织发布了《人工智能伦理问题建议书》《关于人工智能伦理问题准则性文书可行性的初步研究》等。多国也出台了针对人工智能伦理的相关政策,如欧盟的《人工智能法案》、美国国防部的《关于人工智能道德使用的建议》、英国的《人工智能准则》等。我国也颁布了若干与人工智能伦理有关的法规文件,如《互联网信息服务算法推荐管理规定》《互联网信息服务深度合成管理规定》《生成式人工智能服务管理暂行办法》《科技伦理审查办法(试行)》等。

2. 提高AI技术的透明度和可解释性

首先,透明度是确保AI系统行为可预测和可解释的关键。通过提高AI技术的透明度,可以更好地了解AI系统的决策过程和结果,从而减少其可能带来的不公平和歧视现象。同时,透明度还可以增强人们对AI系统的信任,提高其接受度和使用意愿。

其次,可解释性是指AI系统能够提供其决策依据和原因的能力。通过增强AI技术的可解释性,可以更好地理解AI系统的决策过程和结果,从而更好地评估其可能带来的伦理问题。同时,可解释性还可以帮助人们更好地理解和应对AI系统可能出现的错误与偏差,减少其可能带来的负面影响。

为了提高AI技术的透明度和可解释性,可以采取以下措施。

(1)增加AI系统的开放性和透明度,使其决策过程和结果更加易于理解、解释。

(2)采用可解释性强的算法和模型,确保AI系统的决策过程和结果更加可靠、准确。

(3)建立专门的伦理审查机制,对AI系统的决策过程和结果进行审查、评估,确保其符合伦理准则。

3. 建立AI伦理审查机制

首先,建立AI伦理审查机制可以确保AI系统的开发和使用符合社会价值观与道德标准。通过在开发和使用AI系统前进行伦理审查,可以发现和评估潜在的伦理问题,并采取相应的措施避免或减少其负面影响。

其次,建立AI伦理审查机制可以促进AI技术的可持续发展。通过伦理审查,可以确保AI系统的开发和使用符合社会需求与期望,增强人们对AI技术的信任和使用意愿。这有助于推动AI技术的创新和发展,为人类社会带来更多的福利和价值。

为了建立 AI 伦理审查机制，可以采取以下措施。

（1）建立专门的伦理审查机构，负责审查和评估 AI 系统的开发与使用。

（2）制订明确的伦理审查标准和程序，以确保 AI 系统的开发和使用符合社会价值观与道德标准。

（3）加强与利益相关者的沟通和合作，共同推动 AI 技术的健康发展。

（4）对违反伦理准则的行为采取相应的惩罚措施，以维护社会的公平正义。

4．提高公众对 AI 伦理问题的认识和意识

首先，提高公众对 AI 伦理问题的认识和意识是预防与解决 AI 伦理问题的关键。公众是 AI 技术的使用者、受益者和监督者，只有使公众充分认识到 AI 伦理问题的重要性，才能更好地推动 AI 技术健康发展。

其次，提高公众对 AI 伦理问题的认识和意识有助于增强公众对 AI 技术的信任与使用意愿。当公众了解 AI 技术的潜在风险和伦理问题时，他们将更加谨慎地使用 AI 技术，并要求 AI 技术提供者遵守伦理准则。

为了提高公众对 AI 伦理问题的认识和意识，可以采取以下措施。

（1）加强 AI 伦理教育的普及，通过学校、社区、媒体等渠道向公众普及 AI 伦理知识，提高公众的认知水平。

（2）建立 AI 伦理宣传平台，通过社交媒体、网络论坛等渠道向公众传播 AI 伦理理念和规范，引导公众形成正确的价值观和道德观。

（3）鼓励公众参与 AI 伦理讨论和监督，通过公开征集意见、举办公民论坛等活动，让公众参与 AI 技术的发展和监管过程，增强公众的参与感和责任感。

5．加强国际合作和交流，共同解决 AI 伦理问题

随着 AI 技术的快速发展，AI 伦理问题已经成为全球范围内的共同挑战。各国在面对 AI 伦理问题时，需要加强国际合作和交流，共同探讨解决方案，以促进 AI 技术的可持续发展。

首先，加强国际合作和交流可以促进各国之间的相互理解与信任。通过分享经验和知识，各国可以共同应对 AI 伦理问题，减少误解和分歧，形成更加公正、合理的解决方案。

其次，国际合作和交流有助于推动 AI 伦理标准的制定与实施。各国在面对 AI 伦理问题时，可以共同制定国际性的 AI 伦理标准，为 AI 技术的发展提供明确的指导。同时，各国还可以相互监督和评估，确保 AI 技术的使用符合伦理标准。

此外，加强国际合作和交流还可以促进 AI 技术的创新与发展。通过共享资源和经验，各国可以共同推动 AI 技术进步，为人类社会带来更多的福利和价值。

为了加强国际合作和交流，可以采取以下措施。

（1）建立国际性的 AI 伦理组织或联盟，推动各国之间的合作和交流。

（2）加强国际会议和论坛的举办力度，为各国之间的交流提供平台。

（3）鼓励跨国企业和研究机构开展合作，共同推动 AI 技术的发展和应用。

7.3　区块链伦理问题

区块链技术近年来发展迅速，在展现出巨大潜力的同时，也引发了一系列伦理问题，主要涉及以下几方面：隐私保护与数据安全、权力下放与中心化、价值取向与道德评判、责任界定与追责机制、资源消耗与环境影响。本节将针对这几方面展开具体讨论。

7.3.1　隐私保护与数据安全

区块链技术的去中心化和透明性特点使数据难以被篡改和伪造，但这也意味着用户的个人信息和交易数据被公开记录在区块链上。这不仅侵犯了用户的隐私权，还可能使他们的财产安全受到

威胁。例如，黑客可能会攻击区块链网络中的节点，窃取用户的私钥和交易信息，导致财产被盗。因此，如何在确保数据安全的同时保护用户隐私，是区块链技术发展过程中需要解决的重要伦理问题。

解决区块链隐私保护问题需要采用一系列技术手段，如零知识证明、环签名、同态加密等，以保护用户隐私和数据安全；同时，还需要加强监管和建立相应的法律法规，以打击利用区块链进行违法犯罪的行为，维护公共利益和安全。

7.3.2 权力下放与中心化

区块链技术的核心思想是去中心化，它旨在打破传统的中心化权力结构，实现信息的自由流动和价值的去中介。然而，在实际应用中，许多区块链项目往往会出现中心化趋势。大型矿池、交易所和开发者社区等逐渐掌握了对区块链网络的主导权，形成了新的中心化机构。这种中心化现象与区块链的去中心化理念相悖，可能导致权力集中、信息垄断和利益冲突等问题。因此，如何在区块链技术的发展过程中保持去中心化的本质、防止权力过度集中，是另一个重要的伦理问题。

为了解决区块链技术的中心化问题，需要采取一系列措施。首先，加强区块链技术的开源和去中心化建设，推动更多节点参与区块链网络，降低对大型矿池、交易所等机构的依赖。其次，建立有效的监管机制和法律法规，防止利益集团对区块链网络的垄断和操纵。此外，加强国际合作和标准化建设也是必要的措施之一，可以促进区块链技术健康、可持续发展。

7.3.3 价值取向与道德评判

区块链技术本身不具备价值判断能力，它只是按照预设的规则和算法执行操作。然而，在区块链上记录的信息和交易涉及价值判断与道德评判。例如，将某项交易标记为欺诈行为或洗钱行为，需要有一定的价值判断标准。这些标准可能因文化、地域和法律等因素而有所不同，导致区块链技术在跨国应用时面临价值冲突和道德争议。因此，如何建立普遍认可的价值判断标准、确保区块链技术在全球范围内合理应用，是区块链技术发展中面临的又一重要伦理问题。

解决区块链技术的价值取向与道德评判问题需要各方共同努力。首先，人们需要加强国际合作和交流，促进不同文化、地域和法律背景下的价值判断标准融合发展。其次，人们需要建立公正、透明的监管机制和法律法规，以保障各方利益和公共利益为出发点对区块链技术进行规范和管理。此外，人们还需要加强教育和宣传工作，提高公众对区块链技术的认知和理解，促进其对新技术的接纳和应用。

7.3.4 责任界定与追责机制

区块链技术的匿名性和去中心化特点使交易责任难以界定、追究。在区块链上发生的交易可以轻易地隐藏参与者的真实身份，不法分子可以利用这一特点进行欺诈、洗钱等活动。当这些行为发生时，由于责任主体不明确，追责变得非常困难。这不仅损害了受害者的利益，也破坏了整个区块链生态系统的公信力。因此，如何建立有效的责任界定和追责机制、打击不法行为和维护公共利益，是区块链技术发展中需要解决的重要伦理问题。

为了解决区块链技术的责任界定与追责机制问题，人们需要采取一系列措施。首先，加强监管力度，建立有效的监管机制和法律法规体系，明确区块链上交易的责任主体和法律责任。其次，推广使用智能合约审计、零知识证明等技术手段来提高交易的可追溯性与透明度。此外，人们还需要建立第三方评估机构对区块链项目进行评估和认证，以提高项目的公信力和可靠性。同时，人们也要加强国际合作，共同打击利用区块链进行违法犯罪的行为，维护公共利益和安全。

7.3.5 资源消耗与环境影响

区块链技术的资源消耗与环境影响是一个重要的伦理问题。随着区块链的广泛应用，其高能耗问题愈发严重，不仅加剧了能源紧张，还对环境造成了负面影响，具体如下。

（1）区块链技术的运行需要大量的计算资源和能源支持，它是一种高能耗技术。

（2）这种高能耗问题对环境造成了负面影响，易导致能源过度消耗和环境污染。同时，随着区块链技术的不断发展，能耗还将继续增加，这将对环境造成更大的压力。

（3）区块链技术的资源消耗与环境影响还涉及公平性问题。由于区块链技术的资源消耗较大，一些人无法参与到区块链的运行中。这可能导致资源分配的不公平，使某些人能够利用资源优势来获取更多的利益，而其他人则无法享受区块链技术带来的好处。

综上所述，区块链技术的资源消耗与环境影响是一个重要的伦理问题。为了解决这一问题，需要采取一系列措施。首先，加强节能减排和环保技术的应用，降低区块链技术的能耗。其次，推广可再生能源的使用，减少对传统能源的依赖。同时，人们还需要建立公平的资源分配机制，使更多人能够享受到区块链带来的好处。这些措施的实施可以推动区块链技术的可持续发展，同时保护环境和资源。

7.4　元宇宙伦理问题

因数字技术发展而实现的元宇宙打破了原本存在于现实世界的人和事之间的关系，解构了现实世界中人与人之间的关系，使空间无限大、时间可重启、数字主体可变化，给人类社会带来了许多伦理风险，主要涉及以下几方面：造成人的异化、泄露人的隐私、冲击社会伦理、去中心化风险、跨文化冲突与价值观碰撞。本节将围绕这几方面展开具体讨论。

7.4.1　造成人的异化

在元宇宙中，人们可以拥有一种全新的虚拟体验，但过度沉浸其中可能导致人的异化，即人的本质特征和行为方式发生改变，具体如下。

（1）元宇宙中的虚拟世界可能会对人的认知产生影响。人们可能会过度依赖虚拟世界中的信息和经验，而忽略现实世界中的真实感受和认知。这种对虚拟世界的过度依赖可能导致人们对现实世界的认知能力下降，甚至出现认知障碍。

（2）元宇宙中的虚拟劳动和虚拟资产可能会对人的价值观产生冲击。在元宇宙中，虚拟劳动和资产的价值往往与现实世界的价值脱节，这可能扭曲人们对劳动和价值的认识。一些人可能会追求虚拟世界的荣誉和财富，而忽略现实世界中的努力和付出，从而导致价值观的异化。

（3）元宇宙中的虚拟社交和互动也可能对人的社交关系产生影响。人们可能会过度沉迷于虚拟社交和互动，而忽略现实生活中的社交关系。这种对虚拟社交的过度依赖可能影响人们在现实生活中的社交能力和人际关系，甚至导致人们出现社交障碍和孤独感。

7.4.2　泄露人的隐私

脑机连接技术不断成熟，这项技术能够把人们的想象和欲望真实地传递给元宇宙，使人们在元宇宙中实现个人的各种在现实中无法实现的事。这意味着脑机连接技术将能够读取人脑的意识，人们内心想什么、脑部神经有什么样的活动不再是一个秘密。虽然会有像哈希函数这样的加密技术应用在元宇宙中保护个体的数据信息，但是在算法算力不断突破的情况下，哈希函数甚至更安全的加密技术都可能被破解。一旦个体的脑神经信息在元宇宙中被泄露，后果将是灾难性的。换言之，通过篡改元宇宙中个体的生物信息，可以改变现实社会中个体的生物特性，把一个人改变成另一个人。

脑机连接技术及其他元宇宙技术对人类神经网络的读取和破解是目前可预料的最严重的伦理风险。元宇宙能通过技术读取人类的情感，也能够通过无限满足功能满足人们的情感需求。在元宇宙中，一旦人类的情感隐私被泄露，后果将是破坏性的，社会中的人伦观、爱情观、婚姻观等将会被颠覆，人类社会将面临前所未有的情感危机。

7.4.3　冲击社会伦理

元宇宙对社会的影响是深刻的、根本性的。元宇宙打破了原有的社会结构，现实社会中的"生产方式、分工方式、治理方式"等将会被彻底改变，进而影响人类思想文化的发展。在元宇宙到来之际，以人为中心的社会责任伦理体系将面临崩塌的风险。如何处理现实世界与元宇宙之间的伦理关系应成为首要问题。作为一种与现实世界平行的智能虚拟世界，元宇宙势必会建立起自己的一套伦理原则、伦理秩序，就像"网络给网民提供了运用现实生活中很难用行为去实践道德原则的机会"一样，元宇宙也给人们提供了在现实世界中难以用行为去遵守伦理原则的空间。元宇宙的发展形成了许多新的伦理精神。在元宇宙中，难以建立起与现实世界一样的伦理规范，这就需要数字主体具有一定的伦理自觉性，自觉遵循一定的伦理原则。此外，元宇宙去中心化形成的权力意识扩张、元宇宙倡导的奉献精神等还会造成这样的情形：现实世界的伦理原则无法直接移植到元宇宙中去，元宇宙中新的伦理规范又受到现实世界伦理原则的挤压，而元宇宙的伦理规范也不断挑战现实世界中的伦理原则。元宇宙与现实之间伦理规范的并存和冲突会使人们在现实世界与元宇宙之间无碍穿梭时产生伦理困惑与现实难题。例如，人们更愿意待在具有无限满足功能的元宇宙中，那么谁来建设现实世界？现实世界与元宇宙之间的伦理秩序怎样实现"无碍衔接"？诸如此类的问题考验着正在迎接元宇宙到来的每个现实个体。

需要指出的是，元宇宙还可能带来失业、社会不公平等新的伦理问题。元宇宙将改变现有的社会分工方式，高学历、高技能的人群会有更多的机会进入元宇宙从事相关的工作，而体力劳动者会因无法进入元宇宙而被数字永生主体所取代，极有可能失去原有的工作机会。这样一来，一部分人将在元宇宙中实现真正的自由，他们可以享受元宇宙带来的多种福利，尽情地享受生活；另一部分人则被排斥在元宇宙之外，遭受更大的社会压力和更多的苦难。这就会造成失业、社会贫富差距拉大等问题。换言之，在未来的元宇宙时代，社会阶层将会依据具备或者掌握的数字化技能的数量来划分。此外，元宇宙还会带来新的社会不公平问题。有些人可以使用元宇宙的生物信息技术实现基因编辑与自身生物性能的优化，大大提高自身生命质量，有些人则无法办到；有些人可以在元宇宙中对自己的思想、意识进行数字存储，达到精神上的永生，有些人可能连进入元宇宙的机会都没有。这些问题集中起来就会造成社会的失衡，公平、正义等原本人类社会遵循的伦理观念不再具有效力，人类社会将面临伦理崩塌的风险。

7.4.4　去中心化风险

元宇宙是去中心化的，那么该由谁来承担元宇宙的所有权和管理权？元宇宙产生的问题由谁来承担？这些问题尚不清晰。如果元宇宙的运行不依附于某一权威，而是依靠使用者，那么将会出现无人承担责任的情况，因为使用不代表"拥有"。技术的决定性社会作用逐步演变为统治性的社会作用，技术的解放力量转而成了解放的桎梏。去中心化最大的问题就是责任归属权的流失。

技术既是人类自身的力量，又是人类自我毁灭的力量。在技术发展过程中，责任伦理是关键，技术的发展是以人的生存与发展为最高目的的，但忽略了伦理道德的一面。因此，元宇宙的发展必须加入责任伦理的考量，提醒人们对后果和行为进行考量负责，将责任与伦理环境连接起来，谁对伦理环境造成负面影响，他就必须受到相应的谴责和惩罚。总的来说，去中心化只是元宇宙的内部空间形式，而其外部掌控形式仍然是中心化的。假设最终的元宇宙由一家公司控制，那么它将主宰全体人类的精神，是一个超政府的存在，是一种专制的体现。

7.4.5　跨文化冲突与价值观碰撞

元宇宙作为一个全球性的虚拟空间，吸引来自不同文化背景的用户。这种多样性也带来了跨文化冲突与价值观碰撞的伦理问题，具体如下。

（1）不同的文化背景和价值观可能导致人们在元宇宙中的行为与互动产生冲突。例如，某些文化可能重视个人自由和表达，而其他文化可能更强调集体主义和社会规范。在元宇宙中，这些差异可能导致对同一行为的解读和反应不同，从而引发争议和冲突。

（2）元宇宙中的虚拟社交和互动可能加剧文化隔阂与误解。由于元宇宙中的文化和价值观差异，人们可能难以理解和接受不同的行为与观点。这种隔阂可能导致人们在元宇宙中的社交和互动受阻，甚至引发文化冲突和仇恨言论。

（3）元宇宙中的信息传播也可能加剧跨文化冲突与价值观碰撞。在元宇宙中，信息传播的速度快、范围广，可能加剧不同文化之间的误解和偏见。一些具有文化敏感性和争议性的信息可能在元宇宙中迅速传播，引发跨文化的冲突和不满。

7.5　本章小结

运用大数据技术，人们能够发现新知识、创造新价值、提升新能力。大数据具有的强大张力给人们的生产生活和思维方式带来了革命性的改变。但是，人们在大数据热中也需要冷思考，特别是正确认识和应对大数据技术带来的伦理问题，以更好地趋利避害。大数据技术带来的伦理问题主要包括隐私泄露问题、数据安全问题、数字鸿沟问题、数据独裁问题、数据垄断问题、数据的真实可靠问题、人的主体地位问题。本章对这些大数据伦理问题进行了探讨，并给出了相关的典型案例和治理对策。

人工智能伦理仍然是一个值得研究、受到全世界关注的复杂问题。正如电影《星际迷航》中那句名言"勇踏前人未至之境"，面对人工智能伦理这样一个未知却又充满魅力的话题，人们仍需要通过不断探索和讨论找到平衡人类利益与人工智能技术发展的最佳道路，让人类和人工智能共同进步，从而创造一个更美好的未来。

区块链和元宇宙的伦理问题主要涉及技术、社会、文化和法律等多个层面，需要各方共同努力解决。加强监管、建立法律法规、使用技术手段和促进国际合作是解决这些问题的关键措施。同时，提高公众的认知和理解、促进技术的可持续发展也是技术发展过程中重要的目标。

7.6　习题

1. 大数据伦理的概念是什么？
2. 请列举大数据伦理的相关实例。
3. 大数据伦理问题具体表现在哪些方面？
4. 什么是数字鸿沟问题？
5. 什么是数据独裁问题？
6. 什么是数据垄断问题？
7. 什么是人的主体地位问题？
8. 请分析大数据伦理问题的产生原因。
9. 如何进行大数据伦理问题的治理？
10. 什么是人工智能伦理问题？请给出至少一个具体的例子。
11. 人工智能伦理问题的重要性是什么？为什么我们需要关注这些问题？
12. 简述人工智能伦理的基本原则。
13. 什么是偏见和歧视？如何避免在人工智能技术中出现这些倾向？
14. 简述人工智能决策的透明度和可理解性的重要性。
15. 什么是可追溯性？为什么在人工智能伦理中它很重要？
16. 描述负责任的人工智能原则，并给出至少一个实现该原则的方法。

17. 人工智能技术可能对社会和个人带来哪些影响？如何确保其积极影响最大化？

18. 如何在人工智能技术的开发和部署过程中考虑道德和伦理因素？

19. 描述你对未来人工智能伦理发展的看法，以及你认为应该采取哪些措施来应对当前和未来的挑战。

20. 区块链伦理问题主要包括哪些？

21. 元宇宙伦理问题主要包括哪些？

参考文献

[1] 林子雨. 大数据技术原理与应用[M]. 2版. 北京：人民邮电出版社，2024.

[2] 林子雨，赖永炫，陶继平. Spark编程基础（Scala版）[M]. 2版. 北京：人民邮电出版社，2022.

[3] 林子雨. 大数据基础编程、实验和案例教程[M]. 3版. 北京：清华大学出版社，2024.

[4] 林子雨. 大数据导论[M]. 2版. 北京：人民邮电出版社，2024.

[5] 林子雨. 大数据导论[M]. 2版. 北京：高等教育出版社，2024.

[6] 林子雨，郑海山，赖永炫. Spark编程基础（Python版）[M]. 2版. 北京：人民邮电出版社，2024.

[7] 林子雨. 数据库系统原理[M]. 北京：人民邮电出版社，2024.

[8] 林子雨. 数据采集与预处理[M]. 北京：人民邮电出版社，2024.

[9] 林子雨. Fink编程基础（Java版）[M]. 北京：人民邮电出版社，2024.

[10] 林子雨，赵江声，陶继平. Python程序设计基础教程[M]. 北京：人民邮电出版社，2022.

[11] 林子雨，郑海山. Python程序设计实验指导与习题解答[M]. 北京：人民邮电出版社，2022.

[12] 林子雨. 大数据实训案例——电影推荐系统[M]. 北京：人民邮电出版社，2019.

[13] 林子雨. 大数据实训案例——电信用户行为分析[M]. 北京：人民邮电出版社，2019.

[14] 刘宏，林子雨，夏小云，等. 数据治理概论[M]. 北京：机械工业出版社，2024.

[15] 刘进锋. 计算机导论[M]. 北京：清华大学出版社，2024.

[16] 方志军. 计算机导论[M]. 3版. 北京：中国铁道出版社，2017.

[17] 袁方，王兵. 计算机导论[M]. 4版. 北京：清华大学出版社，2020.

[18] 维克托·迈尔-舍恩伯格，肯尼思·库克耶. 大数据时代——生活、工作与思维的大变革[M]. 盛杨燕，译. 杭州：浙江人民出版社，2013.

[19] 朱扬勇，叶雅珍. 从数据的属性看数据资产[J]. 大数据，2018，4（6）：65-76.

[20] 杜小勇，杨晓春，童咏昕. 大数据治理的理论与技术专题前言[J]. 软件学报，2023，34（3）：1007-1009.

[21] 凡景强，邢思聪. 大数据伦理研究进展、理论框架及其启示[J]. 情报杂志，2023，42（3）：167-173.

[22] 张丽冰. 大数据伦理问题相关研究综述[J]. 文化创新比较研究，2023，7（1）：58-61.

[23] 张涛，崔文波，刘硕，等. 英国国家数据安全治理——制度、机构及启示[J]. 信息资源管理学报，2022，12（6）：44-57.

[24] 黎四奇. 数据科技伦理法律化问题探究[J]. 中国法学，2022（4）：114-134.

[25] 刘云雷，刘磊. 数据要素市场培育发展的伦理问题及其规制[J]. 伦理学研究，2022（3）：96-103.

[26] 陈龙强，张丽锦. 虚拟数字人3.0：人"人"共生的元宇宙大时代[M]. 北京：中译出版社，2022.

[27] 田维琳. 大数据伦理失范问题的成因与防范研究[J]. 思想教育研究，2018（8）：107-111.

[28] 王强芬. 儒家伦理对大数据隐私伦理构建的现代价值[J]. 医学与哲学，2019，40（1）：30-34.

[29] 张琪. 浅析大数据交易中侵犯用户隐私权问题[J]. 发展改革理论与实践，2018（2）.

[30] 王海建. 论元宇宙的伦理风险[J]. 西南石油大学学报（社会科学版），2023，25（5）：103-110.

[31] 张敏，朱雪燕. 我国大数据交易的立法思考[J]. 学习与实践，2018（7）：60-70.

[32] 姬蕾蕾. 大数据时代数据权属研究进展与评析[J]. 图书馆，2019（2）：27-32.

[33] 陈美. 德国政府开放数据分析及其对我国的启示[J]. 图书馆，2019（1）.

[34] 龚子秋. 公民"数据权"：一项新兴的基本人权[J]. 江海学刊，2018（6）：157-161.

[35] 刘再春. 我国政府数据开放存在的主要问题与对策研究[J]. 理论月刊，2018（10）：110-118.

[36] 赵需要，侯晓丽，徐堂杰，等. 政府开放数据生态链：概念、本质与类型[J]. 情报理论与实践,2019（6）：22-28.

[37] 郑飞鸿，潘燕杰. 政府数据开放中公民知情权与隐私权协调机制[J]. 西华大学学报（哲学社会科学版），2019，38（1）：105-112.

[38] 程园园. 大数据时代大数据思维与统计思维的融合[J]. 中国统计，2018：15-16.

[39] 苗存龙，王瑞林. 人工智能应用的伦理风险研究综述[J]. 重庆理工大学学报（社会科学），2022，36（4）：198-206.

[40] 孙悦新. 大数据时代我国国家安全治理的风险化解[J]. 经贸实践，2018（22）：219.

[41] 陈仕伟. 大数据时代隐私保护的伦理反思[J]. 甘肃行政学院学报，2018（6）：104-112.

[42] 赵丁，宋刚. 大数据云计算语境下的数据安全应对策略[J]. 电子技术与软件工程，2019（2）：210.

[43] 杨继武. 关于大数据时代下的网络安全与隐私保护探析[J]. 通讯世界，2019（2）：35-36.

[44] 栾欣，马超男. 人工智能的发展对社会工作中功能代替的影响[J]. 互联网周刊，2023（23）：23-25.

[45] 吕俭，洪媛娣，董星月. 人工智能的技术反思与伦理困境：综述与展望[J]. 重庆文理学院学报（社会科学版），2021，40（5）：98-107.

[46] 刘佳祎. 云计算与大数据环境下的信息安全技术[J]. 电子技术与软件工程，2019（2）：204.

[47] 吴沈括. 数据治理的全球态势及中国应对策略[J]. 电子政务，2019（1）：2-10.

[48] 孙嘉睿. 国内数据治理研究进展：体系、保障与实践[J]. 图书馆学研究，2018（16）：2-8.

[49] 甘似禹，车品觉，杨天顺，等. 大数据治理体系[J]. 计算机应用与软件，2018，35（6）：1-8.

[50] 刘桂锋，钱锦琳，卢章平. 国外数据治理模型比较[J]. 图书馆论坛，2018，38（11）：18-26.

[51] 钱燕娜，储召锋. 人工智能的社会影响研究[J]. 重庆科技学院学报（社会科学版），2023（6）：65-75.

[52] 范凌杰. 区块链原理、技术及应用[M]. 北京：机械工业出版社，2021.